生物节律的生理与病理

徐璎 张珞颖 秦曦明 等 编著

清華大学 出版社
北京

内 容 简 介

本书从生物节律现象的描述入手,追溯时间生物学的研究历史、基本概念与特点,以及相关研究方法。书中以果蝇、动植物及人类等不同模式生物为例,深入剖析了生物节律的分子机制及其生理病理意义,探讨了其与人类疾病之间的关联,以及对系统生物学和时间治疗等领域的影响。内容由浅入深,适合科研人员和教师,同时也是大学生和研究生的重要参考与学习资源。通过阅读本书,读者能够系统地掌握生物节律领域的核心知识,深化对其在生理与病理中的重要性理解,为该领域的进一步研究与应用奠定坚实基础。

图书在版编目(CIP)数据

生物节律的生理与病理 / 徐璎等编著. -- 北京 : 清华大学出版社,2025.1.
ISBN 978-7-302-68112-0

Ⅰ. Q418

中国国家版本馆 CIP 数据核字第 2025AL2337 号

责任编辑:王　倩
封面设计:何凤霞
责任校对:薄军霞
责任印制:丛怀宇

出版发行:清华大学出版社
网　　　址:https://www.tup.com.cn, https://www.wqxuetang.com
地　　　址:北京清华大学学研大厦 A 座　　　邮　　编:100084
社 总 机:010-83470000　　　邮　　购:010-62786544
投稿与读者服务:010-62776969, c-service@tup.tsinghua.edu.cn
质量反馈:010-62772015, zhiliang@tup.tsinghua.edu.cn
印 装 者:涿州市般润文化传播有限公司
经　　销:全国新华书店
开　　本:185mm×260mm　　印　张:12　　　字　　数:289 千字
版　　次:2025 年 3 月第 1 版　　印　　次:2025 年 3 月第 1 次印刷
定　　价:59.00 元

产品编号:100086-01

《生物节律的生理与病理》参编人员

徐　璎　张珞颖　秦曦明

张　勇　张二荃　徐小冬　薛　天　郭金虎　郭　方　吴　刚

谢启光　周　飞　鲍　进　沈嘉伟　廖媚妹　何伟奇　王　涛

前 言

在远古的华夏大地上,我们的祖先在日出而作、日落而息的循环中,感悟到了自然界的节律之美。《击壤歌》中所吟唱的"日出而作,日入而息。凿井而饮,耕田而食。帝力于我何有哉?"不仅描绘了一幅农耕生活的恬淡图景,更映射出古人对生物节律的深刻认知。早在四千多年前,他们就已经意识到人体节律与自然规律的和谐相应。

随着生命科学领域的不断深入,我们对生物体内在节律的认识逐渐从表面的观察转向了对深层机制的探索。生物节律是一个广泛的概念,涵盖了生物体内部各种周期性变化,从几分钟的细胞周期到季节性变化。其中,近日节律(Circadian Rhythms),即大约 24 小时的周期性变化,是生物节律中研究最为透彻且与人类日常生活最为密切相关的部分。近日节律的重要性不仅体现在维持个体生理和代谢的平衡,与地球的昼夜自转产生的环境昼夜变化吻合,还在于其与众多疾病的发生发展密切相关。本书将重点探讨近日节律的基本原理、调控机制及其在医学、生物学和农业等领域的应用,特别强调时间生物学在解析这些节律现象中的核心地位。

本书首先从时间生物学的视角出发,详细介绍了生物节律现象的历史背景、研究进展以及分子机制。我们探讨了从单细胞生物到高等动植物乃至人类如何通过内在的生物时钟来感受和预测环境的周期性变化,并据此调整自身的生理和行为。这一过程不仅涉及基因表达的精细调控,还涉及复杂的神经网络和代谢途径。尽管生物节律的研究范围广泛,但本书特别聚焦于近日节律,因为它是生物节律中最为关键且研究最为深入的部分。

在临床应用方面,时间医学的兴起为疾病的诊断和治疗提供了新的视角。通过考虑药物的给药时间,可以显著提高治疗效果并减少不良反应。此外,对近日节律的深入理解还有助于我们更好地管理轮班工作、时差和季节性情感障碍等问题。

在农业领域,近日节律的研究有助于优化作物的种植和管理,提高作物的产量和质量。通过对植物内部时钟的调控,我们可以更好地适应气候变化和环境压力。

本书不仅适合作为高等院校生物科学、医学和农业科学等相关专业的教材,也适合广大科研工作者和对生物节律感兴趣的读者作为参考。我们希望通过本书的学习和研究,能够激发读者对时间生物节律的兴趣,促进该领域的科学研究和实际应用。

本书编写团队由活跃在科研第一线的学者组成,来自中国科技大学、华中科技大学、浙江大学、中山大学、安徽大学、河南大学、清华大学和苏州大学等单位。在编写过程中,我们力求内容的科学性、系统性和前沿性,但由于时间生物学是一个快速发展的领域,难免有疏漏之处,敬请读者批评指正。

徐 璎

目 录

第1章

时间生物学的研究范畴与发展历程

　　为适应地球自转的 24 小时周期,地球上的动物、植物、微生物等绝大多数生物都具有生物钟(又称为近日时钟)系统,在不同层面上调节生理、代谢和行为的节律。生物节律现象自古就被人们所关注,研究生物节律及其生理功能、调节机制的学科称为时间生物学(Chronobiology)。

　　尽管人类对节律现象很早就开始观察并保存了一些记录,但是真正科学意义上的生物节律现象与机制研究则是到很晚才开始。其中一个重要原因可能是当时尚缺少可用的研究设备和方法,与其他学科的发展类似,生物节律研究的发展也需依赖其他相关学科和研究方法的不断进步(王正荣,2006)。

　　从 18 世纪开始,生物节律研究开始步入科学的轨道。19 世纪末到 20 世纪中期,生物节律相关的表型研究突飞猛进,从 20 世纪后半叶到现在,分子水平、基因调节通路以及网络调控方面的生物节律研究不断前行。

1.1　生物节律现象的早期文献记录与研究历史

　　在西方,对于生物节律现象的记载最早可以追溯至公元前650年,古希腊诗人在诗歌里提到过生命的节律现象。古希腊时期,医生希波克拉底(Hippocrates,前460—前370)注意到疟疾、伤寒等疾病的症状具有周期性,希波克拉底建议医生要注意病人症状的规律性,认为不规律的生活习惯可能影响健康。古罗马时期的医生盖伦(Claudius Galenus,129—199)也观察和记录了一些疾病的节律特征。公元前 4 世纪,在古代马其顿国王亚历山大大帝时代,生于希腊萨索斯岛(Thasos)的安德罗斯申尼斯(Androsthenes)船长随亚历山大大帝远征时,在波斯湾地区的提罗斯(Tylos,现为巴林岛)地区发现,罗望子(*Tamarindus indicus*)类植物叶片具有在白天舒展、夜晚合拢的节律,并将之记录下来,当地人认为这种特征与睡眠有类似之处(McClung,2006)。实际上,人类最早对昼夜节律的描述多体现在对植物的观察上,因为一些植物叶片的昼夜运动非常明显。图 1.1 显示了欧文·邦宁(Erwin Bünning)记录的菜豆叶片的运动节律(Bünning,1973),菜豆叶片在白天舒展,在夜晚合拢。

　　古希腊著名的思想家、哲学家亚里士多德(Aristotle)认为早睡早起有助于健康。以上这些先哲们在当时的条件下能够提出这些正确认识非常可贵,但是揭示节律如何影响健康的谜底还需要等到千百年之后。1614 年,意大利医生散克托留斯·桑托里奥(Sanctorius

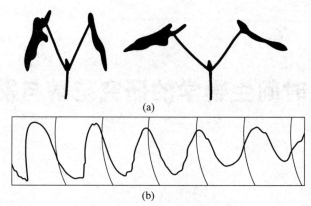

图 1.1 菜豆叶片的运动节律

(a) 叶片闭合和舒展的示意图；(b) 记录的叶片运动曲线

Santorio,1561—1636)制作了巨大的秤,可以在秤盘上用餐或看书。他通过这个装置对饮食量的变化、人体的体重、尿液混浊度等指标进行了长达30年的检测,发现其中一些指标存在昼夜节律、月节律或季节性节律特征(席泽宗,2010)。

图 1.2 迪马伦画像(Édouard,1861)

1729 年,法国天文学家、时间生物学家让·雅克·德奥图斯·迪马伦(Jean-Jacques d'Ortous de Mairan,1678—1771)(图 1.2)将含羞草在持续黑暗条件下培养,发现含羞草仍像处于自然状态的昼夜光暗交替条件下那样,在外界是白天的时候叶片张开,而在外界是夜晚的时候叶片合拢,保持叶片运动的节律。迪马伦的实验提示含羞草叶片的运动节律具有持续性和内源性。1757—1759 年,杜哈麦·杜·芒修(Duhamel DuMonceau,1700—1782)等重复或进行了条件更为严格的实验,确证含羞草在光照、温度保持恒定的条件下仍会表现出叶片运动的节律性(McClung,2006)。这几个实验的重要意义在于,它们揭示了生物节律不依赖光照或温度的变化,即使在恒定的光照(或黑暗)和温度条件下仍然会表现出节律性,因此生物节律是一种自主调节的内在机制。

欧洲在后来很长的一段时间里,与生物节律相关的文献记录非常稀少。13 世纪时,德国天主教会的阿尔伯特·马格努斯(Albertus Magnus,1193—1280)在他的书里提到植物的睡眠。1751 年,瑞典植物学家卡尔·冯·林奈(Carl von Linné)根据一天当中不同植物开花、凋谢的时间特征提出了花钟的设计构想,即用不同的花卉组成时钟,根据植物开花来判断时间。德国医生克里斯托夫·胡费兰(Christoph Wilhelun Hufeland,1762—1836)在 1797 年出版的著作中,提及了一些与人体生理有关的节律,并注意到了人在睡前和醒后的身高差异(Hufeland,1880)。与胡费兰同时代的药剂师朱利安·维雷(Julien Joseph Virey)在他的博士学位论文里提到了生理水平的节律,后来在编纂医学词典时又提到了疾病和死亡的节律特征。

在迪马伦对含羞草叶片运动节律研究之后约一百年,奥古斯丁·德·坎多勒(Augustin de

Candolle)于 1832 年发现,在持续黑暗的环境里,含羞草的叶片运动每天都会提前 1～2 h,因此这种周期并不是准确的 24 h,而是介于 22～23 h(McClung,2006)。这一发现意味着在不受外界环境影响的恒定环境里,生物节律能够自主运行,但内在周期会略微偏离 24 h。

1.2　时间生物学的近现代发展历程

生物节律的生理和行为研究在 20 世纪取得了一系列重要进展。1910 年,瑞士动物行为学家奥古斯特·罗雷尔(August Rorel)发现蜜蜂的觅食行为具有明显的节律特征,后来卡尔·冯·弗里施(Karl von Frisch)和英格堡·贝林(Ingeborg Beling)对蜜蜂觅食行为的节律和时间特征进行了更多的研究(Moore-Ede et al.,1982)。

从 19 世纪 20 年代起,人们注意到下丘脑的病变与睡眠障碍存在关联。1922 年,柯特·里克特(Curt Richter)最早采用跑轮来研究啮齿类动物的行为节律(Moore-Ede et al.,1982)。里克特对哺乳动物生物节律的起搏器也做出了重要贡献,于 1967 年将之定位于下丘脑前端。1972 年,罗伯特·摩尔(Robert Moore)、欧文·扎克(Irving Zucker)等众多科学家鉴定出了视网膜-下丘脑神经束(retinohypothalamic tract),并证实切除哺乳动物下丘脑前端的视交叉上核(suprachiasmatic nuclei)可导致多种生理、行为的丧失。1958 年,Lerner 等发现了对睡眠和节律具有重要调节作用的褪黑素(Karasek,1999)。

在时间生物学研究历程中,涌现出了一大批杰出的科学家。由于在时间生物学领域的先驱性工作及重大贡献,欧文·邦宁(Erwin Bünning,1906—1990)、尤尔根·阿朔夫(Jürgen Aschoff,1913—1998)和柯林·皮腾德里格(Colin Pittendrigh,1918—1996)三人被认为是时间生物学的奠基人(图 1.3)。阿朔夫的主要贡献在于发现生物的各种节律、揭示节律的特征以及节律响应环境的变化规律等方面,皮腾德里格的贡献则主要在于生物节律振荡器的作用机理方面。

图 1.3　生物钟研究领域的重要科学家(Pittendrigh,1993；Honma et al.,2001)
照片依次为：Erwin Bünning、Collin Pittendrigh、Jürgen Aschoff、Franz Halberg、Seymour Benzer、Michael Rosbash、Jeffery Hall 和 Michael Young

在 20 世纪后半叶,从事生物钟相关研究的科学家由于研究侧重点的不同而分为"clock"和"chronome"两个学派。其中,皮腾德里格代表的是以生物节律调节机制为研究方向的"clock"学派,以美国明尼苏达大学的弗朗兹·哈伯格(Franz Halberg,1919—2013)为首的"chronome"学派更注重对节律特征的研究及其在医学中的应用(Halberg,1969)。1960 年,在美国冷泉港实验室召开了一次学术会议,不同学派的人共同讨论时间生物学问题,来自全世界不同国家逾 150 人参加了这次会议。这次冷泉港会议被认为是不同学派的联合与统一(Refinetti,2016;Dunlap et al.,2004)。

1932 年,德国生物学家欧文·邦宁将周期长短不同的豆科植物进行杂交,发现子代的周期长短介于母本之间,说明调控生物钟的因素是可遗传的(McClung,2006;Bünning,1973)。19 世纪 60—70 年代,人们在草履虫、粗糙链孢霉、衣藻、果蝇等物种里发现了生物节律表型的突变品系,通过遗传学方法开展生物钟基因的克隆工作始于 19 世纪 70 年代。

1971 年,加州理工学院的罗纳德·科诺普卡(Ronald Konopka)和西摩·本泽(Seymour Benzer)(图 1.3)筛选出生物钟周期异常的果蝇,1984 年迈克尔·罗斯巴什(Michael Rosbash)课题组、杰弗里·霍尔(Jeffrey Hall)课题组和迈克尔·杨(Michael Young)最先克隆了果蝇的 *period*(*per*)基因(Steingrimsson,2017)。1989 年,杰伊·邓拉普(Jay Dunlap)课题组克隆了粗糙链孢霉的生物钟基因 *frequency*(McClung et al.,1989);1994 年约瑟夫·高桥(Joseph Takahashi)课题组克隆了小鼠的 *Clock* 基因(Vitaterna et al.,1994)。随后,哺乳动物的 *Per1* 基因以及与啮齿类动物 *tau* 表型的相关基因——CKI 基因也相继被克隆或鉴定出来。2017 年,迈克尔·罗斯巴什(Michael Rosbash)、杰弗里·霍尔(Jeffery Hall)和迈克尔·杨(Michael Young)三位科学家(图 1.3)由于对生物钟研究的杰出贡献而荣膺诺贝尔生理学或医学奖。生物钟研究的一些重要历史事件如图 1.4 所示。

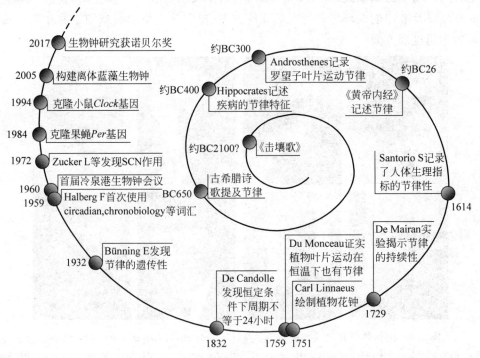

图 1.4　生物钟研究的一些重要历史事件

迄今,一系列模式生物的生物钟核心基因都已经被鉴定出来,生物节律的基本调节方式与机制也已经大概清楚。

1.3　时间生物学的研究范畴

"近日的"(circadian)和"时间生物学"(chronobiology)这两个词,都是由哈伯格最早提出的(Halberg,1969;Refenitti,2016;Cornélissen et al.,1989)。Chronobiology 包含 chrono 和 biology 两个词根,前者来源于希腊文 χρόνος(chrónos),意思是时间,后者是生物学的意思。

在最初的文献里,时间生物学是指研究各种生物现象的时间特征,以达到客观描述生物的时间结构的目的(Halberg,1969)。随着相关研究的进展,时间生物学的研究范畴也不断扩展,涵盖了各种生物的节律或周期性的现象与内在的调节机制研究,同时也关注生物节律与环境之间的相互作用。

时间生物学研究各种生物当中有明显节律特征的生理、行为现象及规律,这些节律现象可按周期长短进行分类,通常将周期位于 19~28 h 范围内的节律称为近日节律(circadian rhythm),周期短于 19 h 的节律称为超日节律(ultadian rhythm),周期长于 28 h 的节律称为亚日节律(infradian rhythm)(吴今义,1987;Refinetti,2009)。需要说明的是,时间生物学的涵盖范畴除了昼夜节律和近日节律以外,也包括月节律、潮汐节律、季节节律等。如皮腾德里格所说:"All biological clocks are adaptations to life on a rotating planet",即所有生物钟都是生命对所在星球运转的适应,其中最为明显的节律特征,如潮汐节律、昼夜节律、月节律以及季节节律等(图1.5)。

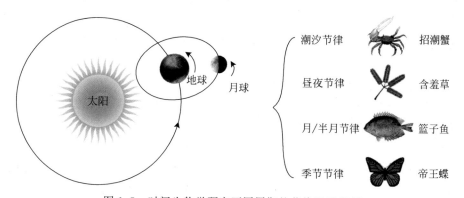

图 1.5　时间生物学研究不同周期的节律以及举例

不同生物在自然的光照、温度、潮汐等周期性变化条件下会表现出这些节律,而有些生物即使长时间处于光照、温度不变或不再有潮汐变化的恒定条件下,仍然会表现出周期与自然状态下接近的节律,分别称为近潮汐节律(circatidal rhythm)、近日节律(circadian rhythm)、近月节律(circalunar rhythm)以及近年节律(circannual rhythm)等(海老原 等,2012)。关于近日节律与昼夜节律的区别,将在后面有关章节中讨论。在潮汐节律当中需注意,不同地区的潮汐类型不同,如全日潮(一天内只有一次高潮和一次低潮)、半日潮(一天内有两次高潮和两次低潮)及混合潮(有时出现全日潮,有时出现半日潮)等,在不同类型的潮汐地区,生物潮汐节律的周期也不同。

在各种节律当中,其他形式节律的研究在受重视程度和研究进展等方面都远不及近日节律。对于周期过短或过长的一些节律一般不在时间生物学的主要研究范畴之内,例如人的心律、呼吸以及神经元放电等,但是分析这些生理功能变化的昼夜特征则属于时间生物学的研究范畴。时间生物学研究涵盖多个研究层面,包括分子、细胞、生化和遗传,也包括生理、心理、认知和行为,甚至涉及生态和环境层面。时间生物学所用到的模式生物也有很多种类,包括原核生物(蓝藻)、真菌(粗糙链孢霉)、昆虫(果蝇、蟑螂、帝王蝶、蜜蜂、蚊子、蟋蟀、蚜虫等)、植物(拟南芥、大麦、番茄、大豆、菜豆等)、软体动物(海兔)、鸟类(麻雀、鸽子、企鹅等)、爬行动物(蜥蜴)、鱼类(斑马鱼等),以及哺乳动物(大鼠、小鼠、猕猴、松鼠猴、驯鹿等)。

时间生物学具有非常突出的交叉学科特征,经过近一个世纪以来的不断发展,时间生物学与生理学、行为学、心理学、医学、药理学、神经生物学、生态学、发育生物学、农学以及空间科学等诸多学科、方向存在广泛的交叉与渗透,相互支撑。时间生物学与一些热门或前沿学科也存在密切关联,如代谢、免疫、衰老、肿瘤等相关学科(郭金虎 等,2014)。

1.4 我国时间生物学的发展历程

我国古代人民很早就认识到了各种生物(包括人类自身)的一些节律。据考证,《击壤歌》是我国有关节律记载的第一首诗歌,这首诗歌据传是尧帝时代所作,但具体年代不详。《击壤歌》的歌词为:"日出而作,日入而息。凿井而饮,耕田而食。帝力于我何有哉?"其中前两句就表现了人们的劳动和作息节律(杨海明,1987)。

成书于战国至秦汉时期的古代医学宝典《黄帝内经》里提出了"人与天地相参也,与日月相应也"的观点,这里所说的人与日月相应,反映的是人的生理和健康受到日月运转周期的影响,体现了古代人民对环境和人体节律特征的认识。

中医针灸中的子午流注思想也体现了古代医生对于人体生理节律的朴素认识。《黄帝内经》认为,"五脏之气,必应天时",意思是说人的脏器的功能遵循季节更替的规律而变化。中医认为,人体功能活动、病理变化受自然界气候变化、时日等影响而呈现一定的规律。春生夏长,秋收冬藏,是气之常也,人亦应之。人的脉搏也有"春弦、夏洪、秋毛、冬石"的说法,体现出了人体生理的季节性特征。根据这种规律,选择适当的时间治疗疾病,可以获得较佳疗效,因此有"因时施治""按时针灸""按时给药"等观点(宋为民,1986)。

古代中医在针灸中提出了子午流注学说,以"人与天地相应"的观点为理论基础,认为针灸治疗应当遵循医学穴位的开合时间。明代针灸医家杨继洲在《针灸大成》中认为,人体穴位的开合具有一定的时辰规律。子午是指时辰,流是流动,注是灌注,子午流注理论是把一天 24 小时分为 12 个时辰,对应十二地支,与人体十二脏腑的气血运行及五腧穴的开合进行结合。子午流注学说认为,人身之气血周流出入皆有定时,根据这种学说可以推算出什么疾病应当在什么时辰取什么穴位进行治疗。中医凝结了数千年来古代医生的宝贵经验,但是,仅靠经验难以自证,更难以阐释其中的机理,现代科学思维与科学技术的发展将有助于古老中医中的瑰宝部分重放光彩。

20世纪80—90年代,从国外生物钟研究相关实验室进修回国的王正荣、童建、赵子健、冼励坚,以及在国外工作的丁健明等人,为推动国内的时间生物学发展做出了重要贡献。1982年,时任国际时间生物学学会会长的美国明尼苏达大学哈伯格教授访问中国,后来中国中西医结合学会时间生物医学分会成立,对国内时间生物学研究的起步产生了很大的推动作用(王正荣,2006)。进入21世纪后,随着更多学者的回归,从事生物钟研究的队伍不断壮大,国内的时间生物学研究进入快速发展时期,与国际同行的学术交流在数量和质量上都有了很大的提升。2013年11月3—5日,国家自然科学基金委员会在生命科学部、医学科学部会同政策局,在苏州联合举办了主题为"生物钟及其前沿科学问题的探讨"的"双清论坛"(郭金虎 等,2014)。共有27个单位的36名专家、学者参加了这次会议,对后来一段时间内引领和推动生物钟研究的发展起到了推动作用,是我国时间生物学研究的一个里程碑。

近十余年来,回国从事生物钟研究的科研人员不断增加,研究队伍不断壮大。目前,国内约有50个从事生物钟相关研究的实验室,分布于众多高校和研究所(表1.1)。2015年,中国细胞生物学学会生物节律分会成立,迄今已多次举办国际、亚洲地区以及国内的生物钟研究学术会议,对促进国内外生物钟研究人员的学术交流起到了很大的推动作用。时间生物学的发展推动了一些重大科研项目的立项,包括生物钟相关的农业转基因计划、科技部重大研究计划、航天医学项目、中国脑科学计划以及求索太空脑计划等项目,这些项目在时间生物学的基础和应用基础研究等领域的不同学科方向上进行深入探索。

表1.1　国内从事时间生物学研究的部分单位、机构

地　　区	单位、机构
东北地区	哈尔滨工业大学,吉林大学,吉林农业科技学院
华北地区	北京生命科学研究所,中国农业大学,清华大学,北京大学,中国医学科学院,北京师范大学,中国科学院微生物研究所,中国科学院动物研究所,中国科学院北京植物研究所,中国航天员科研训练中心,首都医科大学,北京中医药大学,山西医科大学
西北地区	西北农林科技大学,西北大学
华中地区	武汉大学,华中科技大学,河南大学,华中农业大学,湖北工业大学,中南大学
华东地区	复旦大学,苏州大学,中国科学院脑科学与智能技术卓越创新中心,华东师范大学,浙江大学,南京理工大学,中国药科大学,东南大学,浙江理工大学,福州大学,安徽大学,中国科技大学,安徽农业大学,皖南医学院,蚌埠医学院
西南地区	四川大学,成都中医药大学,陆军军医大学,云南大学,贵州医科大学,遵义医学院
华南地区	中山大学,深圳大学,广东中医药大学,广西医科大学,中国科学院先进技术研究院

1.5　三周期"理论"

在英文中,"biorhythm"一词看起来也是"生物节律"的意思,与在学术范畴里代表生物节律的"biological rhythm"一词很像。但是,"biorhythm"反映的是一种缺乏客观依据的伪科学"理论",这种"理论"主观臆断地认为人体内包含智力、情绪和体力三种节律,其中智力节律的周期为33 d,情绪节律为28 d,体力节律为23 d,因此这种"理论"也被称为三周期"理论"。三周期"理论"认为,这三种节律的周期自出生以来便是始终不变的,因此可以很

容易推测出人的一生中任何时间的生理状况,用以指导人们趋利避害,如同算命。"biorhythm"原本也有类似 circadian rhythm 的含义(Halberg,1969),但后来一般都是指三周期"理论"的节律。三周期"理论"所提及的三种节律只是出自臆断,而非源于任何的实验依据,并且三周期"理论"通常只吹嘘少数的"成功"案例来彰显其预测的准确性,但实际上由于掩盖了更多不支持的例证而缺乏客观性,存在幸存者偏差。

在一些书籍当中,三周期"理论"被认为是属于神话(mythology)而非科学的范畴。尽管具有很强的蛊惑性,但三周期"理论"只建立在主观臆测的基础上,这三种节律从何而来,何以不受环境影响?为什么没有个体差异?这些问题三周期"理论"都无法回答。与建立在客观实验观察与分析基础上的时间生物学不同,三周期"理论"缺少严格的科学依据,因此这种"理论"是一种伪科学。

郭金虎 审稿:徐璎

参考文献

陈善广,王正荣,2009.空间时间生物学[M].上海:科学出版社.

郭金虎,曲卫敏,田雨,2019.生物节律与行为[M].北京:国防工业出版社.

郭金虎,徐璎,张二荃,等,2014.生物钟研究进展及重要前沿科学问题[J].中国科学基金,28(3):179-186.

REFINETTI R,2009.近日生理学[M].陈善广,王正荣,等,译.北京:科学出版社.

宋为民,1986.时间中医学[M].南京:南京中医学院生物教研室.

王正荣,2006.时间生物学[M].北京:科学出版社.

吴今义,1987.英汉时间生物学术语[M].北京:科学出版社.

席泽宗,2010.科学编年史[M].上海:上海科技教育出版社.

杨海明,1987.唐宋词史[M].南京:江苏古籍出版社.

海老原,史树文,吉村,2012.时间生物学[M].东京:化学同人.

BÜNNING E,1973. The physiological clock[M]. 3rd ed. New York:Springer Verlag New York,Inc.

CORNÉLISSEN G,HALBERG F,1989. The chronobiologic pilot study with special reference to cancer research is chronobiology or,rather,its neglect wasteful? cancer management in man[M]. Springer,9:103-133.

DUDAI Y,2008. Seymour Benzer(1921—2007)[J]. Neuron,57(1):24-26.

DUNLAP J C,LOROS J J,DECOURSEY P J,2004. Chronobiology-biological timekeeping[M]. Sinauer Assocates,Inc.

ÉDOUARD C,1861. Pittoresque[M]. Paris:Aux Bureaus D'Abonnement et de Vente.

PITTENDRIGH C S,1993. Temperoral organization:reflections of a Darwinian clock-watcher[J]. Annual Review of Physiology,55:16-54.

HALBERG F,1969. Chronobiology[J]. Annual Review of Physiology,31:675-725.

HONMA K,HONMA S,2001. Zeitgebers,entrainment and masking of the circadian clock[M]. Sapporo:Hokkaido University Press.

HUFELAND C W,1880. The art of prolonging life[M]. Edited by Wilson E. Philadelphia:Lindsay & Blakiston.

KARASEK M,1999. Melatonin in humans-where we are 40 years after its discovery[J]. Neuroendocrinology Letters,20(3/4):179-188.

LUCE G G,1971. Biological rhythms in human and animal physiology[M]. New York:Dove Publications,Inc.

MOORE-EDE M C,SULZMAN F M,FULLER C A,1982. The clocks that time us-physiology of the circadian timing system[M]. Cambridge:Harvard University Press.

MCCLUNG C R,2006. Plant circadian rhythms[J]. Plant Cell,18(4):792-803.

NAKAJIMA M,IMAI K,ITO H,et al.,2005. Reconstitution of circadian oscillation of cyanobacterial KaiC phosphorylation in vitro[J]. Science,308(5720):414-415.

REFINETTI R,2016. Circadian physiology[M]. 3rd ed. CRC Press.

STEINGRIMSSON E,2017. Circadian rhythm and the Nobel prize in physiology and medicine 2017[J]. Laeknabladid,103(11):471.

VITATERNA M H,KING D P,CHANG A M,et al.,1994. Mutagenesis and mapping of a mouse gene, Clock,essential for circadian behavior[J]. Science,264(5159):719-725.

第2章

生物节律的概念

2.1 环境信号的周期变化

地球母亲如一叶扁舟,承载着无数生灵,巡游在浩瀚宇宙中,穿梭于时间长河里。从太阳系的视角看,地球自转的同时也在围绕太阳公转,月球则围绕着地球进行公转。这些天文现象导致了自然界的光照、温度、湿度、潮汐、重力、磁场、营养/食物等环境因素产生周期性变化,而诸多周期性变化的信号直接影响着地球上生命的生存和行为方式。在长期的进化历程中,从单细胞生物到高等动植物乃至人类,绝大多数生物都表现出与环境相适应的周期性生命活动,进化出不同的内源性生物钟(biological clock)机制,使得生命体可以随时感受、预测并应对关键环境因子的周期变化(Jabbur et al.,2024)。作为万物之灵的人类,不仅在日月盈昃中感受到生命的美好,感叹逝者如斯,同时也在上下求索生命节律现象的奥义。

2.1.1 昼夜 24 小时周期

由于地球保持着自西向东方向的自转,因此从北极点上空看,地球进行逆时针方向旋转,从南极点上空看地球是顺时针方向旋转。地球自转轴与黄道面(地球绕太阳公转的轨道平面,任一时间这个平面总是通过太阳中心)大约成 66°34′ 夹角,与赤道面垂直,因此赤黄交角约为 23°26′。以距离无限遥远的恒星作为参照物,地球每自转一周,转动了 360°,耗时约为 23 小时 56 分 4 秒(恒星日)。但如果以太阳作为参照物,由于地球绕太阳每公转一圈相对太阳而言就抵消了一个自转周期,因此地球自转一周,实际转动了 360°59′,一个太阳日就是约 24 h,这里所讲的太阳日指平均长度的太阳日(即平太阳日),与之对应的是真太阳日,但由于地球在椭圆轨道上做的是不等速运动,一年之内真太阳日的长度处于变化之中,不宜选作计时单位(Chaisson et al.,2016;Williams,2024)。地球自转产生了对生命影响深远的自然现象——昼夜,在地球自转过程中,面向太阳的一面处于白天称为"昼",背向太阳的一面处于晚上则为"夜"。一般说来,一天之内光照和温度都表现为昼夜周期性,但是地球不同位置上光照和温度的昼夜周期存在时间性和地域性差异,简而言之就是地球上同一纬度在一年中不同时间,或者地球上不同纬度在一年中相同时间,它们的光照和温度的昼夜周期有所不同。

研究表明地球自转在不断变慢,据估算自转周期每十万年增加约 1.6 s,所以恒星日将越来越长。科学家推算在地球形成之初(距今 45 亿～46 亿年),一天仅为 4 h,到了古生代初期(距今约 5.7 亿年),一天大约为 21 h,而现在一天约 24 h,在 2 亿年后,一天将有大约 25 h,因此可以推测现在的人类和动植物经历一天的时间与古生代寒武纪的三叶虫和红藻、绿藻经历一天的时间有 3 h 左右的差别。生物学家通过研究古生物化石钟(paleontological clock),例如不同地质年代珊瑚体的日轮(daily growth rings)现象,为地球自转变慢这一理论提供了充分的证据(Wells,1963)。光照的昼夜周期不仅仅会带来温度的周期变化,也可能引起空气和土壤湿度等环境因子的周期变化,这些昼夜周期性变化的环境因素会直接影响植物叶片运动、花瓣的闭合、茎叶的生长、气孔的开合等,也会影响动物的觅食、排泄、睡眠等行为。

2.1.2 年、季节、潮汐、月及其他周期

除昼夜周期外,地球上还存在年、季节、月和潮汐等重要的周期现象。俗话说"万物生长靠太阳",年、季节周期产生的直接原因是地球上的位点在一年之中接收到的日光辐射能量发生有规律的变化,这和太阳直射位置有关。太阳直射位置在春分时位于赤道,夏至北移至北回归线,秋分又回到赤道,冬至则南移至南回归线,因此地球南北半球季节正好相反。地球上某一地点在一年之中,由于日光照射地面倾角的改变,导致辐射到地面的光强不同,也就是单位面积接收的太阳能不同。与之相应的还有昼长的变化,越远离赤道,越接近南北两极,变化越大。地球绕太阳公转一周实际所需的时间间隔为恒星年,恒星年是地球公转的真正周期,相当于相对于遥远恒星,地球在绕太阳公转轨道上运行 360°所经历的时间。在 2000 年,恒星年的平均长度(即平恒星年)为 365.256 36 个平太阳日,也就是365 日 6 时 9 分 10 秒。地球公转的规律性决定了年、季节周期的可预测性,一年之中,昼长(光照时间)是逐渐变化的正弦曲线,因此昼长是一个非常稳定的年周期的指标。此外,一年四季的温度变化也较为稳定;还有,对于很多地区而言降雨量也存在一定的周期性变化。在长期演化过程中,地球上的诸多生命进化出适应机制,例如可以利用光周期(photoperiodism)的能力,协调生长、发育、繁殖、迁徙和休眠等季节性活动(Nelson et al.,2009)。

人类社会目前对四季的划分有很多方法,例如按照昼夜长短和太阳高度的天文划分法;或是按照阳历规定 3—5 月为春季,6—8 月为夏季,9—11 月为秋季,12 月至翌年 2 月为冬季的气象划分法;也有根据民间习惯划分的方法,例如我国根据农历规定每年农历的一月至三月为春季,四月至六月为夏季,七月至九月为秋季,十月至十二月为冬季的农历划分法;还有我国历史上传统的四季划分方法,以二十四节气中的四立——立春、立夏、立秋和立冬作为四季的开始,称为古代划分法。这些划分法虽然简单,但其缺点就是没有考虑到各地理位置千差万别的实际情况。除上述划分方法外,还有一种候温划分法,是以一候(5 天为一候)的平均气温作为划分四季的温度指标,这样虽然更能和各地域的具体情况相契合,但属于"事后诸葛亮",不具备预测功能,因此不能提前用来规划人类活动。从生物学的角度看四季轮回,年、季节周期的变化导致了光照、温度、湿度、食物以年为单位的周期性变化,长期自然选择压力下,进化的物种已经可以很好地适应年、季节的周期变化,确保自

身和种族的生存和繁衍,例如一年生植物的"一岁一枯荣",多年生植物的落叶现象,大部分植物在特定季节开花结实,动物的迁徙、冬眠和固定的繁殖期等都属于对年、季节周期的适应。

除去地球自转和绕太阳公转产生的日周期和年、季节周期现象,月球绕地球公转加上太阳的影响则导致了潮汐周期和月周期——两种和生命息息相关的周期现象。潮汐一般是发生在海与岸相接区域的海水周期性涨落的一种自然现象,较为公认的理论认为海水由于受到月球和太阳引力以及地球自转的影响产生定时涨落,白天出现的涨落叫潮,晚上出现的涨落叫汐。在多数地区,一个太阴日(月球中心连续两次通过地球上同一子午线所需要的时间,平均约 24 小时 50 分)之内涨落两次(半日潮),涨潮过程和落潮过程的时间也几乎相等(合计约 12 小时 25 分),也有些地方为混合潮或全日潮。潮汐运动导致了营养、盐度、pH 值、温度、浊度和静水压力等环境因子产生相对剧烈的周期性变化,同时在上述变化上还会叠加昼夜、月球和季节等因子(de la Iglesia et al.,2013)。因此可以合理推测,对于众多生活在海洋和陆地交界处的生物,它们会受到地球数百万年的潮汐运动的自然选择,因此在潮间带生活的很多生物已经进化出和潮汐相适应的内源行为节律以适应潮汐的周期变化。

月球在环绕地球进行公转的同时进行着"同步自转",周期约为 27 天 7 小时 43 分 11 秒,正好是一个恒星月,所以月球总是一面朝向地球。但是恒星月计量方式并不符合人类的生活习惯,包括我国在内的古老文明采用的月亮历法(阴历),通常参照朔望月又称"太阴月"制定,也就是以太阳、地球、月球三者的综合运动为参照系,月球绕地球公转相对于太阳的平均周期。朔望月周期可以简单理解为两次新月(或两次满月)之间的平均周期,"新月"为"朔",满月为"望",周期约等于 29 天 12 小时 44 分 3 秒。对生物而言,月周期最重要的自然现象就是月相的盈亏变化和海水的大潮和小潮。在满月时,大自然夜晚光照强度约为 0.1 lx,而新月时约为 0.001 lx。当太阳和月球的引潮合力最大时(即朔和望时)产生大潮,但由于海洋的滞后作用,天文大潮一般在朔日和望日之后一天半左右,当太阳和月球的引潮力垂直时,潮汐的变化小,称为小潮。这些现象都是"月亮惹的祸",表现为月周期。

除了上述昼夜、年、季节、潮汐、月周期外,自然界还存在其他周期现象,如可见光的电磁波振荡周期(2×10^{-15} s)、化学钟(化学振荡反应)、太阳活动周期(11 年,干扰地球磁场和高空电离层)、地轴倾斜和地球轨道偏心率周期(4.1 万年和 9.6 万年,与地球冰川期周期活动有关)等,还有人类社会中的周期现象,如家庭电路交流电周期(20 ms)、钟楼的钟声(60 min)和文明社会普遍的作息周期(7 d)等。

2.1.3 生物对体内外环境信号周期性变化的感知与响应

地球上的生物时刻都处在周期变化的环境中,它们需要准确感知和预测昼夜、年、季节、潮汐、月周期变化导致的环境因子变化,调节体内环境去适应外环境的周期变化,通常具备较高的环境适应能力,是较高生存率和繁衍率的保证。人类先民在生产生活实践中观察并记载了不同季节的草木鸟兽虫鱼的物候特征,在文学作品和历法中多有记述,而现代科学则从细胞、生理生化以及分子水平不断揭示体内环境对外环境周期变化的感知与响应。"草木知春不久归,百般红紫斗芳菲",植物光周期依赖的开花调控就是最好的例证之一,目前对于长日照植物拟南芥和短日照作物水稻开花调控的分子机制研究已经建立了较为完善的模型,生物钟参与了长日和短日环境变化的感知和整合,进而从转录和转录后不同层次调控控制开花的关键基因 *Flowering Locus T* 的表达,最终调控开花时间(Shim et al.,2017;Song et al.,2015)。"塞下秋来风景异,衡阳雁去无留意",动物的迁徙行为也是动物感知和响应季节周期变化的很好的例子,例如对帝王蝶的迁徙研究已经深入到分子水平。帝王蝶保障长途迁徙的 GPS 系统非常"高端大气上档次",是时间补偿性的太阳罗盘,它通过视觉系统感受随时间变化的天空光的信号,而生物钟提供了一套精密的时间补偿机制进行校准,研究揭示帝王蝶的两个触角里面的生物钟可以为飞行定位提供时间补偿,最终 GPS 和生物钟两类信号在脑部中央复合体和相关神经节进行整合,把神经信号传递给运动系统从而完成定位飞行,确保迁徙中不会发生"迷航"(Reppert et al.,2018)。

2.1.4　环境压力与进化动力

环境因子周期性变化,特别是光照、温度、湿度和食物等直接影响到动植物存活和生殖机会,因此这些因子的周期性变化,会对生物造成较大的环境压力,进而成为其进化动力。目前最为流行的生物钟进化理论是"避光假说"(escape from light hypothesis),在大约 40 亿年前,地球尚未形成臭氧层,来自太阳的紫外线照射使得基因组 DNA 中形成了胸腺嘧啶二聚体,阻止 DNA 的合成,给细胞以致命伤害,因此紫外线对 DNA 的伤害可能是导致生物钟出现的重要环境压力和进化动力。研究表明生物钟对细胞分裂可以起到门控作用,细胞分裂被安排在一天之中紫外辐射最低的时段进行,尽量减小了 DNA 复制过程中环境中不利因素的影响(Johnson,2010;Pittendrigh,1993)。总之生物钟起源于进化已经是共识,但需要更多的研究去揭示相关机制(Jabbur et al.,2024)。

2.2　生物节律的分类

2.2.1　昼夜节律与近日节律

昼夜节律也称为日节律(diurnal rhythm),与近日节律(circadian rhythm,也叫作近昼夜节律或生物钟节律)有一定联系,但两者是不同的概念,不能混淆。目前两者的中文翻译较为混乱,这一点需要相关读者和科研工作者特别注意。昼夜节律是指以白天/晚上 24 h为周期振荡的一种生物节律,这种振荡过程既可能是由周期变化的环境信号引起的,又可能是由内源机制导致的;而近日节律是指在去除周期性变化的环境信号之后(也称作自由振荡,free-running),依然以大约 24 h 的周期保持振荡的一种生物节律。昼夜节律是与昼夜周期同步的生物节律,它可能是近日节律,也可能不是。例如,从基因表达水平上看,有些基因的转录在恒定光照和温度下依然保持节律性,但也有些基因只在昼夜周期下才能保持节律性表达,在恒定光照和温度下其转录失去了节律性,说明这些基因展示出的节律性是由于其表达受到光照或温度信号的诱导。根据时间生物学领域的共识,如果满足以下三个特征,则被认为是生物钟调控的近日节律:①必须是内源性的,不依赖环境条件也可以自由振荡,具有大约 24 h 的周期;②可以被环境信号牵引/导引(entrainment/entrainable),这是一个与环境信号同步的过程,即节律的相位可以被环境信号重置并同步化到 24 h;③具备温度补偿(temperature compensation)特性,简而言之就是生物钟在一定生理温度范围内,其节律长度始终维持着 24 h 周期的相对稳定性,一般用温度系数 Q_{10} 表示。例如对于大多数酶,反应温度升高 10℃,催化反应速度提高到原来的 2 倍,那么 $Q_{10}=2$,但近日节律的 Q_{10} 则接近 1(Johnson et al.,2003)。

2.2.2 超日节律与亚日节律

近日节律是一类最为重要,也是研究得最多、最深入的生物节律现象,一般情况下,其周期处于 19~28 h。同时,时间生物学也遵循了非此即彼的分类方式,对于非近 24 h 节律,被定义为超日节律(ultradian rhythm)或亚日节律(infradian rhythm),一种便于理解并可以直接类比的例子就是声波、超声波和次声波的概念(命名规则都是加上前缀 infra 或 ultra)。从振荡频率角度来讲,所有超过近日节律(频率)的节律称为超日节律,所有低于近日节律(频率)的节律称为亚日节律。对于生物节律的研究,常用的概念并不是频率,而是周期(频率的倒数),因此需要强调的一点是:超日节律的周期一般短于 19 h(频率高于近日节律),而亚日节律的周期一般长于 28 h(频率低于近日节律)。内源性的近潮汐节律(circatidal rhythm)为较常见的超日节律,很多潮间带生活的生物,如藻类、甲壳类、鱼类和爬行类等都普遍存在近潮汐节律。由于近日节律(大约 24 h)和近潮汐节律(大约 12.4 h)存在倍数关系,一种观点认为,近潮汐节律是由调控近日节律的生物钟存在双振荡器,且两者输出的相位相反所导致,因此近潮汐节律调控是否独立于近日节律调控存在争论。不过已有研究表明,扰乱潮间带斑点海虱(甲壳类动物)的生物钟近日节律后,12.4 h 的近潮汐节律并不受影响,证明了近潮汐节律可以独立于生物钟近日节律运行(Zhang et al.,2013b)。雌性有胎盘类哺乳动物的动情周期(estrous cycle)是一类典型的亚日节律,以人类女性的月经为例,女性体内包括血浆性激素浓度在内的很多生理和代谢指标都表现出 28 d 左右的节律,但这和月运周期没有任何关系(Refinetti,2016)。研究者利用哺乳动物酪蛋白激酶 1 δ/ε 的抑制剂破坏了栖于潮间带一种沙蚕的近日节律,但其产卵的近月节律(circalunar rhythm)依然不受影响,因此证明了亚日节律可以独立于生物钟调控的近日节律运行(Zantke et al.,2013)。

2.3 生物节律的数学分析

生物节律的研究也必然符合科学的发展规律,早期的生物节律研究多是对发现的节律现象进行描述,然后逐步总结归纳出规律,随着研究的深入和精确描述节律参数的需要,数学方法自然而然被引入生物节律的研究之中。生物节律属于时间序列分析(time-series analysis),时间序列是指在一定时间内按某个变量发生的时间先后顺序排列而成的数列,其用于描述现象随时间变化的情况,时间序列分析就是使用统计的手段对这个序列的过去进行分析,以此对该变量的变化特性建模,并对未来进行预测。

2.3.1 节律表型数据化和曲线拟合

为了科学地描述和研究生物节律现象,首先需要将所研究的各种节律现象进行数据化(数据提取),然后才能利用数学公式描述生物节律的振荡模式(数据拟合)。目前文献报道的不同物种、不同水平上的生物节律多种多样,在可以直接观测和记录的形体运动水平、组织器官水平、细胞和亚细胞水平、生理生化水平、分子水平上等都有报道,但适用于科学地分析生物节律特性的研究方法通常需要满足三个条件,一是要精确度高、背景噪声小,这样不需要大量样本就可以获得较为翔实可靠的数据;二是便于观测及连续测量;三是适合高通量检测,花费合理。生物节律的测量和记录有其独特性:虽然单次记录时间间隔可能较其他生物学研究领域长一些(分钟或小时),但是时间跨度很大,往往需要记录数天或数周甚至数月,对于年、季节节律的研究甚至需要数年的数据。以近日节律研究为例,对植物领域而言,常用的节律分析方法一般需要保证至少提供2~3个周期的数据,在转入恒定条件下(持续光照或持续黑暗,恒定温度等)开始记录,由于第一天为昼夜周期转换到恒定环境的衔接,因此数据分析常常从第二天开始计算,为了使数据更加完整可靠,一般需要记录4~5 d以上。对于动物研究领域而言,通常监测运动行为或一些生理指标的节律,则需要记录更长的时间。

目前动植物基本普遍适用的检测方法是利用受生物钟调控的启动子驱动荧光素酶(luciferase)作为报告基因,由于荧光素酶周转(turnover)很快(酶反应过程中,酶反应中心很快丧失活性),其生物发光强度可以直接反映出相关启动子的转录效率,因此通过连续长时程地检测生物发光强度就可以确定相关基因的节律性表达特征(Millar et al.,1992)。该方法最大的特点是精确度高,不仅适用于检测恒定转化的动植物或其特定组织(如植物发根农杆菌介导转化的毛状根、根癌农杆菌介导转化的外植体,小鼠的视交叉上核等)的节律(Wang et al.,2020;Xu et al.,2010),也适用于研究瞬时转染细胞/原生质体以及单细胞藻类和真菌等物种的节律表型(Kim et al.,2010;Johnson,2004)。在转录水平也可以研究生物节律表型,根据不同通量的要求,利用实时定量反转录PCR、微阵列芯片或RNA测序方法直接检测mRNA的表达水平上的节律表型。荧光蛋白报告系统也可以在转录水平(启动子驱动荧光蛋白)或蛋白水平(全长基因融合荧光蛋白)研究生物节律表型,其优势是荧光强度非常高,但是如果作为报告基因则需要添加快速降解的标签,以加快荧光蛋白的周转率(Mei et al.,2018)。对于植物而言,已经发展出一些专门的分析方法,有助于更加便捷地研究近日节律,包括最早发现且最常用的双子叶植物叶片运动节律研究方法(Greenham et al.,2015)。除此之外,叶片延迟荧光和叶面温度的连续监测方法对于不易转化的单、双子叶植物节律的检测也展现了一定的优势(Gould et al.,2009;Dakhiya et al.,2019;Rees et al.,2019)。在动物研究领域也发展出很多专门的近日节律研究方法,其中包括:记录果蝇羽化时间的节律周期(这是早期果蝇生物钟研究筛选突变体的方法)、自动化的果蝇活动节律记录系统(利用红外仪器记录单只果蝇在透明小管中的移动)、小鼠跑轮(Wheel-running)自主活动节律的自动记录系统、小鼠体温记录系统以及基于生物发光或荧光蛋白小鼠体内节律表型记录系统等。在真菌生物钟研究领域,模式物种粗糙链孢霉的节律表型研究多采用竞速生长管(race tube)记录接种链孢霉后生长过程中分生孢子和菌丝体交替出现的节律。上述所有方法记录的数据,最终都通过数据化转化为时间及与之对应的相关节律表型数据,然后才能进一步分析,计算出各项节律参数。节律数据的曲线拟合有很多算法,从最初的余弦或正弦曲线到近些年的小波分析等,不断有新型算法应用于生物节律表型研究。由于节律数据振荡模式和噪声程度不同,不同方法有各自适用的情况(Zielinski et al.,2014;Leise,2015;Wu et al.,2016)。

2.3.2 节律参数的统计分析

目前一般是通过余弦和正弦曲线来描述振荡模式,常用的三个参数包括:周期(period)、振幅(amplitude)和相位(phase)。周期是指完成一次周而复始的振荡所经历的时间;振幅是指发生振荡变量的变化幅度,以余弦函数描述生物节律时,振幅为最大值与最小值差值的一半;相位是指发生振荡的变量某一特征值在周期节律性变化中出现的时间点,较常用波峰相位(acrophase)表示,有时也用波谷相位(bathyphase)表示(图 2.1)。此外还包括中值(midline estimating statistic of rhythm,MESOR),指最佳余弦拟合曲线中最高值与最低值之间的中间值,可以简单理解为拟合后余弦曲线的中心位置,用于估算振荡变量值分布的集中趋势;另一个类似的概念是平均水平(mean level),通常平均水平计算为一个周期内所有测量值的算术平均值。上述两个表征节律整体平均强度的参数可以理解为节律性振荡发生在什么水平上,例如两个受生物钟调控的基因,它们的周期、振幅和相位可能都相同,数据标准化(normalization)后是分不出差异的,但是如果其中一个基因是高表达基因而另一个的表达量很低,它们在原始数据中的表达量是有明显差异的,数学上通过中值或平均值就可以很容易展示出这种差别。另外,上述参数并不能描述所有生物节律的特征,不同的节律数据化后,还存在波形的差异。不同振荡数据的上升和下降区段的模式以及波峰和波谷持续的时间等存在差别,所以波形不尽相同,就总体而言,波形有规则的也有不规则的,有平滑的也有粗糙的,实际的波形多为混合或复杂波型。此外,为了研究光照和温度等授时因子(zeitgeber)对生物钟的重置(resetting)——会引起相位提前(phase advance)或相位滞后(phase delay),以及温度补偿现象,时间生物学发展了一系列专门描述生物钟特性的分析方法,包括光强响应曲线(fluence response curve,FRC)、相位响应曲线(phase

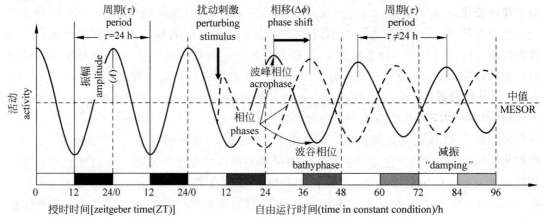

图 2.1 近日节律相关参数图示

response curve，PRC），相位转变曲线（phase transition curve，PTC）和 Q_{10} 等（Johnson，1992；Bünning，1974）。此外，在动植物和其他物种的近日节律研究中，针对不同的节律表型，发表学术论文时一般遵循各自惯用或特有的作图、曲线拟合和统计方法。

节律曲线的相位，可以是一个周期内任意一点，但为了方便计算和表述，相位一般指波峰相位。内外环境因子能够引起相位移动（相移）是生物钟响应环境可以被重置的重要表征之一。对于周期而言，处于昼夜节律下（授时因子具有 24 h 节律性，生物钟处于被牵引情况）周期等于 24 h，而在持续条件下（持续光照/黑暗等，生物钟处于自由振荡情况）周期不等于 24 h。对于振幅而言，处于自由振荡状态的近日节律振幅并不一定一成不变，比如振幅逐渐衰减，称为减振现象。授时时间用 zeitgeber time 表示（ZT1 到 ZT24），该时段如果是光暗周期，一般默认用白色和黑色表示；在释放到恒定条件下后，便是生物钟自由运行的时间，该时段一般用白色和灰色表示，相当于授时时段昼夜节律的主观白天（subjective day）和主观夜晚（subjective night）。

2.4　不同水平的生物节律

从宏观到微观，不同层面都存在生物节律现象，而且不同层面的生物钟存在内在联系，这就决定了生物节律研究需要对不同层次的现象和机制进行综合分析。由于从群体、个体、组织器官、细胞和亚细胞到分子和代谢水平都存在明显的周期节律现象，因此研究方法也需要遵循不同水平的特点。

2.4.1　动物群体与植物生态水平节律现象

群体节律（population rhythm）是基于统计方法发现的由组成群体的个体共同表现出的节律现象，一些情况在个体的一生中可能只发生一次，或者很少遇到，例如每个人的出生、遇到交通事故或者碰到危及生命的问题等，尽管这些情况的出现对于个体来说可能是偶然事件，当从群体角度去统计，某些情况就呈现出节律性。植物生态水平也存在节律现象，例如遥感卫星可以监测到农田或森林等生态系统的一些生理相关参数存在昼夜或季节的节律性变化。

公路交通是最常见和最容易理解的群体节律例子之一，大城市上下班时间通常是交通最为拥堵的时段。一项对瑞典公路交通事故的调查中统计了 5 年时间内的 10 344 次人身伤亡事故（排除酒驾事故），发现事故数量高发时段为上下班的高峰期（上午 8 点和下午 5 点），但是研究者随后利用常规交通流量对数据进行了校正，排除了天和天之间的变化差异，计算出了一天之内的每小时事故的分布情况，真正的节律便浮现出来：凌晨 4 点发生事故的概率远高于一天中其他时间，大约是 5 倍。推测其原因可能是由于生物钟对睡眠/清醒的影响，驾驶员在凌晨 4 点钟最容易昏昏欲睡，导致在开车时无法集中精力，也不排除存在其他因素，这些因素共同导致凌晨 4 点交通事故高发的结果（Akerstedt et al.，2001）。此外，也有些研究表明，一天之中人类新生儿出生时间（孕妇分娩时间）表现出群体节律现象，大部分研究结果支持分娩时间的高峰时段大约在上午的晚些时段（Moškon et al.，2024）。

2.4.2　动物行为与植物形态水平节律现象

人类对节律现象的发现和研究最初是从可观测的表型开始,并逐步向细胞和分子的微观层次和生态系统的宏观层次扩展。从动物行为上看,人和动物的清醒和睡眠、活动或运动(比如昼行性或夜行性)、觅食或摄食、体温、消化器官蠕动(排泄)、警觉、血压、学习和记忆等都属于近日节律;而动物迁徙和洄游、冬眠和夏蛰、月经周期、动情和生殖周期、动物换毛和鸟类换羽等,这些则属于亚日节律。从植物形态水平上看,植物的子叶/叶片运动、花瓣开放和闭合节律、向日葵花盘的转动、对除草剂的抗性等,以及一些海洋藻类的发光行为等,这些都属于近日节律;而植物开花结实、发芽、落叶和衰老等属于亚日节律。动物的动情周期(estrous cycle)是长短变化很大的一类行为节律,是雌性有胎盘类哺乳动物具有的一种节律性生理变化,主因是体内的性激素所诱导。人类女性以及其他雌性灵长类动物的动情周期也被称为月经周期(menstrual cycle),月经周期大约是一个月,人类大约 28 d(在拉丁语中,mense 表示 month,也就是一个月的意思)。不同动物的动情周期差异很大,比如鸡的动情周期为 1 d,绵羊大约为 17 d,虎鲸大约为 46 d,而狗的动情周期非常长,大约为220 d。

2.4.3　组织器官水平节律现象

动植物在组织器官水平也存在生物节律现象,以人和小鼠为例,生物钟的控制中枢在下丘脑视交叉神经上核(suprachiasmatic nucleus,SCN),SCN 通过感知昼夜光线的变化调节中枢生物钟和外周生物钟,SCN 中处于生物钟核心调控位置的生物钟基因在外周肝脏、小肠、肾脏、胰腺、心脏、皮肤等组织的细胞中也调控着外周生物钟,一旦外周生物钟和中枢生物钟不同步,就有可能导致肥胖、糖尿病、抑郁症、癌症和其他复杂疾病(Dibner et al.,2010;Takahashi,2017)。生物钟在人或者老鼠多个组织中直接调控着 3%~15% 的基因的节律表达,有时这一比例可能高达 50%,因此这些组织器官的很多生理生化活动都表现出节律现象,例如肝脏的解毒代谢过程、腺体内激素的合成和分泌、血脑屏障的通透性等(Zhang et al.,2018;Mukherji et al.,2019;Challet,2015)。

植物不同组织也具有生物节律现象,其中植物的顶端生长点可以与动物的 SCN 类比,虽然植物不同组织间生物钟耦合现象不如动物密切,但茎尖分生组织作为主生物钟可以影响外周的叶片或者根部的生物钟,对于开花调控而言,是叶片中维管束的生物钟,而不是叶肉细胞的生物钟,起到了主导作用(Endo et al.,2014;Takahashi et al.,2015)。叶片的光合作用以及蒸腾作用,叶片延迟荧光和表面温度,叶片或下胚轴的节律性生长等都受生物钟调控。植物花粉管伸长节律是一个颇为有趣的超日节律现象,不同植物的花粉或不同实验条件下的研究结果有所不同,以其中一篇将烟草(*Nicotiana tabacum*)花粉管为材料的文章为例,其通过每秒钟超过 5 帧的高速摄影方法对伸长的花粉管进行拍摄并计算,图像经数据化最终得到线性增长率。结果表明,烟草花粉管伸长存在三种不同频率的超日节律:分别大约为 2.5 s、57 s 和 4.5 min,其中 57 s 的伸长周期最为典型,其他植物花粉管的伸长节律也被证实,在 20~90 s 范围之内(Portes et al.,2015)。此外,模式植物拟南芥的下胚轴伸长也受生物钟调控,为近日节律(Nozue et al.,2007),也有研究报道其侧根形成初期的潜在分支位点和相应侧根弯曲生长存在节律现象,用荧光素酶报告基因结合转录组分析证明其周期大约为 6 h,属于超日节律(Moreno-Risueno et al.,2010)。此外气孔开合不仅仅表现为受内外环境变化的短时间调控,也同时受生物钟调控,表现为近日节律性,这种节律性影响到干旱等非生物胁迫抗性以及病菌等生物胁迫抗性(Legnaioli et al.,2009;Wang et al.,2011;Zhang et al.,2013a)。

2.4.4　细胞水平节律现象

细胞水平的节律是组织节律产生的基础,不同组织执行的功能不同,相应的生理生化活动的节律也不尽相同;同一组织不同部位细胞或不同类型细胞的节律也可能存在差异,归根结底是由细胞自主性的生物钟(cell-autonomous circadian clock)参与调控的转录,转录后修饰和代谢的组分差异导致的。细胞周期是研究得较为深入的生物钟调控的细胞水平节律现象,在不同物种中都得到证实,生物钟和细胞周期调控网络互相耦合,调控了有丝分裂和 DNA 复制的时间特异性(Farshadi et al.,2020;Mori et al.,1996;Matsuo et al.,2003)。研究表明,如果从遗传和环境上扰乱生物钟系统,不仅可能会引起相应生理失调和代谢异常,并会导致肥胖、高脂血症、胰岛素分泌不足和自身免疫系统疾病等,而且生物钟紊乱也会引起细胞分裂复制失衡,即癌症相关疾病,统计结果表明,从事夜班工作的人,随工作时间的延长,其患乳房、结肠、肺、前列腺和非霍奇金淋巴瘤等癌症的风险也会增加,正因如此,夜班工作被认为是致癌因子之一(Farshadi et al.,2020;Umen,2018;Masri et al.,2013)。植物细胞中也存在一些特殊的节律现象,例如胞质环流、叶绿体运动、植物气孔细胞开合和胞间连丝的运输等(Brunkard et al.,2019;Allen et al.,1978;Hubbard et al.,2015)。

2.4.5　分子和代谢水平节律现象

目前对于生物节律的研究已经深入到分子和代谢水平,可直接揭示生物钟调控机制及其生物学意义,对于生物钟核心循环调控的分子机制研究可以分为转录和转录后调控两个部分。从进化角度看,不同物种的生物钟核心组分存在一种殊途同归的现象,也就是说不同物种,从蓝藻、真菌、低等藻类到高等植物、昆虫、动物,直至人类,生物钟核心组分并不十分保守,甚至有些物种进化出完全不同的调控机制,但这些机制都是为了适应地球每天的周期性环境变化,确保物种可以调控自身的行为、生理生化和新陈代谢活动,适应环境的昼夜周期。对于高等动植物而言,生物钟转录调控网络由多重转录-翻译反馈环路(transcriptional-translational feedback loops,TTFLs)组成,另外蓝藻核心生物钟调控是一种不以转录翻译负反馈环路驱动的生物钟运行机制(Tomita et al.,2005;Patke et al.,2020)。分子水平和代谢水平节律现象的研究包括很多方面,如转录因子结合、组蛋白修饰和染色质动态、转录起始和延续、RNA 选择性拼接和加工、翻译调控、翻译后蛋白修饰、蛋白降解、代谢限速酶的表达和活性、代谢和次生代谢分子等,上述领域都是分子和代谢节律研究所关注的领域(Patke et al.,2020)。

有些化学小分子也存在节律现象,例如在细胞信号转导中起着诸多作用的信号分子,钙离子和过氧化氢的水平或浓度在动植物细胞中都存在的节律性振荡现象(Lai et al.,

2012；Pei et al.，2019；Johnson et al.，1995；Welsh et al.，2010）。目前植物和动物生物钟研究领域越来越多的小分子和金属离子，如镁离子、铁离子、铜离子、氮、cAMP、NAD^+、NADP/NADPH 等的节律现象以及它们和生物钟的应答调控陆续被报道（Sanchez et al.，2016；Li et al.，2020；Feeney et al.，2016；O'Neill et al.，2012；Strzyz，2020；O'Neill et al.，2011；Karapetyan et al.，2018）。对于植物和动物而言，激素参与调控了生长发育的方方面面，研究表明很多激素的合成和降解也存在节律性，在调控各自生理活动的同时有些激素也负反馈影响到生物钟（Sanchez et al.，2016；Challet，2015）。很多研究关注生物钟调控的新陈代谢领域，如动物领域生物钟调控和糖代谢、脂代谢的应答关系等，植物中与发育、抗性等相关的重要次生代谢产物合成和分泌的节律性研究也逐渐受到重视，生物钟和很多代谢相关疾病密切相关，节律失调会导致代谢紊乱已经成为医学领域的共识（Reinke et al.，2019；Sinturel et al.，2020；Kim et al.，2017；Lu et al.，2017）。

2.4.6　不同水平和物种间节律的协同

由于发生在不同水平上的生物节律，从基因组到转录组，再到蛋白质组和代谢组，信息流越来越具体（从可能发生什么到正在发生什么），最终调控亚细胞、细胞、组织器官和个体的生物节律表型，而节律信号的感知和传导决定了不同水平之间必定存在相互协同。从生物钟的输入、核心振荡器和输出途径看，这三部分各自内部和它们之间也存在协同性，例如作为输入途径的光、温度、食物/营养等信号之间并不是独立的，它们对生物钟的牵引作用存在很多交叉；核心循环本身就是由多个负反馈循环组成，不同组分之间在转录和转录后水平上存在协同或拮抗调控机制，生物钟对输出途径的调控或者门控影响，以及输出途径对生物钟的负反馈调节也是生物体维持各种稳态调控的一种协同作用机制。以人体为例，SCN 如同交响乐的总指挥，在它的主导下，众多组织器官的外周生物钟就像一个个乐手，彼此之间相互协作，共同演奏出一部恢宏的交响乐。研究表明外部信号，例如高脂饮食会扰乱或破坏组织器官之间的有效协同（Dyar et al.，2018）。

除了同一个体不同水平的节律存在协同作用外，相关物种间的生物钟也存在着互作和协同现象。疟原虫节律和哺乳动物宿主节律之间的关系也是不同物种间节律协同的范例之一，在人或小鼠感染疟疾期间，疟原虫会同步破坏它们所寄生的红细胞。由于疟原虫虫株的差异，感染的人或小鼠每次发作间隔大约为 24 h、48 h 或 72 h，每次会引起一波发烧和发冷。研究表明疟原虫也有自己的内部时钟，通过调控自身的复制进行计时，进而在被侵染宿主细胞中完成发育繁殖。由于疟原虫本身并没有已知生物钟核心循环的同源组分，因此这种全新的节律调控机制亟待进一步探索。疟原虫的内源时钟表现出相对稳定性的同时也具有可塑性，研究人员发现将小鼠长期置于黑暗中，或者改变它们的进食节律，都不会扰乱疟原虫的细胞周期和基因表达节律，但感染长周期或无节律的小鼠生物钟突变体后，疟原虫的时钟周期会变长或者最终失去同步性，研究表明疟原虫一旦脱离宿主的节律，其群体的同步性会受到严重干扰，因此证实其同步性确实是依赖宿主的节律（Rijo-Ferreira et al.，2020；Smith et al.，2020）。不同物种间生物钟相互影响的例子很多，例如植物与害虫的生物钟存在协同进化关系，研究者发现一种尺蠖类害虫（即粉纹夜蛾的幼虫）取食拟南芥的时间受其生物钟调控，而拟南芥的生物钟也被证明可以提前"预知"尺蠖的取食行为，进而可以通过节律性调控茉莉酸介导的防御反应与尺蠖做斗争(Goodspeed et al.,2012)。人类和小鼠的肠道菌群,以及植物的根际微生物组也有昼夜节律性,并与宿主生物钟协同工作,例如已有研究结果证实,人或小鼠的生物钟紊乱会干扰肠道细菌种类和数量的昼夜节律性,从而可能导致患肥胖、糖尿病、心血管疾病等一系列疾病的风险增加,研究表明肠道菌群可以通过影响组蛋白去乙酰化酶,进而影响基因表达的节律,随之影响酯类吸收,最终影响宿主的新陈代谢(Thaiss et al.,2016;Kuang et al.,2019;Staley et al.,2017;Thaiss et al.,2014)。

谢启光、徐小冬 审稿:秦曦明

参考文献

AKERSTEDT T,KECKLUND G,HÖRTE L G,2001. Night driving,season,and the risk of highway accidents [J]. Sleep,24:401-406.

ALLEN N S,ALLEN R D,1978. Cytoplasmic streaming in green plants [J]. Annu Rev Biophys Bioeng,7:497-526.

BRUNKARD J O,ZAMBRYSKI P,2019. Plant cell-cell transport via plasmodesmata is regulated by light and the circadian clock [J]. Plant Physiology,181:1459-1467.

BUNNING E,1974. Critical remarks concerning the Q10-values in circadian rhythms [J]. International Journal of Chronobiology,2:343-346.

CHAISSON E,MCMILLAN S,2016. Astronomy:A Beginner's Guide to the Universe,Books a la Carte Edition[C]//Pearson Education.

CHALLET E,2015. Keeping circadian time with hormones [J]. Diabetes Obes Metab,17(S1):76-83.

DAKHIYA Y,GREEN R M,2019. Thermal imaging as a noninvasive technique for analyzing circadian rhythms in plants [J]. New Phytologist,224:1685-1696.

DE LA IGLESIA H O,JOHNSON C H,2013. Biological clocks:riding the tides [J]. Current Biology:CB,23:R921-R923.

DIBNER C,SCHIBLER U,ALBRECHT U,2010. The mammalian circadian timing system:organization and coordination of central and peripheral clocks [J]. Annual Review of Physiology,72:517-549.

DYAR K A,LUTTER D,ARTATI A,et al.,2018. Atlas of circadian metabolism reveals system-wide coordination and communication between clocks [J]. Cell,174:1571-1585.

ENDO M,SHIMIZU H,NOHALES M A,et al.,2014. Tissue-specific clocks in Arabidopsis show asymmetric coupling [J]. Nature,515:419-422.

FARSHADI E,VAN DER HORST G T J,CHAVES I,2020. Molecular links between the circadian clock and the cell cycle [J]. Journal of Molecular Biology,432:3515-3524.

FEENEY K A,HANSEN L L,PUTKER M,et al.,2016. Daily magnesium fluxes regulate cellular timekeeping and energy balance [J]. Nature,532:375-379.

GOODSPEED D,CHEHAB E W,MIN-VENDITTI A,et al.,2012. Arabidopsis synchronizes jasmonate-mediated defense with insect circadian behavior [J]. Proceedings of the National Academy of Sciences of the United States of America,109:4674-4677.

GOULD P D,DIAZ P,HOGBEN C,et al.,2009. Delayed fluorescence as a universal tool for the measurement of circadian rhythms in higher plants [J]. Plant Journal,58:893-901.

GREENHAM K,LOU P,REMSEN S E,et al.,2015. TRiP:Tracking Rhythms in Plants,an automated leaf movement analysis program for circadian period estimation [J]. Plant Methods,11:33.

HUBBARD K E,WEBB A A R,2015. Circadian rhythms in stomata: physiological and molecular aspects [C]//S. MANCUSO, S. SHABALA. Rhythms in Plants: Dynamic Responses in a Dynamic Environment. Cham:Springer International Publishing: 231-255. 10. 1007/978-3-319-20517-5_9.

JABBUR M L,DANI C,SPOELSTRA K,et al. ,2024. Evaluating the adaptive fitness of circadian clocks and their evolution [J]. Journal of Biological Rhythms,39: 115-134.

JOHNSON C,ELLIOTT J,FOSTER R,et al. ,2003. Fundamental properties of circadian rhythms[C]// DUNLAP J C,LOROS J J,DECOURSEY P J. Chronobiology: Biological Timekeeping: 67-105.

JOHNSON C H, 1992. Phase response curves: what can they tell us about circadian clocks [C]// HIROSHIGE T,HONMA K. Circadian Clocks from Cell to Human. Sapporo:Hokkaido University Press: 209-249.

JOHNSON C H,2004. Circadian rhythms: as time glows by in bacteria [J]. Nature,430: 23-24.

JOHNSON C H, 2010. Circadian clocks and cell division: what's the pacemaker [J]. Cell Cycle (Georgetown,Tex.),9: 3864-3873.

JOHNSON C H, KNIGHT M R, KONDO T, et al. , 1995. Circadian oscillations of cytosolic and chloroplastic free calcium in plants [J]. Science,269: 1863-1865.

KARAPETYAN S,DONG X,2018. Redox and the circadian clock in plant immunity: a balancing act [J]. Free Radical Biology and Medicine,119: 56-61.

KIM J, SOMERS D E, 2010. Rapid assessment of gene function in the circadian clock using artificial microRNA in Arabidopsis mesophyll protoplasts [J]. Plant Physiology,154: 611-621.

KIM J A,KIM H S,CHOI S H,et al. ,2017. The importance of the circadian clock in regulating plant metabolism [J]. International Journal of Molecular Science,18: 2680.

KUANG Z, WANG Y, LI Y, et al. , 2019. The intestinal microbiota programs diurnal rhythms in host metabolism through histone deacetylase 3 [J]. Science,365: 1428-1434.

LAI A G,DOHERTY C J,MUELLER-ROEBER B,et al. ,2012. Circadian clock-associated 1 regulates ros homeostasis and oxidative stress responses [J]. Proceedings of the National Academy of Sciences of the United States of America,109: 17129-17134.

LEGNAIOLI T,CUEVAS J,MAS P,2009. TOC1 functions as a molecular switch connecting the circadian clock with plant responses to drought [J]. EMBO Journal,28: 3745-3757.

LEISE T L, 2015. Wavelet-based analysis of circadian behavioral rhythms [J]. Methods Enzymol,551: 95-119.

LI J, YOKOSHO K, LIU S, et al. , 2020. Diel magnesium fluctuations in chloroplasts contribute to photosynthesis in rice [J]. Nature Plants,DOI: 10. 1038/s41477-020-0686-3.

LU H,MCCLUNG C R,ZHANG C,2017. Tick tock: circadian regulation of plant innate immunity [J]. Annu Rev Phytopathol,55: 287-311.

MASRI S,CERVANTES M,SASSONE-CORSI P,2013. The circadian clock and cell cycle: interconnected biological circuits [J]. Current Opinion in Cell Biology,25: 730-734.

MATSUO T, YAMAGUCHI S, MITSUI S, et al. , 2003. Control mechanism of the circadian clock for timing of cell division in vivo [J]. Science,302: 255-259.

MEI L,FAN Y,LV X,et al. ,2018. Long-term in vivo recording of circadian rhythms in brains of freely moving mice [J]. Proceedings of the National Academy of Sciences of the United States of America, 115: 4276-4281.

MILLAR A J,SHORT S R,CHUA N H,KAY S A,1992. A novel circadian phenotype based on firefly luciferase expression in transgenic plants [J]. Plant Cell,4: 1075-1087.

MORENO-RISUENO M A,VAN NORMAN J M,MORENO A,et al. ,2010. Oscillating gene expression determines competence for periodic arabidopsis root branching [J]. Science,329: 1306-1311.

MORI T,BINDER B,JOHNSON C H,1996. Circadian gating of cell division in cyanobacteria growing with average doubling times of less than 24 hours [J]. Proceedings of the National Academy of Sciences, 93: 10183-10188.

MOŠKON M,KOVAČ U,RASPOR DALL'OLIO L,et al.,2024. Circadian characteristics of term and preterm labors [J]. Sci Rep,14: 4033.

MUKHERJI A,BAILEY S M,STAELS B,BAUMERT T F,2019. The circadian clock and liver function in health and disease [J]. Journal of Hepatology,71: 200-211.

NELSON R J,DENLINGER D L,SOMERS D E,2009. Photoperiodism: the biological calendar[C]// Oxford University Press,200910. 1093/acprof:oso/9780195335903. 001. 0001.

NOZUE K,COVINGTON M F,DUEK P D,et al.,2007. Rhythmic growth explained by coincidence between internal and external cues [J]. Nature,448: 358-361.

O'NEILL J S,REDDY A B,2011. Circadian clocks in human red blood cells [J]. Nature,469: 498-503.

O'NEILL J S,REDDY A B,2012. The essential role of cAMP/Ca^{2+} signalling in mammalian circadian timekeeping [J]. Biochemical Society Transactions,40: 44-50.

PATKE A,YOUNG M W,AXELROD S,2020. Molecular mechanisms and physiological importance of circadian rhythms [J]. Nature Reviews Molecular Cell Biology,21: 67-84.

PEI J F,LI X K,LI W Q,et al.,2019. Diurnal oscillations of endogenous H$_2$O$_2$ sustained by p66Shc regulate circadian clocks [J]. Nature Cell Biology,21: 1553-1564.

PITTENDRIGH C S,1993. Temporal organization: reflections of a Darwinian clock-watcher [J]. Annual Review of Physiology,55: 16-54.

PORTES M T,DAMINELI D S C,MORENO N,et al.,2015. The pollen tube oscillator: integrating biophysics and biochemistry into cellular growth and morphogenesis[C]//MANCUSO S,SHABALA S. Rhythms in plants: dynamic responses in a dynamic environment. Cham: Springer International Publishing:121-156. 10. 1007/978-3-319-20517-5_6.

REES H,DUNCAN S,GOULD P,et al.,2019. A high-throughput delayed fluorescence method reveals underlying differences in the control of circadian rhythms in Triticum aestivum and Brassica napus [J]. Plant Methods,15: 51.

REFINETTI R,2016. Circadian physiology[C]. Boca Raton:CRC Press. https://doi. org/10. 1201/b19527.

REINKE H,ASHER G,2019. Crosstalk between metabolism and circadian clocks [J]. Nature Reviews Molecular Cell Biology,20: 227-241.

REPPERT S M,DE ROODE J C,2018. Demystifying monarch butterfly migration [J]. Current Biology,28: R1009-R1022.

RIJO-FERREIRA F,ACOSTA-RODRIGUEZ V A,ABEL J H,et al.,2020. The malaria parasite has an intrinsic clock [J]. Science,368: 746-753.

SANCHEZ S E,KAY S A,2016. The plant circadian clock: from a simple timekeeper to a complex developmental manager [J]. Cold Spring Harbor Perspectives in Biology,8: a027748.

SHIM J S,KUBOTA A,IMAIZUMI T,2017. Circadian clock and photoperiodic flowering in arabidopsis: constans is a hub for signal integration [J]. Plant Physiology,173: 5-15.

SINTUREL F,PETRENKO V,DIBNER C,2020. Circadian clocks make metabolism run [J]. Journal of Molecular Biology,432: 3680-3699.

SMITH L M,MOTTA F C,CHOPRA G,et al.,2020. An intrinsic oscillator drives the blood stage cycle of the malaria parasite *Plasmodium falciparum* [J]. Science,368: 754-759.

SONG Y H,SHIM J S,KINMONTH-SCHULTZ H A,et al.,2015. Photoperiodic flowering: time measurement mechanisms in leaves [J]. Annual Review of Plant Biology,66: 441-464.

STALEY C,FERRIERI A P,TFAILY M M,et al.,2017. Diurnal cycling of rhizosphere bacterial communities is associated with shifts in carbon metabolism [J]. Microbiome,5: 65.

STRZYZ P,2020. NAD$^+$ keeps the clock young [J]. Nature Reviews Molecular Cell Biology,21: 360-361.

TAKAHASHI J S,2017. Transcriptional architecture of the mammalian circadian clock [J]. Nature Reviews Genetics,18: 164-179.

TAKAHASHI N, HIRATA Y, AIHARA K, et al. , 2015. A hierarchical multi-oscillator network orchestrates the arabidopsis circadian system [J]. Cell,163: 148-159.

THAISS C A, LEVY M, KOREM T, et al. , 2016. Microbiota diurnal rhythmicity programs host transcriptome oscillations [J]. Cell,167: 1495-1510.

THAISS C A,ZEEVI D,LEVY M,et al. ,2014. Transkingdom control of microbiota diurnal oscillations promotes metabolic homeostasis [J]. Cell,159: 514-529.

TOMITA J,NAKAJIMA M,KONDO T,et al. ,2005. No transcription-translation feedback in circadian rhythm of KaiC phosphorylation [J]. Science,307: 251-254.

UMEN J G,2018. Sizing up the cell cycle: systems and quantitative approaches in Chlamydomonas [J]. Current Opinion in Plant Biology,46: 96-103.

WANG W,BARNABY J Y,TADA Y,et al. ,2011. Timing of plant immune responses by a central circadian regulator [J]. Nature,470: 110-114.

WANG Y, YUAN L, SU T, et al. , 2020. Light- and temperature-entrainable circadian clock in soybean development [J]. Plant,Cell & Environment,43: 637-648.

WELLS J W,1963. Coral Growth and Geochronometry [J]. Nature,197: 948-950.

WELSH D K,TAKAHASHI J S,KAY S A,2010. Suprachiasmatic nucleus: cell autonomy and network properties [J]. Annual Review of Physiology,72: 551-577.

WILLIAMS D, 2024. Earth fact sheet [M/OL]. https://nssdc. gsfc. nasa. gov/planetary/factsheet/earthfact. html.

WU G, ANAFI R C, HUGHES M E, et al. , 2016. MetaCycle: an integrated R package to evaluate periodicity in large scale data [J]. Bioinformatics,32: 3351-3353.

XU X,XIE Q,MCCLUNG C R,2010. Robust circadian rhythms of gene expression in Brassica rapa tissue culture [J]. Plant Physiology,153: 841-850.

ZANTKE J, ISHIKAWA-FUJIWARA T, ARBOLEDA E, et al. , 2013. Circadian and circalunar clock interactions in a marine annelid [J]. Cell Reports,5: 99-113.

ZHANG C,XIE Q G,ANDERSON R G,et al. ,2013a. Crosstalk between the circadian clock and innate immunity in arabidopsis [J]. PLoS Pathogens,9: e1003370.

ZHANG L, HASTINGS M H, GREEN E W, et al. , 2013b. Dissociation of circadian and circatidal timekeeping in the marine crustacean Eurydice pulchra [J]. Current Biology,23: 1863-1873.

ZHANG S L,YUE Z,ARNOLD D M,et al. ,2018. A circadian clock in the blood-brain barrier regulates xenobiotic efflux [J]. Cell,173: 130-139.

ZIELINSKI T, MOORE A M, TROUP E, et al. , 2014. Strengths and limitations of period estimation methods for circadian data [J]. PLoS ONE,9: e96462.

第3章

近日节律的特点

3.1 近日节律的导引

物理学中,作为一个开放的系统,一个振荡器通常会与其他系统相连,并互相关联影响。其他系统可能是一个普通系统,也可能是另一个振荡系统。振荡器之间的同步是指相互关联的振荡器产生一定的相位关系,就好像有个指挥家在指挥着它们一样。当这个相位关系趋于稳定的时候,振荡器之间就会更稳定,成为一个稳定的互联系统。

时间生物学中有时候用导引(entrainment)来描述生物钟振荡器之间的同步化,有时候则直接用同步(synchronization)来描述。这样,两个概念和名词的使用容易造成混淆。如果查阅英文字典的话,通常来说,"synchronization"是指二者的行为动作表现一致,"entrainment"是指导引者与被导引者之间形成一个相位关系,前者"引导"着后者。从这个定义来看,英文中"entrainment"更常用于生物钟被外界环境因子同步化的这个过程,相对应的中文则使用"导引"。物种的生物钟被导引,指的是物种在规律变化的外界环境中,内源的生物钟和外界规律环境信号的周期达成一致,并且二者间形成稳定的相位差。如图 3.1 所示,人类的皮质醇和褪黑素的分泌呈现明显的规律变化,并且二者的峰值相位和天亮/天黑有着稳定的相位差。

一个物种的生物钟所发生的导引,既可以是物种的生物钟被外界的环境因子所导引,也可以是物种的外周生物钟(例如不同组织或器官的内源生物钟)被主时钟所导引。可以导引物种生物钟的环境因子包括地球的自转、潮汐作用、月亮绕地球的公转、地球绕太阳公转的季节变化,等等。与物理学上的振荡器一样,当生物钟被内源或者外源的周期变化所导引后,生物钟的相位会发生重置,与导引信号的相位产生一个稳定的关系。可以导引生物钟的环境信号被称作授时因子(zeitgeber,德语衍生的英文单词),此名词由时间生物学的奠基人之一尤尔根·阿朔夫(Jürgen Aschoff)提出(Aschoff,1960),例如光照、温度、湿度,等等。

3.1.1 时间生物学研究中的导引方法

对于模式生物的导引,一般采用改变授时因子结构的手段,然后系统性地检测受试生

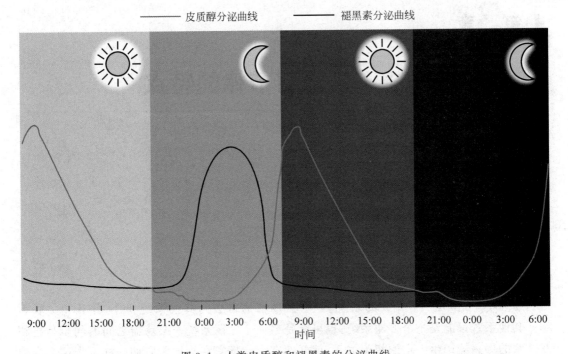

皮质醇分泌曲线　　　褪黑素分泌曲线

图 3.1　人类皮质醇和褪黑素的分泌曲线

人类的皮质醇分泌高峰在天亮后的 1 h 前后,而褪黑素的分泌高峰在黑夜的中间时间,二者的峰值与外界环境保持稳定的相位关系

物对于授时因子的响应。半个世纪之前,科学家发现生物的近日节律行为像物理振荡器一样,如果外界因子(授时因子)振荡的特征发生了变化,导引后的生物钟的振荡会和持续环境条件下的振荡有所不同(Bruce,1960)。这是由于生物钟做出响应,用以测量外界时间和预期外界环境变化,例如光照/黑暗的循环变化。

　　不同物种,甚至是同一物种的不同个体,由于内源的生物钟节律不同(同一物种的不同个体有细微的差别),因而对于外界环境变化的响应也会不同。因此,物种的时钟型(chronotype)以及导引后与授时因子的相位差,则取决于导引时所采用的授时因子的结构(Comas et al.,2006)。人类一天中的活动规律,无论是早睡早起的时间型,还是晚睡晚起的时间型,都是受到外界环境导引的结果。授时因子对生物的导引,是受试生物的生物节律的一个重要特征,通过以下步骤设立检测导引的方法。

　　第一,选取授时因子。通常来说,光照是最佳的授时因子。最常用也是最有效的导引方法就是简单地通过改变光周期(photoperiod,即 24 h 中光照、黑暗的不同长度)来模仿季节的变化,以及用不同长度的光照来研究受试生物的相位改变。

　　第二,选取授时因子的时长。这里以 1 h 的光照脉冲为例,研究对小鼠的相位导引。8 周龄雄性小鼠在 LD12_12 的环境下适应 2 周,然后小鼠的饲养环境为持续黑暗。11 d后,在不同的时刻给予小鼠 1 h 的光照脉冲。设立不同的实验笼位,为了保证全面覆盖 1 d的时间,每隔 2 h 给予小鼠 1 h 的光照脉冲(光强约为 100 lx),第一个从 CT0 开始,然后是CT2,依次向下,最后一个脉冲从 CT22 开始。然后从下面 10 d 小鼠的跑轮节律计算小鼠行为的相位变化(通常前 2 d 的行为数据不作为考量),并以相位变化的幅度对给予脉冲的时间作图。不同的生物对授时因子的响应程度不同,而且生物钟提前和推迟的振幅对授时因子的时长也有一定的依赖关系(Vajtay et al.,2017)。

第三,选取授时因子的强度。还是以光照为例,不同的光照强度对研究生物的行为会产生不同的影响。例如在夜间如果给果蝇一些光照,那么果蝇两个活动峰值的相位会发生变化,并且总体的活动量会增加(Bachleitner et al.,2007)。这点对我们的现代生活有很多启示,夜间在光线下暴露,通常会和一些疾病的发生发展具有相关性(Haus et al.,2013)。那么,在授时因子强度的实验设计上,不仅可以在光照期改变光照强度,也可以在黑暗期增加一些光照,并研究实验对象对授时因子的响应。例如,罗尼伯格(Roenneberg)和梅罗(Merrow)发现更大强度的光照条件下,人们通常显现出更早的时钟型(Roenneberg et al.,2007)。

第四,T周期循环。生物钟研究中一个重要的实验操作流程是T周期循环。"T"代表外界环境变化的循环长度,给定的生物个体在短周期和长周期中表现出的导引角度不同,常常是短周期中相位角靠后而长周期中相位角靠前(Aschoff,1978),这一发现很重要。首先,如果是非生物钟,并且是简单由外界变化驱动的节律,将不会因为T周期的长度不同而显示出不同的相位角,将会和外界变化同步到同一时间,与周期长度无关。其次,研究人员可以在T周期循环中转换,以了解内源节律不同的受试个体是如何被外界环境因子所导引的。理论上,内源节律短的个体受导引后的相位靠前,而内源节律长的个体受导引后的相位靠后。最后,在不同T周期循环下观察到的导引行为,可以反映出实验对象的内源生物钟的稳定性,并且可以找到物种被外界环境导引的最大周期范围。

3.1.2　相位响应曲线的概念及实验

时间生物学的奠基人之一,皮腾德里格(Pittendrigh)在该学科创立的会议论文中对生物钟的经验总结里提到,生物钟的16条特征中非常重要的一条便是"生物钟可以被周期性的环境信号所导引"(Pittendrigh,1960)。地球自转所带来的环境变化中最明显且持续的信号因子是光照的周期变化,因此光照被认为是对生物钟同步化作用最为明显的授时因子。

皮腾德里格和诶瑟杰·达安(Serge Daan)根据对黑腹果蝇(*Drosophila melanogaster*)的研究,提出了光照对生物钟导引的基础模型,即用相位响应曲线(phase response curve,PRC)来描述授时因子对机体的生物钟相位产生的改变,并且成功地利用PRC解释了生物机体如何与外界环境保持同步(Daan,1976)。对任何一个有内源生物钟的物种,都能通过实验得到该物种对授时因子的相位响应曲线。PRC是一个描述相位位移的图,当授时因子在不同时间点给予受试对象刺激,然后得到相应的相位变化,可以是相位提前,或相位延迟,或相位不变。简单来说,如图3.2所示,在主观夜晚(subjective night)的早期,光照会引起生物钟相位向后推迟;而在主观夜晚的晚期到主观白天(subjective day)的早期,光照会引起生物钟相位向前移动;在主观白天的中间时期,光照不引起相位的改变。主观白天和主观夜晚的定义如下:主观白天是指生物机体的节律在自运行过程中表现出与其在昼夜交替环境下的白天时段类似的行为活动的时期,主观夜晚则相反。例如,以活动作为指标进行判断,对昼行性动物来说,在恒定条件下某段时间内活动较多,则这段时间应为主观白天;对夜行性动物来说,在恒定条件下某段时间内活动较多,则这段时间应为主观夜晚(Pittendrigh,1967)。

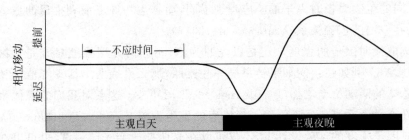

图 3.2　光照的相位响应曲线

主观夜晚的早期,光照引起生物钟相位延迟;主观夜晚的晚期到主观白天的早期,光照引起生物钟相位提前;
在主观白天的中间时期,光照不引起相位的改变,称为不应时间

　　后来人们对多个物种的研究发现,PRC 普适所有验证的物种,并且根据光照这个授时因子得到的 PRC 非常相似,无论是昼行性还是夜行性的动物,包括人类(Boivin et al.,1994)。机体生物钟与外界环境的相位差可以通过了解生物钟的周期以及实验获取的 PRC 准确计算出来。综合来看,PRC 图谱的形状由被试的模式生物系统和所用的授时因子的性质决定,另外,物种处于不同的发育阶段,PRC 的图谱形状也会不一致(Johnson,1999)。例如,如果使用光照作为授时因子,那么光照的基本特征有持续时间、强度和光谱范围。本章先以单个短时长的光照时间对小鼠等夜行性动物生物钟相位的影响开始讨论。

　　了解授时因子对小鼠内源生物钟的影响,必须先从不同时间的授时因子对受试生物的刺激开始。实验的基本操作过程如下:首先小鼠等被试动物在自由运行周期下,即处在持续黑暗的环境中;然后在一天的不同时期,给予小鼠单次 15 min 的光脉冲,观察之后小鼠的行为所表现出的与之前行为的相位变化。注意这里一天的定义,由于是小鼠自由运行下,所以一天的开始是以进入自由运行环境下之前的光照 12 h/黑暗 12 h(LD12_12)环境里的光照开始时间为 0 时进行换算,相对应的持续黑暗的环境时点为生物钟时间 0 点(circadian time 0,CT0)。同时设置没有受到光脉冲刺激的小鼠作为对照,用来计算相位的变化。与所有被验证的物种一样,当受到 15 min 左右的光照刺激时,小鼠等夜行性动物在主观黑夜的早期生物钟相位推迟,而在主观黑夜的晚期生物钟相位提前,在主观白天中有段不应期。不同的小鼠品种具有不同的自由运行周期(τ),在计算 CT 时间时需要进行换算。实验发现,对于较短自由运行周期的品种,在 PRC 中与较长自由运行周期的品种比较,通常相位延迟的会比较多或相位前移地较少,反之亦然。后面的章节中将讨论两个光照脉冲对小鼠生物钟相位的影响。

3.1.3　利用 PRC 预测生物钟的相位

　　在自然环境中,生物体每天的行为周期和体内荷尔蒙的周期呈现出 24 h 的节律,与外界的光照周期保持一致。然而,不同生物体的内源生物钟的周期是不一样的,有比 24 h 短的(例如小鼠),也有比 24 h 长的(例如人类)。因此,很有必要理解生物体的生物钟,尤其是核心生物钟如何被授时因子导引到每日的周期变化中。授时因子重置生物钟可通过导引生物钟的相位,从而使得授时因子的周期与内源生物钟的周期相等,其中,如何利用 PRC 去预测受试生物的相位,是重要的一环,可以通过以下方程进行预测:

$$\Delta\varphi = \tau - T \qquad\qquad (3\text{-}1)$$

这个方程是用来对已经达到稳态导引下的重置相位进行预测,并不能对瞬时状态下发生的生物钟相位变化(例如倒时差中出现的相位变化)进行预测。这里以光照这个授时因子为例,讨论光脉冲对生物钟相位的导引,研究怎样用 PRC 来预测生物体的导引。

如果受试生物的自由运行周期是 23 h,那么在规律的 24 h 的 LD 环境条件下,这个生物的生物钟必须要有 1 h 的相位延迟,才可以保证生物钟被同步到相同的周期;而对于自由运行周期是 21 h 的受试生物,生物钟要有 3 h 的延迟才会达到同样的结果。这样的话,这个光脉冲要落到可以引起相位推迟的时相,也就是主观黑夜的早期。反之,对于自由运行周期是 27 h 的受试生物,在规律的 24 h 的 LD 环境条件下,这个生物的生物钟必须要有 3 h 的相位提前,才能保证生物钟被同步到 24 h。那么,对于这个生物,光脉冲要加在主观黑夜的晚期,就可以造成相位提前。

迈克尔·梅纳克(Michael Menaker)发现实验室的仓鼠中有一例发生自然突变,突变后的仓鼠表现出和野生仓鼠不同的导引现象,因此引起了梅纳克和同事的强烈兴趣(图 3.3)(Tosini et al.,1998)。后续的研究发现该纯合突变仓鼠(被命名为 tau 突变)的自由运行周期是 20 h,而野生型仓鼠的周期是 24 h。值得注意的是,一部分 tau 突变仓鼠不能被 24 h 的 LD 光照环境导引,这些 tau 突变仓鼠展示出一定的自由运行的活动,如图 3.3(d)和图 3.3(e)所示。另一部分的纯合突变仓鼠的活动周期都被导引到了 24 h,但是很明显,纯合突变 tau 仓鼠的活动相位提前了,如图 3.3(f)所示。因为仓鼠是夜行性动物,所以仓鼠活动的时间是仓鼠的主观黑夜时间。在 LD 光照环境下,tau 突变仓鼠的活动时间提前,那么光照向黑暗的这一转化发生在仓鼠开始活动的主观黑夜的早期。根据 PRC,主观黑夜早期的光脉冲,可以引起生物钟相位的推迟,因此可以预测,这时 tau 突变仓鼠的内源时钟相位推迟了 4 h,从而使其在 LD 光照环境下的活动周期成为 24 h。

同样的原理,当一个受试生物的 PRC 被测量后,那么就会知道这个生物被导引后,相位在不同时刻被导引的幅度,在主观黑夜早期推迟多少,在主观黑夜晚期提前多少,以及主观白天的不应期在什么时刻,有多长。了解了这些信息后,实验人员可以根据受试生物的自由运行周期和 PRC 的图谱形状,有效地将受试生物的周期调整到所处的外界规律环境周期。利用 PRC 预测生物的相位,可以应用在人类生物钟的调整中。这里需要注意一点,虽然人类平均近日节律的自由运行周期约为 25 h,但是不同的个体并不一样,有早睡早起的时间型,也有晚睡晚起的时间型。那么,不同个体的 PRC 会有一定的差异。因而在应用到每个个体上时,不仅要测量个体生物钟的自由运行周期,也要测量个体的 PRC,然后根据PRC 来调整个体生物钟去适应外界环境。

3.1.4　T 循环和骨架光导引(skeleton photoentrainment)

我们通常会用固定的 24 h 为周期的外界环境因子循环来研究受试生物的周期和相位变化。不过,在实验室中我们也会通过改变外界授时因子的循环周期长度,检测受试生物生物节律与外界因子之间的相位变化。以光照为例,实验室中会改变光照周期的长度,称为 T 循环(T Cycle)。尽管在自然界中不会发生周期不等于 24 h 的 T 循环,但作为实验研究的工具,可以帮助我们更好地理解导引的过程(Swade,1969)。此外,一些非地球环境(例如火星)存在着非 24 h 的周期环境变化,那么研究这些环境变化对生物钟的导引,或许可以

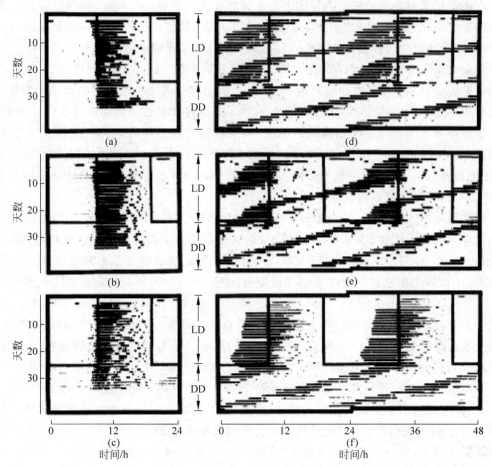

图 3.3　野生仓鼠和 *tau* 突变仓鼠在 LD 光照环境中的光导引反应

(a)～(c) 野生仓鼠在 LD 光照环境中,进入黑暗条件下开始活动;(d)～(f) *tau* 突变仓鼠在 LD 光照环境中,因
为内源的生物钟周期为 20 h,图(d)和图(e)中仓鼠的行为在自由运行,而图(f)中仓鼠的行为活动前移,在光照
条件下开始活动

运用到未来的星际探索和旅行中。

　　以一个具有 25 h 内源周期的生物(人类的内源生物钟周期接近 25 h)为例,当给予的光
照周期不再为 24 h,而是 22 h 的时候,这类生物如何被导引呢?根据前面的方程,$\Delta\varphi = \tau - T$,这时 T 是 22 h,内源周期 τ 是 25 h,$\Delta\varphi$ 是 +3 h。当内源生物钟被外界的光照授时因子
导引后,受试生物表现出的昼夜节律周期将变成 22 h,$\Delta\varphi$ 是正值,说明受试生物的相位需
要提前 3 h。根据之前介绍的 PRC,所给与的授时因子会落在该受试生物的主观黑夜的晚
期,当 PRC 纵轴是 3 h 的那个时刻(相位)。而对于不同的周期的 T 循环,光照/黑暗循环与
受试生物的生物钟间的相位关系则会不同(Stephan,1983)。

　　科学家们好奇不同的生物可以被什么范围的 T 循环所导引,例如在地球的进化过程
中,随着地球自转的变慢(每 100 年减慢千分之一秒),外界环境周期也是在变长的。这个 T
循环的周期范围也可以通过一个物种的 PRC 预测得到。当受试物种的 PRC 的幅度大时,
例如如果主观黑夜早期的延迟和晚期的提前幅度大,那么这个物种可以适应的 T 循环的范

围相应也会大一些。当所给予的 T 周期小于或者大于物种可以被导引的范围时,会相应地发生频率倍减效应或者有限协调效应。频率倍减效应是指规律变化的 T 循环,每隔一个或者两个周期的授时因子对物种生物钟的相位发生导引,而间隔的授时因子无效;有限协调效应是指当授时因子所引起的相位变化不足以引发稳定的相位差以适应外界周期时,受试物种表现出自由运行的节奏,但是在授时因子所处的时刻(相位)会有因部分导引产生的鳞形图案(图 3.3)。

　　前面讨论的是授时因子(光脉冲)产生的生物钟导引。这里,我们考虑一下真实的自然世界——一个昼夜交替变化的环境,而不是每天 15～30 min 的光脉冲的实验室环境。皮腾德里格指出,这样的实验室环境,可以模拟那些生活在地下却在每天傍晚时分到地面活动的夜行性动物,这样 15～30 min 的光脉冲模拟了每天傍晚短时间的光照。那么,对于其他绝大多数动物,皮腾德里格是怎样解释的呢?

　　以 12 h 光照时间/12 h 黑暗时间的 LD12_12 为例,皮腾德里格巧妙地做出了假设,从黑暗到光照的转换,以及光照到黑暗的转换是两个光照脉冲,受试生物的生物钟导引仅仅由这两个光脉冲产生的相位变化就可以解释受试生物被外界环境所导引。这样的周期性的脉冲被称为授时因子的骨架,实现的导引称为骨架光导引,例如自然环境的 LD12_12 就是由两个间隔 12 h 的光脉冲骨架所构成的。事实上,在实验室由两个间隔 12 h 的骨架光脉冲产生的导引,和由 LD12_12 这样的外界环境变化产生的导引相似,形成的相位差落在相似的时刻。因此,人们可以把 LD12_12 想象成一早一晚的两个光脉冲,早晨的光脉冲因为处于主观黑夜的晚期,在 PRC 上引起相位提前 $\Delta\varphi 1$,而晚上的光脉冲处于主观黑夜的早期,在 PRC 上引起相位延迟 $\Delta\varphi 2$。综合在一起,$\Delta\varphi 1 + \Delta\varphi 2 = \tau - T$。这些实验结果在果蝇、小鼠等模式动物上得到了验证(Rosenwasser et al.,1983;Comas et al.,2007)。

　　那么当骨架光脉冲周期的间隔不是 12 h 时,例如间隔为 10 h 或者 14 h,这时受试物种的生物钟是如何被导引的?大多数受试生物的实验结果表明,和 T 循环对于生物钟的导引类似,骨架光脉冲可以导引生物的间隔也存在一定的范围,例如果蝇是 10.3～13.7 h 的范围。

3.1.5　光导引的假说

　　外源有规律周期的授时因子循环导引了受试生物的生物节律后,生物节律的周期表现出与外加的授时因子周期相同,并且与其形成稳定的相位关系。本节仍然以对生物影响最大的光照为主要授时因子进行阐释。生物钟研究领域尝试用两种模型,即不连续导引模型(discrete entrainment model)和连续导引模型(continuous entrainment model),来解释光照对生物钟的导引。不连续导引模型,也被称为非参数(non-parametric)或者相位(phasic)导引模型,关注授时因子的转换引起的相位变化;连续导引模型,也被称为参数(parametric)或者增补(tonic)导引模型,关注授时因子的强度以及持续长度引起的相位变化(Schottner et al.,2016;Pittendrigh,1981)。

　　3.1.1 节和 3.1.2 节用大量篇幅介绍不连续导引(非参数)模型,以光照为例,即受试生物在光照/黑暗的周期环境下,生物钟的相位被光照信号或者提前,或者延迟,从而达到与外加的授时因子周期相等的平衡状态。支持这个模型的科学家以皮腾德里格为主,他也是

PRC 的主要发展者,并且用 PRC 很好地解释了许多物种在 LD 环境下的导引现象。不连续(非参数)导引模型的主要特点是 LD 周期环境中主要的授时因子信号来自黎明和黄昏的光照转换,自然界中白天和夜晚的转换过程就是对生物进行导引的主要信号。正如前文所介绍的,无论是一个光脉冲的 PRC,还是骨架光脉冲的 PRC,都可以很好地解释生物受环境授时因子的导引,以及可以用 PRC 来预测生物在新的周期环境中的导引行为(Comas et al.,2008)。

以光照为例,连续导引模型认为生物钟的相位变化速度(或者时钟运行的速率)和光照的强度呈比例关系。支持这个模型的科学家以阿朔夫为主,尤其是他发现的阿朔夫规律,即昼行性动物在持续光照条件下的活动周期随光强的增大而增长,夜行性动物在持续光照条件下的活动周期随光照的增强而减小。另外,人们认为在 LD12_12 的光照条件下,生物钟在光照条件下运行加速,在黑暗条件下运行减慢,从而生物的节律周期和外界的授时因子周期变得一致。在连续(参数)导引模型中,规律环境下,受试生物的生物钟根据环境中光照强度的变化进行连续地调整。

连续(参数)导引模型的主要特点是光照强度以及光照时长的变化会连续不断地改变生物钟的运行速率,因此可以用简单的方式来测试该模型的正确与否。假设给受试生物加上一个极短的光脉冲,根据连续导引模型的主要特点,这个极短的光脉冲可能不足以影响受试生物,因而受试对象会自运行,在这样的持续外加授时因子的环境下,受试对象仍然显现出自运行节律,其周期等同于持续黑暗条件下的生物钟周期(Pittendrigh,1993)。科学家曾经以飞鼠(flying squirrel)为受试生物,给予每天 1 s 的很弱的光脉冲(其光强相当于距离约 15 cm 外的烛光),连续 68 d。然而,结果表明飞鼠的节律可以很好地被微弱的光脉冲导引,并且在 68 d 后,当飞鼠所处的环境再被设置为持续黑暗时,飞鼠的活动从被导引的相位开始自由运行,表明这 68 d 中行为的重置的确是导引行为,而不是环境因子的掩蔽假象(masking 效应)。另一个经典的实验是,科学家们改变不同的光照时长,将飞鼠所处的光照环境设置成从 LD12_12 到 LD1_23,再到 LD1s_24,发现飞鼠的行为节律都被导引到同一个相位角。这个实验也一定程度地否定了光照的时长可以改变生物钟的运行速率。不过,也有实验证据支持连续(参数)导引模型,例如鸟类和一些夜行性动物,它们在不同光强的 LD12_12 条件下,与光照开始的相位角差随光强的不同而不同。所以,这两个导引模型仍将继续存在争议。

3.1.6 生物钟的导引促进生物适应性

生物钟的三大必要特征分别是:内源的约为 24 h 的周期,可被导引性,温度补偿效应。正是因为生物钟可以被外界环境因子(授时因子)所导引,体现出生物钟的必要特征之一(可被导引和授时因子的相位存在稳定的相位关系),使得生物体在环境适应中获得了更多的优势(Johnson et al.,1998)。生物学中,物种的适应(adaptation)也可以理解为一种表型,是指在给定环境中物种可以达到的最大适应度(fitness)。而适应度通常是指基因型可以传递给后代,是衡量繁衍成功的一种量度。

在规律变化的环境中,例如太阳每天的起落,以及一天中温度的变化,生物体根据自身内源的生物钟,预测每天外部环境的变化,从而可以做出相应的准备。这种准备可能是自主的,例如在炎热的夏天,昆虫的活动会集中到较为凉爽的早晨和傍晚(Vanin et al.,2012);准备也可能是非自主的,例如机体内的分子活动,人体的褪黑素的分泌高峰在下半夜,而皮质醇的分泌高峰则在早晨。

地球除了自转外,还围绕太阳公转,产生一年四季的季节变化。许多生物会利用生物钟来测量不同季节中光照时长的不同,例如冬季的短日照和夏季的长日照,生物钟的必要特征之一是可导引性,即衡量内在时钟与外界环境的相位变化。地球上除了赤道以外的地方,冬夏不同而有不同的白天时长,物种为了更好地适应季节变化需要可以与环境保持良好的相位差,从而可以更好预测时间。夜行性动物可以利用被导引的生物钟,在不同季节中感知自然环境是黑暗还是光照,并且指导其行为。

导引也可以被理解为物种的一个可遗传的性状,例如携带 $PER2^{S662G}$ 基因型的人群展示出早睡早起的行为,比普通人早 4~6 h,并且这种特征可以家族遗传(Xu et al.,2007;Xu et al.,2005)。当物种的某个性状更能适应环境,那么环境就会通过选择来保留这种性状,而拥有这个性状的个体则具有更多的竞争优势。显而易见,携带 $PER2^{S662G}$ 基因型,表明这个家族有早睡早起的行为,在某个特定环境中获得了适应性上的优势,从而被保留下来。如果难以理解的话,可以把这个特定的环境想象成一个农场,而农场的人们通常都是早睡早起的。科学家们在实验室中重现过类似的竞争优势。将具有不同内源生物钟周期的蓝绿细菌菌株 1∶1 混合后,放置在光照规律变化的环境中培养,结果是内源节律和外界环境周期接近的蓝绿细菌获胜。例如内在周期分别为 22 h 和 28 h 的两株蓝绿细菌混合在一起,在 22 h 的光照/黑暗环境中则前者生存,在 28 h 的光照/黑暗环境中则后者生存(Ouyang et al.,1998)。因此,授时因子对生物钟的导引可以影响物种种间的竞争关系。

近年来,随着研究向分子水平的深入,对于生物钟的导引的生物学意义的理解也更深入。分子水平的研究发现,机体外周组织的新陈代谢被主生物钟所导引,从而提高机体的适应能力。

3.2　近日节律的温度补偿

3.2.1　温度补偿的概述

温度系数(Q_{10})是反应速率的比值随温度每升高 10℃ 的变化,表示反应过程对温度的依赖程度,通常可以推断反应的原理。在生物学中,反应速率可以是化学反应产物生成的速率(mol/s),或者是动作电位沿神经纤维传播的速度(m/s),也可以是心脏每分钟收缩的速率(beats per min,bpm)。一个典型的实验中,在两个不同的温度 T_1 和 T_2(其中 $T_2 > T_1$,单位为℃或者 K)下测量所研究的生理过程的速率,分别得出速率测量值 R_1(T_1 时测量)和 R_2(T_2 时测量),然后以反应速率 R_2 除以反应速率 R_1 来估算该过程的 Q_{10},计算方法见式(3-2)。由于分子间的碰撞对温度的依赖性,大多数生化反应的反应速率随着温度的升高而升高。如图 3.4 所示,通常来说,温度每升高 10℃,反应速率增大一倍或两倍(或更多)。对于类似这样的过程,其 Q_{10} 值分别表示为 2 或 3(或更高)。

当测量时的温度不是精确地相隔 10℃ 时,温度补偿公式为

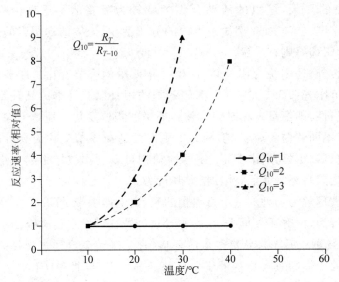

图 3.4　温度系数表示反应速率随温度变化的特征

$$Q_{10} = \left(\frac{R_2}{R_1}\right)^{\left(\frac{10}{T_2 - T_1}\right)} \tag{3-2}$$

其中,R_1 是温度 T_1 下测得的反应速率;R_2 是温度 T_2 下测得的反应速率;T_1 是测量反应速率 R_1 时的温度,单位必须是摄氏温度或者开氏温度;T_2 是测量反应速率 R_2 时的温度,单位必须是摄氏温度或者开氏温度,与 T_1 保持一致。

作为比值,Q_{10} 没有单位。如果反应速率完全与温度无关,从式(3-2)可以看出,所得到的 Q_{10} 值为 1。如果反应速率随温度升高而增加,则 Q_{10} 大于 1。反应过程对温度的依赖程度越高,其 Q_{10} 值将越大。对于典型的化学反应,Q_{10} 值约为 2;对于许多生物过程,尤其是涉及大规模蛋白质构象变化的生物过程,Q_{10} 值大于 2。

然而,对于生物体内源性的近日节律来说,在生物体各自的生理温度范围内,近日节律的 Q_{10} 值在 0.8~1.4。

3.2.2　温度补偿对生物适应性的意义

近日节律是生物体适应地球自转环境的自然选择结果。对于变温动物,拥有一个温度补偿的近日节律可以带来许多的好处,例如在外界温度发生较大变化的环境里(春秋季经常出现),生物体的内源生物钟仍然保持相对稳定的周期和相位,而不会在温度变化较大的连续两天内出现差异极大的相位表现,将自身置于危险之中,或者错过每天固定时间出现的食物机会(Pittendrigh,1988)。因此,近日节律的温度补偿对于昆虫、植物等不能控制体温的生物具有明显的适应性意义。然而,即使是恒温动物,它们也具有温度补偿的近日节律。

虽然近日节律的周期是温度补偿的,但这并不等于近日节律对温度不敏感。在某种程度上,时间生物学家喜欢把近日节律比喻成时钟,这也是"生物钟"这个名字的来源。将其作为时钟,说明近日时钟是一种计时装置,而不是一个可以计量温度变化的仪表(温度计)。

生物钟虽然表现出温度补偿的特性,但是时钟的相位能够被温度脉冲或者规律变化的温度循环所导引(Buhr et al.,2010)。因而,生物体对于温度有看似矛盾的反应,在相位上对温度有响应而在周期上对温度无响应。这看似矛盾的悖论,可以在温度变化时使生物机体保持其内源节律和外部时间之间合适的相位差。如果没有温度补偿,在温度变化较大的连续两天内,近日节律会在温暖的第一天快速运行,而在凉爽的第二天慢速运行,那么生物体连续两天的近日节律的相位会出现很大的差异;但是太阳却几乎以相同的时间出现和消失,这时内源节律和外界时间的相位差也会变化巨大,因而失去了对机体的协调作用。为了适应强大的地球自转这一自然选择压力,一个具有温度补偿的近日节律是必不可少的,无论是变温动物,还是恒温动物。

3.2.3 温度过度补偿

在温度补偿的近日节律中,有些物种的自运行周期的 Q_{10} 出现小于 1 的情况。对于这些近日节律,它们在更高的温度时运行的更慢,称为温度过度补偿(temperature over-compensation)。例如,鞭毛藻(*Gonyaulax*)的近日节律在低温下比高温时显示出更快的频率。

目前对温度补偿的机制尚不明确,对温度过度补偿的机制则更不清楚。不过,温度过度补偿并非仅仅存在于近日节律中,也存在于某些化学振荡反应中,例如多晶铂电极上甲酸的氧化振荡(Nagao et al.,2008)。对于这一化学振荡,反应的温度可以在 5～25℃。对于这一化学振荡反应的温度过度补偿来说,其中的关键因素是温度对不同的反应步骤产生不同的影响,这些反应步骤耦合之后产生了化学振荡。所观察到的温度过度补偿是由于温度对正反馈回路(如甲酸盐的吸附和氧化作用)以及负反馈回路(如甲酸脱水生成表面吸附的一氧化碳,CO_{ad})的相反影响而产生的。人们根据这个化学反应中温度过度补偿的原理,提出假设,在近日节律的不同振荡时期,温度存在不同的效应。

3.2.4 恒温动物的温度补偿现象

人们在单细胞生物(如蓝绿细菌和海洋发光甲藻)、植物、无脊椎动物(如果蝇)中很好地观察到了温度补偿的现象,但是很难在恒温动物(鸟类和哺乳动物)中证明这个现象存在,因为恒温动物的体温一直维持在一个较为狭窄的范围(体温变化通常为 2～3℃)。然而,最近随着技术的发展和进步,体外培养系统的建立促进了科学家对恒温动物生物钟的温度补偿的研究。

高桥(Takahashi)使用鸟类的模式生物——鸡,建立了鸡的松果体细胞体外模型系统,用来测量温度变化对恒温动物生物钟的影响(Barrett et al.,1995)。首先,鸡的松果体细胞被分离出来,然后将体外培养的松果体细胞暴露于恒定温度和变化的温度条件下。通过改变体外松果体细胞的培养温度条件,证明了鸡的松果体细胞在 34～40℃范围内,其生物钟存在温度补偿的效应,并且 Q_{10} 值为 0.83,该值和变温动物中所测的 Q_{10} 值相似;温度的脉冲(使用的是持续 6 h 的 42℃脉冲)会以相位依赖的方式改变生物钟的相位,即温度脉冲可以重置松果体细胞的生物钟;温度的周期变化(37℃条件下 18 h,42℃条件下 6 h)可以在体外导引生物钟进入温度环境的相位。有趣的是,高桥等还发现松果体中褪黑素的生物合成与温度强烈相关,其合成速率 Q_{10} 值大于 11,即温度升高 10℃时,褪黑素的合成速率提高 10 倍以上;然而,松果体褪黑素的合成周期约为 24 h,并具有温度补偿的功能。这些结果表明,恒温脊椎动物的生物钟具有温度补偿的特征。

梅纳克等从仓鼠中分离了视网膜,并进行体外培养,培养的视网膜展现出褪黑素合成的生物钟节律(Tosini et al.,1996)。体外培养的视网膜仍然保留了完整的感光细胞,因此视网膜的褪黑素合成节律可以被光照环境所导引。梅纳克等证实仓鼠视网膜中的褪黑素合成的生物钟具有温度补偿的特征,Q_{10} 值为 1.096,与单细胞生物及变温动物的 Q_{10} 范围接近。3.1.3 节介绍过梅纳克发现的第一个生物钟突变生物——tau 突变仓鼠,它的近日时钟的周期约为 20 h。有趣的是,tau 突变仓鼠体外培养的视网膜的褪黑素生物钟的 Q_{10} 值为 1.487(Tosini et al.,1998),而之前所测量的从单细胞生物、真菌到变温生物 Q_{10} 值的范围在 0.9～1.2。所以,tau 突变仓鼠虽然很大程度上影响了视网膜中褪黑素合成生物钟的温度补偿效应,但仍然不是温度依赖性的。

与松果体、视网膜一样,体内中央钟所在的视交叉上核(suprachiasmatic nucleus,SCN)体外培养的技术也建立了起来,经过测量,SCN 的温度补偿的 Q_{10} 值分别为 0.93(松鼠)和 0.95(大鼠)。但是,这些体外培养的恒温动物组织的样品采集工作,既费时又费力。高桥课题组开创性地建立了稳定表达 PER2 蛋白和荧光素酶融合蛋白的转基因小鼠(Yoo et al.,2005),依赖于这一技术进步,研究恒温动物生物钟的温度补偿效应变得更加便利和简单。借助于这一技术,分离的体外培养的 SCN、垂体、肺脏、肝脏、肾上腺体等组织展现出不同的生物钟相位(这说明它们在体内也维持一定的相位差)。经过改变体外培养的这些组织的环境温度,从 29℃、31℃、33℃、35℃到 37℃,不同组织的 Q_{10} 值有所不同,但是都接近 1,范围在 0.89～0.96,体现出温度补偿的特性(Izumo et al.,2003,Reyes et al.,2008)。前文介绍过,生物钟既体现出不依赖于温度的周期性,又体现出依赖于温度的相位表现,在体外培养的 SCN 也一样,虽然 Q_{10} 值为 1.04,但是其生物钟的相位却体现出线性的温度依赖效应。

3.2.5 温度补偿的机制假说

最早的补偿机制模型认为,部分生物钟的昼夜循环可以随着温度升高而加速,另一部分却随着温度升高而减慢,这样的话可以对整个自由运行周期进行温度补偿。例如,生物节律振荡的上升期在温度升高时加速,振荡的下降期在温度上升时减速,保持最终振荡的周期变化不大。然而,这样的机制并不适用于一个时钟,即这样的阶段性平衡并不能够准确地估计周围环境的时间,因为如果不是匀速的振荡变化,周围环境的温度在一天中可能具有不同的波动趋势,生物节律的振荡周期将变得捉摸不定。因此,这个模型并不能被接受。

研究人员在 1960 年提出,起搏器机制可能包括两个平衡的生化反应,其个别速率都随温度升高而增加(Sweeney et al.,1960):

反应 1：X→Y(酶 1 介导)

反应 2：A→B(酶 2 介导)

假设反应 2 的产物 B 抑制酶 1。随着温度的升高,反应 1 的速率开始增加。然而,反应 2 的速率同样会增加,并且在更高的温度下会产生更多的 B。B 水平的增加将导致反应速率

1以补偿的方式减慢。在这样两个反应同时发生的系统中,可以设计两个反应的温度依赖关系,使得反应速率1基本上与温度无关。如果反应1是昼夜节律系统中周期长度的主要决定因素,则自由运转周期将得到温度补偿。

3.2.6　其他的补偿现象

3.2节中讨论了近日节律的温度补偿现象,即使大多数生理现象(包括生理生化反应)在高温下的速率提升,近日节律的周期(或者频率)在一定范围的生理温度下仍然保持稳定。温度补偿的现象不仅发生在变温动物身上,也会发生在体外培养的细胞(不是恒温)上。近日节律是否存在其他的补偿现象呢?答案是存在,因为近日节律要保证生物体在一定干扰下可以维持生理稳态。

生物体的近日节律参与调节新陈代谢,反过来,新陈代谢会通过 NAD^+(组蛋白脱乙酰激酶 SIRT1 的底物)反馈到生物钟。证据显示 REV-ERB 是新陈代谢与近日节律之间相互作用的节点。以真核生物的粗糙链孢霉(Neurospora)为例,当培养基中的葡萄糖浓度在 0~0.5% 变化时,其近日节律周期基本不变,然而通过正向遗传学的筛选,发现多个基因(包括 csp1 突变的粗糙链孢霉)的近日节律周期从 22.45 h 左右缩短到 19.9 h(Sancar et al.,2012)。这个实验说明 CSP1 参与的链孢霉生物钟基因转录是维系代谢补偿的主要通路。那么,是否可以通过基因突变(正向或者反向遗传学)的方法研究近日节律温度补偿的分子基础呢?近期的一项研究采用 CRISPR 基因编辑的方法研究 Cry1、Cry2、CK1 等基因的单基因敲除或组合敲除对细胞温度补偿的影响(Tsuchiya et al.,2016)。研究的初步结论是哺乳动物近日节律的温度补偿并非是由单基因(及其参与的通路)决定的。

乌利·希布勒(Uli Schibler)的课题组展示了当细胞转录的速率受到干扰时,近日节律可以展现出对转录反应的补偿。这个发现具有一定的意义,因为不同的组织、器官的转录速率大大不同,但是不同组织间保持相对恒定的近日节律周期(Dibner et al.,2009)。一系列的药物可以干扰细胞的转录速率,例如 RNA 聚合酶的抑制剂放线菌素和 α-阿玛尼丁。使用单细胞观测技术,他们观察到细胞转录被抑制 50% 以上时,细胞的近日节律仍在运行。那么这种转录速率改变的补偿现象是什么机制呢?希布勒课题组认为转录速率被大幅改变,那么关键生物钟蛋白积累的速率也被大幅改变,因此,传统的转录翻译负反馈环路的机制并不好解释节律周期的稳定性。然而,如果有其他的机制,例如以周期性的酶活性为基础的近日节律,那么转录速率的变化就不会严重影响节律的周期。因此,希布勒认为可能存在更为基础的近日节律分子机制。

3.3节将讨论不依赖于转录的近日节律现象及相关的分子机制。

3.3　近日节律的非转录振荡机制

3.3.1　蓝藻近日节律的分子机制

科学家们在模式生物——果蝇中鉴定出第一个生物钟基因(Reddy et al.,1984)。此后,人们在各种真核生物中鉴定出其他的时钟基因,提出了用转录和翻译负反馈环模型来解释时钟基因的 mRNA 和蛋白量的振荡(Hardin et al. ,1992)。在这个模型里,生物钟基因的启动子受到正调控转录因子的控制,并受到其翻译后修饰的生物钟蛋白的抑制。换一种说法则是,生物钟基因的蛋白质产物能够在自动调节的反馈环路中对自身的表达进行负反馈调控。

在蓝藻这个模式生物中,研究人员发现 *KaiA* 和 *KaiBC* 基因簇会发生近日节律性的转录(Ishiura et al. ,1998),并且 KaiB 和 KaiC 蛋白的表达量也呈现节律变化(Xu et al. ,2000;Iwasaki et al. ,2002)。KaiC 蛋白的表达可以负调控 *KaiBC* 的启动子,而 KaiA 可以正调控 *KaiBC* 启动子,这些分子行为符合在真核生物中提出的转录翻译反馈抑制环路(transcriptional translational feedback loop,TTFL)模型(图 3.5)。人们曾经认为,与真核生物钟的分子机制类似,*KaiBC* 上游的启动子类似于哺乳动物生物钟启动子中的 E-box 顺式元件,对于产生蓝藻的近日节律是必须的。然而,研究发现 *KaiBC* 的启动子对于产生近日节律不是必须的,将其替换成异源的稳定表达的启动子,蓝藻中的近日节律仍然运行(Xu et al. ,2003)。这暗示着,蓝藻中存在着和高等生物不一样的分子机制。

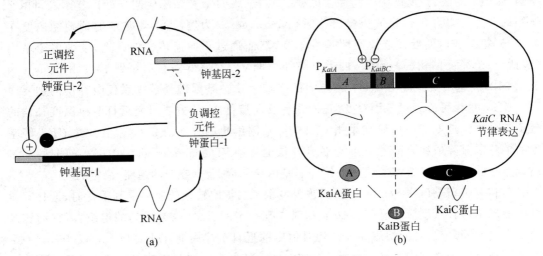

图 3.5　蓝藻生物钟的 TTFL 模型

(a) TTFL 的一般模型,钟基因-1 的转录翻译产物钟蛋白-1 可以反馈抑制自身基因的转录,而钟基因-2 的转录翻译产物钟蛋白-2 正向调节钟基因-1 的转录;(b) 蓝藻生物钟模型中,KaiA 正调节 *KaiBC* 启动子,而 KaiC 负调节 *KaiBC* 启动子

有着自发调节性的 TTFL 曾经被认为是最根本的产生近日节律的分子机制,近藤孝雄(Takao Kondo)实验室报道了一个重大的发现(Tomita et al. ,2005),培养在持续黑暗环境下的蓝藻,其核心生物钟蛋白 KaiC 的磷酸化展现出周期接近 24 h 的近日节律。这个发现非常重要,因为蓝藻是自养型的光合生物,其绝大多数的代谢活动,包括 RNA 和蛋白的合成,在持续黑暗条件下都不可能完成。在持续黑暗条件下,蓝藻的生物钟蛋白保持恒定,这同样不符合 TTFL 模型中所阐述的蛋白量的振荡表现。此外,近藤团队还通过在持续光照(正常的蓝藻培养条件)下添加关闭蓝藻转录和翻译的化学药物(利福平或者氯霉素),但是 KaiC 蛋白的磷酸化节律仍然持续存在,并且这种节律具有温度补偿效应。因此,没有转录和翻译的 KaiC 磷酸化的节律仍然具有生物钟的基本特征。

更令人惊讶的是,近藤实验室随后发现了三种纯化的蓝藻生物钟蛋白——KaiA、KaiB 和 KaiC,将其在试管里混合后加入 ATP,即可以产生稳定的 KaiC 磷酸化的近日节律

(Nakajima et al.,2005)。基于测量的蓝藻胞内的蛋白量变化,他们采用 KaiA、KaiB、KaiC 三者的质量比为 1∶1∶4,或者摩尔浓度比为 1.5∶2∶1。这些体外重组的 KaiC 磷酸化的近日节律是温度补偿的,并且在 30℃时的周期约为 22 h。而且,之前可以在体内产生短周期的 KaiC 突变,将此突变的 KaiC 纯化后,在体外的周期也相应地缩短。这是科学家第一次在试管中以简单的蛋白质和能量供体(ATP)实现了化学反应的近日节律,并且这一化学反应满足近日节律的三个基本特征:恒定条件下的周期约为 24 h,可以被环境因子重置的导引性,以及温度补偿效应(Kondo,2007)。

3.3.2 蓝藻近日节律的非转录振荡机制

3.3.1 节提到,蓝藻生物钟的分子机制最初也被认为是转录翻译的负反馈环路,直到体外重组的 KaiA、KaiB 和 KaiC 三个蛋白的混合反应可以产生近似 24 h 的近日节律。因此,蓝藻生物钟的核心生物钟分子机制是被称为翻译后振荡(非转录振荡)的近日节律振荡器。

KaiA 蛋白由 *KaiA* 基因编码,KaiB 和 KaiC 蛋白来源于 *KaiBC* 操纵子调控的转录翻译过程。如 3.3.1 节所述,体外纯化的三个 Kai 蛋白以一定比例混合,在 ATP 和镁离子存在下,就会产生近日节律,包括蛋白大分子组装和分离、KaiC 蛋白磷酸化和去磷酸化、ATP 水解的近似 24 h 的周期。当反应中的 ATP 充足时,这个反应可以持续数日甚至一周以上,曾有报道可持续 10 d 以上。其中,KaiC 蛋白是核心的组分,由两个近似的结构域组成:N 端的 CⅠ和 C 端的 CⅡ结构域。两个结构域都要结合 ATP,促进 KaiC 形成同六聚体,两个结构域之间是柔性的连接肽段。CⅡ结构域同时具有激酶和磷酸水解酶的活性,在 KaiA 和 KaiB 的辅助下,CⅡ逐步转移 ATP 的磷酸基团到 432 位的苏氨酸(T432),然后是 431 位的丝氨酸(S431),完成 KaiC 磷酸化的过程;再逐步有序水解 T432 的磷酸和 S431 的磷酸,完成去磷酸化。这样,KaiC 的磷酸化和去磷酸化完成一个周期,约为 24 h(Rust et al.,2007)。CⅠ结构域具有 ATP 水解酶的活性,并且在整个近日节律周期中能形成比较稳定的六聚体。而 CⅡ结构域相对松散。CⅠ和 CⅡ结构域通过相互作用,由 CⅠ结构域感受 CⅡ结构域的磷酸化状态,然后决定 CⅠ结构域 ATP 水解酶的活性。CⅠ结构域 ATP 水解酶的活性决定了 KaiC 与 KaiA、KaiB 的相互作用。KaiA/KaiB 与 KaiC 的相互作用,影响了 KaiC 的自磷酸化水平和 KaiC 的 ATP 水解酶活性,从而决定了 KaiC 磷酸化/去磷酸化的近日节律周期的长短(Swan et al.,2018)。

KaiC 的 CⅡ结构域总是同时展示出激酶活性和磷酸水解酶活性,但是一般情况下 KaiC 磷酸水解酶的活性大于激酶活性。在 KaiC 未磷酸化状态时,KaiA 与 KaiC 的相互作用可以促进 KaiC 的激酶活性,从而使得 KaiC 发生有序的磷酸化过程,先是 T432 的磷酸化,然后是 S431 的磷酸化。当 S431 磷酸化后,CⅡ结构域的六聚体和 CⅠ结构域的六聚体间的堆积作用增强,而这种堆积作用促进 CⅠ结构域的 ATP 水解酶活性。CⅠ结构域的水解酶活性促进 KaiB 与 CⅠ结构域的相互作用,而 KaiB/KaiC-CⅠ复合物的形成,产生一个新的 KaiA 作用位点。这时,KaiA 就会更倾向于与 KaiB/KaiC-CⅠ复合物作用,而不是和 KaiC-CⅡ相互作用,于是,CⅡ的磷酸水解酶活性又发挥主导作用,促使 KaiC 发生磷酸水解,先是 T432 的磷酸被水解,然后是 S431 的磷酸被水解。此时,KaiB 和 KaiA 蛋白开始与 KaiC-CⅠ结构域解离,KaiC 蛋白回到分离状态,并且准备开始下一个磷酸化/去磷酸化的近日节律。

KaiA 蛋白具有两个结构域,并且由 C 端结构域形成二聚体。KaiA 和 KaiC 相互作用具有两种模式:①在 KaiC 磷酸化过程中,KaiA 的 C 端形成的二聚体与 KaiC 的 C 末端形成复合物;②而在 KaiC 去磷酸化的过程中,KaiA 的两个结构域中间的连接肽段与 KaiB 相互作用,形成 KaiCBA 复合物。KaiB 蛋白以单体存在,但是也会在单体和四聚体间转换,并且 S431 磷酸化后,KaiB 和 KaiC-C I 结构域的复合物开始结合 KaiA,完成隔离 KaiA 的任务(Tseng et al.,2017)。

总结一下,KaiA 蛋白促进了 KaiC 的磷酸激酶活性,而 KaiCB 复合物的生成将 KaiA 隔离,从而启动了 KaiC 的磷酸水解的过程(Chang et al.,2015)。这一正一负的两个过程,完成了 KaiC 磷酸化/去磷酸化的周期。这里需要强调的是,细胞甚至是试管中,KaiC 磷酸化/去磷酸化的过程不是单纯地由三个分子完成。据统计,细胞中大约有 10 000 个 KaiB 和 KaiC 的分子,而约有 1000 个 KaiA 的分子,这样可以保证在去磷酸化过程中,所有的 KaiA 分子都被隔离而不发挥作用。

3.3.3 非转录近日节律振荡的导引

3.1 节介绍了近日节律的三大特征之一——近日节律的可导引性,因为自然界的环境是处于 24 h 的地球自转周期中。那么,当了解到蓝藻的核心生物钟是由简单的三个 Kai 蛋白组成的生化反应近日节律时,是不是这个近日节律也必须要具备可被导引的特征? 当前,科学家们了解到的事实是,Kai 蛋白组成的磷酸化/去磷酸化的近日节律,也具备可导引性,并且是由组成生命活动的最基础的能量代谢来导引的。

在体外重组的 KaiABC 振荡系统中,鲁斯特(Rust)等发现改变 ATP 和 ADP 的浓度,可以改变 KaiC 磷酸化的相位(Rust et al.,2011)。3.3.2 节介绍过,KaiC 的 C I 和 C II 两个结构域都可以结合 ATP,同样也可以结合 ADP,但是 ADP 不能作为磷酸的供体,去驱动 KaiC 蛋白的磷酸化。然而,ATP 和 ADP 的比例却可以影响 KaiC 的激酶活性。在 KaiC 开始磷酸化的阶段,改变 ATP/ADP 的比值,KaiC 磷酸化会发生比较大的相位变化;而在 KaiC 开始去磷酸化的阶段,改变 ATP/ADP 的比值对 KaiC 磷酸化的相位影响不大。这表明,ATP/ADP 的比值可以作为授时信号,对 KaiC 磷酸化/去磷酸的周期产生一个相位响应曲线(PRC)。这个反应具有一定的生理意义,蓝藻生活的自然环境是光照/黑暗变化的环境,由于蓝藻是自养型的光合细菌,在黑暗的环境中不合成 ATP,此时有更多的 ADP 生成,ATP/ADP 的比值减小会驱动 KaiC 磷酸化产生相位改变,从而使得 KaiC 磷酸化的周期与外界的环境周期变得一致。研究结果显示,ATP/ADP 的比值主要是改变了 KaiC 与 KaiA 相互作用时的激酶活性,对 KaiC 的磷酸水解酶活性影响并不大。因此,KaiA 蛋白的浓度以及 ATP/ADP 的比值都可以影响 KaiC 的激酶活性,而 KaiC 的激酶活性决定了 KaiC 磷酸化的速率,进而使得近日节律相位改变。

近日节律的另外一个必要特征是具有温度补偿性,KaiC 磷酸化/去磷酸化的近日节律同样具有温度补偿特征。KaiC 磷酸化/去磷酸化的近日节律在 25℃、30℃和 35℃下测量的周期分别为 22 h、21 h 和 20 h。这些周期计算得到的 Q_{10} 值约为 1.1,与蓝藻的报告基因所反映出的近日节律计算得到的 Q_{10} 值一致。与真核生物生物钟的温度补偿机制相比,KaiABC 振荡机制被人们解析的更多一些,因为 KaiABC 振荡是简单的化学反应。抑制

KaiC 的不同结构域有不同的功能,CⅠ结构域的 ATP 水解酶的功能决定了 KaiC 磷酸化周期的长短。研究发现,KaiC 的 ATP 水解酶的活性在 25～35℃的生理温度范围内,其 Q_{10} 值约为 1.0。这表明,蓝藻非转录振荡的近日节律的温度补偿特征是由 KaiC 蛋白的生化特性所决定的。然而,在突变体的蓝藻中(KaiC 蛋白的 S431 和 T432 突变成 E/E),KaiC 磷酸化的近日节律消失,但仍然保留基因组的转录节律。秦曦明等发现,只有转录节律的蓝藻在温度改变时,其温度补偿效应会显著发生改变(Qin et al.,2010)。

对于蓝藻的非转录近日节律的研究给真核生物近日节律的研究带来很多启发。例如近日节律的温度补偿特征可能是由蛋白的生化特征决定;以及单纯的转录节律对于温度有较高的依赖性,而真核生物的近日节律是温度补偿的。

3.3.4 非转录近日节律振荡的温度补偿

当前对于真核生物近日节律的机制,认为是建立在转录翻译负反馈环路(TTFL)的基础上,但是一些实验证据表明可能存在其他的振荡机制。例如,在已知生物钟的任何一个基因敲除的小鼠品系,包括 *Per1/Per2* 双敲(无 TTFL 节律)、*Cry1/Cry2* 双敲(无 TTFL 节律)的小鼠,仍然可以被甲基苯丙胺导引出近似 24 h 的行为节律(Mohawk et al.,2009)。还有一些其他的分子证据,例如将本来是振荡表达的 Cry 或者 Per 的启动子换成持续表达的启动子,在这种情形下的细胞仍然表现出近日节律。当人们于 2005 年认识到蓝藻中存在完全不依赖于转录的近日节律振荡器(KaiABC)后,认为真核生物可能存在类似的机制,即有一个未知的不依赖于转录的翻译后振荡器。

事实上,自人们认识到细胞分为细胞核和细胞质后,已经提出问题——细胞的内在计时机制是受到细胞核控制的吗？ 1961 年,棒形伞藻(*Acetabularia crenulata*)的巨大细胞(长达 10 cm)显示,去除核后其光合作用的近日节律仍然得以维持。1966 年,在单细胞真核生物的多次传代过程中,母代通过细胞分裂将近日节律的相位信息传递到子代,而这个过程主要是细胞质传递的。2004 年,希布勒实验室利用单细胞观测的技术,又进一步确定了细胞分裂的母代会将近日节律的相位信息传递到子代。1976 年,人们从红细胞中分离的细胞膜上观察到镁离子依赖的 ATP 水解酶活动的近日节律。最近,英国的 Millar 实验室发现,在海洋单细胞藻类真核微藻(*Ostreococcustauri*)中,转录和翻译在整个近日节律周期的大部分时间是可有可无的。

在 2005 年近藤实验室发现蓝藻的非转录振荡后,有些实验室开始把研究目标设定为寻找真核生物的非转录振荡。2011 年,人们在人类红细胞和真核微藻中发现,过氧化物酶蛋白的修饰过程出现了近日节律振荡,而这些振荡在没有转录存在的情况下可以持续。当前,科学家认为这一过氧化物蛋白的巯基修饰振荡仅仅是一个非转录振荡的分子标记,并不是非转录振荡的分子基础。虽然更基础、更深层的非转录振荡到过氧化物蛋白修饰的近日节律振荡这一过程并不清楚,但是人们很快在多个模式物种间发现这一修饰的节律振荡普遍存在,并且这一修饰的节律具有近日节律的一般特征。这些结果表明,真核生物的生物钟可能存在一个共同的非转录生物钟分子机制,并将其命名为转录后振荡器(post-transcriptional oscillator,PTO),以与转录翻译负反馈抑制环路(TTFL)相区别。

假设真核生物与蓝藻类似,也存在一个不依赖转录的近日节律振荡,那么为何还存在

TTFL 这个近日节律呢? 可能 PTO 是物种内最基础的计时装置,是内源的基础节律振荡,而 TTFL 近日节律的存在,增大了物种近日节律的振幅和导引 PTO 的相位。PTO 和 TTFL 耦联在一起,共同维持物种的近日节律。前面提到的过氧化物酶蛋白修饰的近日节律虽然在多个物种中发现,但仍然只是 PTO 的一个分子标记,因为在蓝藻中发现过氧化物酶蛋白不是维持近日节律必需的。期望不久的将来,可以在真核生物中发现类似于 KaiABC 的简单非转录近日节律振荡器。

秦曦明、周琴　审稿:张珞颖

参考文献

ASCHOFF J,1960. Exogenous and endogenous components in circadian rhythms [J]. Cold Spring Harbor Symposia on Quantitative Biology,25:11-28.

ASCHOFF J,1978. Features of circadian rhythms relevant for the design of shift schedules [J]. Ergonomics,21:739-754.

BACHLEITNER W,KEMPINGER L,WULBECK C,et al. ,2007. Moonlight shifts the endogenous clock of *Drosophila melanogaster* [J]. Proceedings of the National Academy of Sciences of the United States of America,104:3538-3543.

BARRETT R K,TAKAHASHI J S,1995. Temperature compensation and temperature entrainment of the chick pineal cell circadian clock [J]. The Journal of Neuroscience:the Official Journal of the Society for Neuroscience,15:5681-5692.

BOIVIN D B,DUFFY J F,KRONAUER R E,et al. ,1994. Sensitivity of the human circadian pacemaker to moderately bright light [J]. Journal of Biological Rhythms,9:315-331.

BRUCE V G,1960. Environmental entrainment of circadian rhythms [J]. Cold Spring Harbor Symposia on Quantitative Biology,25:29-48.

BUHR E D,YOO S H,TAKAHASHI J S,2010. Temperature as a universal resetting cue for mammalian circadian oscillators [J]. Science,330:379-385.

CHANG Y G,COHEN S E,PHONG C,et al. ,2015. Circadian rhythms. A protein fold switch joins the circadian oscillator to clock output in cyanobacteria [J]. Science,349:324-328.

COMAS M,BEERSMA D G,SPOELSTRA K,et al. ,2006. Phase and period responses of the circadian system of mice (*Mus musculus*) to light stimuli of different duration [J]. Journal of Biological Rhythms,21:362-372.

COMAS M, BEERSMA D G, SPOELSTRA K, et al. , 2007. Circadian response reduction in light and response restoration in darkness:a "skeleton" light pulse PRC study in mice (*Mus musculus*) [J]. Journal of Biological Rhythms,22:432-444.

COMAS M,BEERSMA D G,HUT R A,et al. ,2008. Circadian phase resetting in response to light-dark and dark-light transitions [J]. Journal of Biological Rhythms,23:425-434.

DAAN S,PITTENDRIGH C S,1976. A functional analysis of circadian pacemakers in nocturnal rodents. Ⅳ. entrainment:pacemaker as clock [J]. Journal of Comparative Physiology,106:291-661.

DIBNER C,SAGE D,UNSER M,et al. ,2009. Circadian gene expression is resilient to large fluctuations in overall transcription rates [J]. The EMBO Journal,28:123-134.

HARDIN P E,HALL J C,ROSBASH M,1992. Circadian oscillations in period gene mRNA levels are transcriptionally regulated [J]. Proceedings of the National Academy of Sciences of the United States of America,89:11711-11715.

HAUS E L,SMOLENSKY M H,2013. Shift work and cancer risk：potential mechanistic roles of circadian disruption,light at night,and sleep deprivation [J]. Sleep Medicine Reviews,17：273-284.

ISHIURA M,KUTSUNA S,AOKI S,et al.,1998. Expression of a gene cluster kaiABC as a circadian feedback process in cyanobacteria [J]. Science,281：1519-1523.

IWASAKI H,NISHIWAKI T,KITAYAMA Y,et al.,2002. KaiA-stimulated KaiC phosphorylation in circadian timing loops in cyanobacteria [J]. Proceedings of the National Academy of Sciences of the United States of America,99：15788-15793.

IZUMO M,JOHNSON C H,YAMAZAKI S,2003. Circadian gene expression in mammalian fibroblasts revealed by real-time luminescence reporting：temperature compensation and damping [J]. Proceedings of the National Academy of Sciences of the United States of America,100：16089-16094.

JOHNSON C H,GOLDEN S S,KONDO T,1998. Adaptive significance of circadian programs in cyanobacteria [J]. Trends in Microbiology,6：407-410.

JOHNSON C H,1999. Forty years of PRCs—what have we learned[J]. Chronobiology International,16：711-743.

KONDO T,2007. A cyanobacterial circadian clock based on the Kai oscillator [J]. Cold Spring Harbor Symposia on Quantitative Biology,72：47-55.

MOHAWK J A,BAER M L,MENAKER M,2009. The methamphetamine-sensitive circadian oscillator does not employ canonical clock genes [J]. Proceedings of the National Academy of Sciences of the United States of America,106：3519-3524.

NAGAO R,EPSTEIN I R,GONZALEZ E R,et al.,2008. Temperature (over) compensation in an oscillatory surface reaction [J]. The Journal of Physical Chemistry. A,112：4617-4624.

NAKAJIMA M,IMAI K,ITO H,et al.,2005. Reconstitution of circadian oscillation of cyanobacterial KaiC phosphorylation in vitro [J]. Science,308：414-415.

OUYANG Y,ANDERSSON C R,KONDO T,et al.,1998. Resonating circadian clocks enhance fitness in cyanobacteria [J]. Proceedings of the National Academy of Sciences of the United States of America,95：8660-8664.

PITTENDRIGH C S,1960. Circadian rhythms and the circadian organization of living systems [J]. Cold Spring Harbor Symposia on Quantitative Biology,25：159-184.

PITTENDRIGH C S,1967. Circadian systems. Ⅰ. The driving oscillation and its assay in *Drosophila pseudoobscura* [J]. Proceedings of the National Academy of Sciences of the United States of America,58：1762-1767.

PITTENDRIGH C S,1981. Circadian Systems：Entrainment [M]. New York：Plenum.

PITTENDRIGH C S,1988. The photoperiodic phenomena：seasonal modulation of the "day within" [J]. Journal of Biological Rhythms,3：173-188.

PITTENDRIGH C S,1993. Temporal organization：reflections of a Darwinian clock-watcher [J]. Annual Review of Physiology,55：16-54.

QIN X,BYRNE M,XU Y,et al.,2010. Coupling of a core post-translational pacemaker to a slave transcription/translation feedback loop in a circadian system [J]. PLoS Biology,8：e1000394.

REDDY P,ZEHRING W A,WHEELER D A,et al.,1984. Molecular analysis of the period locus in Drosophila melanogaster and identification of a transcript involved in biological rhythms [J]. Cell,38：701-710.

REYES B A,PENDERGAST J S,YAMAZAKI S,2008. Mammalian peripheral circadian oscillators are temperature compensated [J]. Journal of Biological Rhythms,23：95-98.

ROENNEBERG T,MERROW M,2007. Entrainment of the human circadian clock [J]. Cold Spring Harbor Symposia on Quantitative Biology,72：293-299.

ROSENWASSER A M,BOULOS Z,TERMAN M,1983. Circadian feeding and drinking rhythms in the rat under complete and skeleton photoperiods [J]. Physiology & Behavior,30：353-359.

RUST M J,MARKSON J S,LANE W S,et al.,2007. Ordered phosphorylation governs oscillation of a three-protein circadian clock [J]. Science,318：809-812.

RUST M J,GOLDEN S S,O'SHEA E K,2011. Light-driven changes in energy metabolism directly entrain the cyanobacterial circadian oscillator [J]. Science,331：220-223.

SANCAR G,SANCAR C,BRUNNER M,2012. Metabolic compensation of the Neurospora clock by a glucose-dependent feedback of the circadian repressor CSP1 on the core oscillator [J]. Genes & Development,26：2435-2442.

SCHOTTNER K,HAUER J,WEINERT D,2016. Non-parametric photic entrainment of Djungarian hamsters with different rhythmic phenotypes [J]. Chronobiology International,33：506-519.

STEPHAN F K,1983. Circadian rhythms in the rat：constant darkness,entrainment to T cycles and to skeleton photoperiods [J]. Physiology & Behavior,30：451-462.

SWADE R H,1969. Circadian rhythms in fluctuating light cycles：toward a new model of entrainment [J]. Journal of Theoretical Biology,24：227-239.

SWAN J A,GOLDEN S S,LIWANG A,et al.,2018. Structure,function,and mechanism of the core circadian clock in cyanobacteria [J]. The Journal of Biological Chemistry,293：5026-5034.

SWEENEY B M,HASTINGS J W,1960. Effects of temperature upon diurnal rhythms [J]. Cold Spring Harbor Symposia on Quantitative Biology,25：87-104.

TOMITA J,NAKAJIMA M,KONDO T,et al.,2005. No transcription-translation feedback in circadian rhythm of KaiC phosphorylation [J]. Science,307：251-254.

TOSINI G,MENAKER M,1996. Circadian rhythms in cultured mammalian retina [J]. Science,272：419-421.

TOSINI G,MENAKER M,1998. The tau mutation affects temperature compensation of hamster retinal circadian oscillators [J]. Neuroreport,9：1001-1005.

TSENG R,GOULARTE N F,CHAVAN A,et al.,2017. Structural basis of the day-night transition in a bacterial circadian clock [J]. Science,355：1174-1180.

TSUCHIYA Y,UMEMURA Y,MINAMI Y,et al.,2016. Effect of multiple clock gene ablations on the circadian period length and temperature compensation in mammalian Cells [J]. Journal of Biological Rhythms,31：48-56.

VAJTAY T J,ST THOMAS J J,TAKACS T E,et al.,2017. Duration and timing of daily light exposure influence the rapid shifting of BALB/cJ mouse circadian locomotor rhythms [J]. Physiology & Behavior,179：200-207.

VANIN S,BHUTANI S,MONTELLI S,et al.,2012. Unexpected features of Drosophila circadian behavioural rhythms under natural conditions [J]. Nature,484：371-375.

XU Y,MORI T,JOHNSON C H,2000. Circadian clock-protein expression in cyanobacteria：rhythms and phase setting [J]. The EMBO Journal,19：3349-3357.

XU Y,MORI T,JOHNSON C H,2003. Cyanobacterial circadian clockwork：roles of KaiA,KaiB and the KaiBC promoter in regulating KaiC [J]. The EMBO Journal,22：2117-2126.

XU Y,PADIATH Q S,SHAPIRO R E,et al.,2005. Functional consequences of a CKIdelta mutation causing familial advanced sleep phase syndrome [J]. Nature,434：640-644.

XU Y,TOH K L,JONES C R,et al.,2007. Modeling of a human circadian mutation yields insights into clock regulation by PER2 [J]. Cell,128：59-70.

YOO S H,KO C H,LOWREY P L,et al.,2005. A noncanonical E-box enhancer drives mouse period2 circadian oscillations in vivo [J]. Proceedings of the National Academy of Sciences of the United States of America,102：2608-2613.

第4章

光输入与节律调控

4.1　节律调控光感受器

4.1.1　哺乳动物光导引的感光器官

　　眼睛是哺乳动物主要的感光器官,而松果体被认为是另一个具有感光能力的结构,如鸡的松果体能够直接感知外界环境中的光,调控褪黑素释放。马尔温·利基(Marvin E. Lickey)与纳尔逊·兰迪(Nelson Randy)分别摘除兔子(昼行性)、小鼠(夜行性)和松鼠(昼行性)的双眼后,发现光不再能同步化节律性行为,光导引消失(Lickey et al.,1977; Shuboni et al.,2016; Nelson et al.,1981);而多雷拉·舒波尼(Dorela Shuboni)在摘除大鼠松果体后并未发现光导引存在异样(Shuboni et al.,2016)。同时柴田重信(Shigenobu Shibata)将视交叉上核(SCN)与视神经束一同剥离出大脑,通过电刺激视神经束同步记录 SCN 神经元动作电位发放相位响应曲线(phase response curve,PRC)可观察到,其与直接给动物光暴露诱发的相位响应曲线相似(Shibata et al.,1993)。而后通过分子手段使得视锥、视杆、自感光神经节细胞丧失感光能力后,动物的光导引能力也消失(Hattar et al., 2003)。一系列证据都说明哺乳动物光导引的唯一感光器官是眼睛。

4.1.2　视网膜的光信号转导与视网膜内环路

　　在哺乳动物的视网膜内主要存在三类感光细胞:视锥细胞(cone)、视杆细胞(rod)和自感光神经节细胞(intrinsically photosensitive retinal ganglion cell,ipRGC)。从功能上分类,视锥细胞和视杆细胞主要介导感知图像的成像视觉,而 ipRGC 这类感光细胞主要介导非成像视觉,例如光影响昼夜节律、情绪、学习记忆,等等。这三类细胞感知光子以及转导为神经电信号的方式各不相同,也致使它们具有不同的感光特性。

　　在视杆细胞上,由于其特化的细胞形态,感知光子发生在细胞的纤毛状外段,这些外段内存在大量膜盘,而感光就发生在这些膜盘表面。膜盘表面分布大量感光蛋白视紫红质(rhodopsin,rho),其最大吸收波峰为 498 nm。在暗场条件下,视杆细胞内环鸟苷酸(cGMP)处于持续高水平,这促使 cGMP 门控的 Na 离子通道(CNG channel)持续打开,细胞去极化。这种暗场条件下持续的去极化称为暗电流。当感知光子时,因膜盘表面分布大量视紫红质,11 顺式视黄醛(11-*cis* retinal)接收光子后变构为全反式视黄醛,进而激活视紫红质,进一步激活下游 G 蛋白(Gt)、磷酸二酯酶,磷酸二酯酶将水解 cGMP,导致 cGMP 浓度降低,关闭 cGMP 门控的 Na 离子通道,细胞超极化。这种感光前后的膜电位变化信息将通过视网膜内环路向后传递。在小鼠视网膜内视杆细胞数量极高,达到 640 万个(Jeon et al.,1998),且这类细胞光敏感、高易饱和(Rieke et al.,1998)。

视锥细胞与视杆细胞的光转导过程类似,最主要的区别在于感光蛋白的视蛋白不同。小鼠视网膜内分布感知不同波长的视锥细胞,一种为感受中波长的中波长视锥细胞(mwcone),其视蛋白是中波视蛋白(M-Opsin,基因 *Opn1mw*),最大吸收峰为 508 nm(Sun et al.,1997)。另一种为感受短波长的短波长视锥细胞(swcone),其视蛋白是短波视蛋白(S-Opsin,基因 *Opn1sw*),最大吸收峰为 359 nm(Jacobs et al.,1991)。相对于视杆细胞,视锥细胞的数量较少,小鼠视网膜上约为 18 万个(Jeon et al.,1998),其对不同颜色的波长敏感以及需要更多光子才能激活视蛋白。因此在白天,成像视觉主要由视锥细胞介导。

ipRGC 的感光蛋白是视黑蛋白(Melanopsin,基因名 *Opn*4),该类视蛋白最早发现于非洲爪蟾的真皮黑素细胞内(Provencio et al.,1998),而后在哺乳动物视网膜神经节细胞中也被验证表达(Provencio et al.,2002；Provencio et al.,2000)。这类细胞在视网膜中分布较少,仅占全部视网膜神经节细胞的 3%~4%(Do et al.,2010),其最大吸收波峰为 480 nm(Do et al.,2009)。视黑蛋白的感光类似于视杆细胞。视黑蛋白与 11 顺式视黄醛(11-*cis* retinal)结合,被光子激活后 11 顺式视黄醛变构为全反式,进而激活视黑蛋白,耦联激活下游的 G 蛋白,最终打开离子通道蛋白异构体 6(transient receptor potential canonical 6,TRPC6)和离子通道蛋白异构体 7(transient receptor potential canonical 7,TRPC7),阳离子内流引起细胞去极化(Xue et al.,2011)。各类感光蛋白的感光波长如图 4.1 所示。

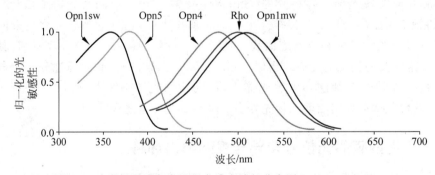

图 4.1　小鼠视网膜各类视蛋白感光波长分布图(Ota et al.,2018)

视网膜是一个高度结构化的器官,各类胞体严格分布于定义明晰的各层中。视网膜内细胞的信号传递发生在两个不同的网状层(内网状层和外网状层),且在此形成突触连接。当视锥细胞与视杆细胞感知环境光线并转导为神经电信号后,向后传递至双极细胞与视网膜神经节细胞,最终视网膜神经节细胞发出的轴突汇聚于视盘,通过视神经投射至大脑诸多区域。

4.1.3　视网膜和各类感光细胞在光导引中的作用

4.1.3.1　视杆细胞

最初尼古拉斯·姆罗索夫斯基(Nicholas Mrosovsky)发现 rd 小鼠(视网膜视锥细胞与

视杆细胞均退化)的光导引能力在低于 1 lx 照度下丧失,在高于 1 lx 照度下光导引能力正常(Mrosovsky,2003;Altimus et al. ,2010)。阿尔蒂莫斯(Altimus)通过敲除 G 蛋白亚基 α 转导蛋白 1(G protein subunit alpha transducin 1,基因名 Gnat1),使视杆细胞丧失感光能力后,发现小鼠丧失低照度(低于 10 lx)光导引,但不影响高照度下的光同步节律性活动和光诱发相位移动(Altimus et al. ,2010)。由此说明视杆细胞可能在低照度下介导光导引。

4.1.3.2　视锥细胞

德克希西-本亚亚(Ouria Dkhissi-Benyahya)通过敲除甲状腺激素受体 β(TRβ),使所有视锥细胞向短波长视锥细胞(swcone)发育,从而缺乏中波长视锥细胞(mwcone)。此动物的光同步周期性活动能力没有被影响,但时差(jet lag)重新导引能力下降,530 nm 波长下的光诱发相位移动被削弱(360 nm 和 480 nm 波长光照下无影响),同时与野生型动物相比,其达到相同光诱发相位需要更长的光照时间(Dkhissi-Benyahya et al. ,2007)。但目前未报道过单独评价短波长视锥细胞在光导引中的作用。姆罗索夫斯基(Mrosovsky)和哈塔尔(Hattar)通过敲除 Opn4 与 Gnat1(这样的动物主要依靠视锥细胞感光),发现部分动物依旧能维持光授时(Mrosovsky et al. ,2005)。由此说明视锥细胞对于光导引是充分和必要的。

4.1.3.3　Opn5 神经节细胞(Opn5-RGC)

除了视杆细胞、视锥细胞和自感光神经节细胞外,近期发现 Opn5 视蛋白在部分视网膜神经节细胞表达,其最大吸收波峰为 380 nm,Opn5 属于 G 蛋白耦联受体(G protein-coupled receptor,GPCR),紫外光激活 Opn5 后耦联激活抑制腺苷酸环化酶 G 蛋白(Gi),抑制环腺苷酸(cAMP)合成(Kojima et al. ,2011)。

Wataru Ota 在 2018 年构建了 Opn5 敲除鼠,与野生型动物相比,该动物在低紫外光照度下不能被光导引,同时紫外光诱发相位移动幅值降低,由此说明 Opn5 的感光作用对光导引是必要的。但在视杆细胞、视锥细胞和 ipRGC 都丧失感光能力时($Gnat1^{-/-}$∶∶$Gnat2^{-/-}$∶∶$Opn4^{-/-}$,Opn5 only),高照度紫外光也未能同步化动物节律,说明 Opn5 的单独存在对光导引是非充分的(Ota et al. ,2018)。

4.1.3.4　自感光神经节细胞(ipRGC)

ipRGC 在光导引中的作用可分为两点。一是自身感光在光导引中的作用,二是 ipRGC 的神经传递在光导引中的作用。萨钦·潘达(S. Panda)敲除 Opn4 基因后发现光诱发相位移动的能力被削弱,但动物节律性活动依旧能被光同步化(Panda et al. ,2002)。rd∶∶Opn4$^{Cre/Cre}$(该动物的视杆细胞、视锥细胞和 ipRGC 均不感光)不存在光导引,但重新表达 Opn4 基因后动物的光导引将会恢复(Mure et al. ,2016)。

迪代姆·格兹(Didem Goz)通过 SAP 特异性杀死 ipRGC(Göz et al. ,2008),阿里·古勒尔(Ali D. Guler)和羽鸟惠(Megumi Hatori)通过遗传学手段构建 Opn4Cre∶∶DTA 动物,依靠细胞自身表达白喉毒素造成 ipRGC 死亡(Hatori et al. ,2008;Guler et al. ,2008),以及小藤保罗(Paulo Kofuji)使用 Opn4Cre∶∶Tettox 动物模型阻断 ipRGC 神经冲动传递等手段,均发现动物的光导引消失(Kofuji et al. ,2016)。由此说明 ipRGC 胞体或向下游的神经传递对光导引是必要的。

综上所述,视网膜各类感光细胞在各自感光波段转导光信号为神经电信号后,经由视网膜环路传递至 ipRGC(Van Hook et al.，2012)，最终 ipRGC 将光导引信号传递至大脑。因此各类感光细胞都在不同程度上参与了光导引，但 ipRGC 作为光导引过程中视网膜信号的输出口（Guler et al.，2008），其正常的神经传递对光导引极其重要。如图 4.2 所示。

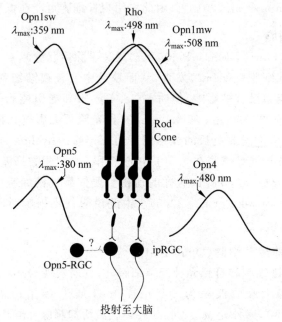

图 4.2   参与光导引的感光信号最终都通过自感光神经节细胞(ipRGC)向下传递

4.2   光导引的神经环路机制

4.2.1   ipRGC 的组织结构

通过分子手段特异性标记 ipRGC，观察其投射下游，可以发现 ipRGC 的轴突投射到 SCN，暗示 ipRGC 的感光能直接调控节律中枢，如图 4.3 所示(Do et al.，2010)。

根据 ipRGC 的形态，包括树突在视网膜内网状层 on 或 off 层的分布、胞体大小、树突覆盖直径以及生理反应等参数，可将其分为 M1～M5 五种亚型(Schmidt et al.，2011)，如表 4.1 所示。其中 M1 亚型的数量最多，为 700～800 个(Hattar et al.，2006)。使用免疫组化和顺向示踪技术显示投射到 SCN 的 ipRGC 轴突末梢包含谷氨酸(Glutamate)和垂体腺苷酸环化酶激活肽(PACAP)(Engelund et al.，2010；Land et al.，2004；Hannibal et al.，1997；Hannibal et al.，2002)，且视网膜神经节细胞层只表达谷氨酸转运体 2(vGlut2)而不表达谷氨酸转运体 1 和 3(vGlut1 和 vGlut3)(Stella Jr et al.，2008)。由此说明谷氨酸和 PACAP 在光导引中都可能传递光信号至 SCN。与此同时坂本克彦(Katsuhiko Sakamoto)还发现视黑蛋白的表达也具有节律性，无论在光暗条件(LD)或持续黑暗(DD)条件下，CT12/ZT12 视黑蛋白 mRNA 水平都出现高峰(Sakamoto et al.，2005)。但目前未报道 ipRGC 内的谷氨酸和 PACAP 的表达是否存在节律性。

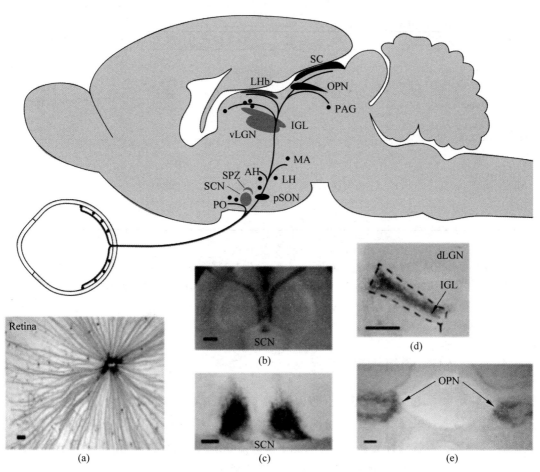

图 4.3 ipRGC 轴突在大脑内的分布位置

PO,视前区;SCN,视交叉上核;SPZ,室旁下核;pSON,视上核周围;AH,下丘脑前部;MA,内测杏仁核;
vLGN,腹侧外侧膝状体;IGL,间膝状小叶;LHb,外侧缰核;PAG,中央导水管周围灰质;OPN,橄榄顶盖前核;
SC,上丘;retina,视网膜;dLGN,背侧外侧膝状体。

表 4.1 五种 ipRGC 形态学和生理学区别

亚型	表达的分子	树突位置	树突野大小	胞体大小	光电反应
M1	[a]Brn3b[+] and Brn3b[−] [b]Opn4[+] [c]Opn4[tau-lacZ_+] [d]Opn4[Cre_+]	内网状层 off 层	小于 M4	小于 M2	对光敏感 光电反应最大
M2	Brn3b[+] Opn4[+] Opn4[tau-lacZ_−] Opn4[Cre_+]	内网状层 on 层	小于 M3	小于 M3	对光不敏感 光电反应较小
M3	Brn3b[+] Opn4[+] Opn4[tau-lacZ_+] Opn4[Cre_+]	内网状层 on 和 off 层	最大	小于 M4	对光不敏感 光电反应较小

亚型	表达的分子	树突位置	树突野大小	胞体大小	光电反应
M4	Brn3b$^+$ Opn4$^-$ Opn4$^{tau-lacZ}$$_-$ Opn4^{Cre}$_+$	内网状层 on 层	小于 M2	最大	对光不敏感 光电反应较小
M5	Brn3b$^+$ Opn4$^-$ Opn4$^{tau-lacZ}$$_-$ Opn4^{Cre}$_+$	内网状层 on 层	最小	最小	对光不敏感 光电反应较小

注: [a] Brn3b$^-$:代表不表达 Brn3b;Brn3b$^+$:代表表达 Brn3b;
　　[b] Opn4$^+$:代表能通过视黑素抗体着色;Opn4$^-$:代表不能通过视黑素抗体着色;
　　[c] Opn4$^{tau-lacZ}$$_+$:代表可通过 Opn4$^{tau-lacZ}$ 结合 X-gal 显色标记;Opn4$^{tau-lacZ}$$_-$:代表不可通过此方法标记;
　　[d] Opn4^{Cre}$_+$:代表可通过 Opn4^{Cre} 小鼠标记。

4.2.2　SCN 的组织结构

在哺乳动物中,SCN 位于下丘脑腹内侧,视束上方,第三脑室两侧。通过对神经肽免疫组化,可明显观察到 SCN 在结构上分为位于腹侧的核心区(core)和在背侧的外壳区(shell)。且 core 区主要为血管活性肠肽(vasointestinal peptide,VIP)阳性和胃泌素释放肽(gastrin-releasing peptide,GRP)阳性神经元,shell 区主要为精氨酸血管加压素(arginine vasopressin,AVP)阳性神经元(Antle et al.,2005)。

谷氨酸和 PACAP 是 ipRGC 释放的两类神经递质,研究它们相对应的受体在 SCN 内的分布是必要的。

PACAP 特异性激活的 PACAP Ⅰ型受体(PAC1R)主要表达在 SCN 的 VIP 神经元内,而 PACAP 和 VIP 均能激活的 VPAC2 受体(Harmar et al.,1998)主要表达在 AVP 神经元内,少数表达在 VIP 神经元内(Kalamatianos et al.,2004)。同时 PAC1R 与 VPAC2 在 SCN 的表达呈现微弱的节律性,PAC1R mRNA 水平的峰值分别位于 CT6 与 CT18,VPAC2 受体的两个峰值分别位于 CT10 和 CT22(Cagampang et al.,1998a;Cagampang et al.,1998b)。

前期的研究使用原位杂交针对 11 种谷氨酸受体进行检测,同时分别在正午和午夜取大鼠 SCN 组织,发现谷氨酸的 AMPA 受体亚基(GluR1、GluR2、GluR4)和 NMDA 受体亚基(NMDAR1)在 SCN 具有很明显的阳性信号,而 NMDAR2A、NMDAR2B、NMDAR2C、GluR3 未在 SCN 内检测到(Gannon et al.,1994)。同时代谢型谷氨酸受体 mGluR1 在 SCN 内也能检测到低阳性信号(Gannon et al.,1994)。综上所述,SCN 主要表达有 NMDA 受体、AMPA 受体,少量表达 mGluR1 受体,且受体的表达不存在昼夜差异(Gannon et al.,1994)。

4.2.3　Brn3b 阴性的 M1 亚型 ipRGC 投射到 SCN 中的 VIP、AVP、GRP 神经元

1972 年 SCN 被确定为主钟后，罗伯特·穆尔（Robert Y. Moore）利用辣根过氧化物酶、荧光金、疱疹病毒等神经示踪工具确定了视网膜投射到 SCN（Hendrickson et al.，1972；Moore et al.，1995；Murakami et al.，1989）。

随着视黑蛋白的发现，2002 年戴维·伯森（David Berson）通过电生理记录从 SCN 逆向标记的视网膜神经元，确定其具有自感光能力（Berson et al.，2002）。同年哈塔尔通过分子手段构建 Opn4$^{tau\text{-}lacZ}$ 小鼠，实现了在 ipRGC 内特异性表达 β-半乳糖苷酶，通过在视网膜进行 X-Gal 染色，可清晰地标记出整个细胞的胞体、树突和轴突，该方法标记的细胞为 700～800 个，且该类细胞的树突全部伸向内网状层外层（inner plexiform off layer），后被定义为 M1 亚型 ipRGC（Schmidt et al.，2011；Hattar et al.，2006）。通过对大脑 X-Gal 染色，可明显观察到 M1 亚型 ipRGC 的轴突末梢投射到 SCN（Hattar et al.，2002）。哈塔尔团队和潘达团队在 OPN4Cre∷DTA 小鼠视网膜注射霍乱毒素亚基 B，在 SCN 内观察不到视网膜神经节细胞神经末梢，说明只有 ipRGC 投射到 SCN（Hatori et al.，2008；Guler et al.，2008）。

随后，哈塔尔团队通过分子手段鉴别出 Brn3b 分子在 ipRGC 中的表达，发现 ipRGC 可进一步分为 Brn3b 阴性和 Brn3b 阳性，其中少部分 M1 亚型的 ipRGC 为 Brn3b 阴性。而其他 M1 亚型以及其他亚型的 ipRGC 都表现为 Brn3b 阳性，进一步结合行为学和投射发现 Brn3b 阴性的 M1 亚型 ipRGC 投射到 SCN（Chen et al.，2011）。

如前面所述 SCN 中含有多种肽能神经元，井端泰彦（Yasuhiko Ibata）团队通过给视网膜注射霍乱毒素亚基 B，在 SCN 进行 VIP 免疫组化，可观察到大量霍乱毒素亚基 B 信号终止于 VIP 神经元与非 VIP 神经元的胞体（Tanaka et al.，1993）。陈世国团队更进一步在视网膜注射霍乱毒素亚基 B，结合 VIP、GRP 和 AVP 三种神经肽染色，可观察到 ipRGC 与三类神经元都存在突触连接（Fernandez et al.，2016）。

4.2.4　谷氨酸在光导引中的充分必要性

在行为学水平，通过直接向叙利亚仓鼠的 SCN 区 CT13.5 和 CT19 分别注射 N-甲基-D-天冬氨酸（N-methyl-D-aspartic acid，NMDA），能检测到明显的相位前移（CT13.5）和相位后移（CT19），这一结果与光直接诱发的相位响应曲线特征是一致的（Mintz et al.，1997；Mintz et al.，1999）。此外 NMDA 的剂量与相位移动呈现正相关，且这一现象仅发生在 CT13.5，而 CT19 注射不同 NMDA 剂量诱发的相位后移无差异（Mintz et al.，1999）。同时注入 NMDA 与 NMDA 受体拮抗剂 AP5 能消除 NMDA 诱发的相位移动（Mintz et al.，1999）。这些结果一致说明谷氨酸作用在 SCN 能够影响节律，且和光诱发的节律表型相似。

上述实验的结果受剂量影响较大，相对符合生理情况的研究是直接在 SCN 使用谷氨酸受体阻断剂，这样得到的结果能证明谷氨酸在光导引中的必要性。通过导管向叙利亚仓鼠（Rea et al.，1993；Colwell et al.，1992）和小鼠（Colwell et al.，1991）SCN 区注射 NMDA 特异性受体拮抗剂 MK-801（Colwell et al.，1991；Rea et al.，1993）、AMPA 受体拮抗剂 CNQX（Rea et al.，1993）/DNQX（Colwell et al.，1992）、NMDA 和 AMPA 受体竞争性拮抗

剂 D-glutamyl-glycine（DGG）、竞争性 NMDA 受体拮抗剂 CPP（Colwell et al.，1991；Colwell et al.，1992）均能显著阻断分别在 CT14 和 CT20 光诱发的相位后移和相位前移，且这些阻断剂阻断光诱发的相位移动也存在剂量依赖性（Rea et al.，1993）。使用这两类阻断剂也能阻断光诱发 SCN 的 c-fos 表达（Abe et al.，1992）。综合上述实验，说明 ipRGC 介导光导引过程中谷氨酸的存在是充分和必要的，且由 NMDA 和 AMPA 受体介导。

4.2.5　PACAP 在光导引中的充分必要性

在分子水平上，向 SCN 注射纳摩尔量级浓度的 PACAP 能诱发大鼠近日时钟基因 Per1、Per2 mRNA 水平升高，但提高 PACAP 浓度至微摩尔量级却无法诱导（Nielsen et al.，2001）。而敲除 PACAP 受体 PAC1R 后，CT16 光诱发 Per1、Per2、c-fos 表达显著降低，CT23 光诱发 Per2、c-fos 表达显著降低，但对 Per1 无影响（Hannibal et al.，2001）。

在行为学水平上，通过向 SCN 注射 PACAP 诱发相位移动的大小与 PACAP 的剂量相关。纳摩尔量级浓度的 PACAP 诱发的相位反应曲线与光诱发的相位反应曲线一致（Bergström et al.，2003；Harrington et al.，1999）。但在微摩尔量级浓度下，PACAP 诱发的相位响应曲线表现为主观白天显著前移，但主观晚上很少诱发相位移动（Harrington et al.，1999）。

通过敲除小鼠全身 PACAP（$PACAP^{-/-}$），动物被光诱发的相位移动在主观前夜和主观后夜都被削弱（Colwell et al.，2004；Kawaguchi et al.，2003）。同时使用 PACAP 抗体或 PAC1 受体阻断剂 PACAP6-38 都能削弱 CT14 光诱发相位延迟（Bergström et al.，2003）。

但不同的实验存在相反的结果。在相位移动实验中，玛莎·吉列（Martha Gillet）团队检测出 $PACAP^{-/-}$ 鼠主观前夜相位延迟增强，主观后夜相位前移变为了延迟（Beaulé et al.，2009），延斯·汉尼拔（Jens Hannibal）检测 $PAC1^{-/-}$ 鼠的相移实验也是主观后夜相位延迟（Hannibal et al.，2001）。克里斯托夫·科尔韦尔（Christopher Colwell）使用 $PACAP^{-/-}$ 检测动物时差下光重新导引所需的时间与野生型无差异（Colwell et al.，2004），而克里斯蒂安得到的结果却相反，$PACAP^{-/-}$ 鼠需要更长的时间才能被重新导引（Beaulé et al.，2009）。

在离体实验中，使用 $PACAP^{-/-}$-129/SvJ 小鼠与 C57/BL6 回交动物进行研究，发现在主观后夜单独使用谷氨酸不能诱发 SCN 自发动作电位峰值相位前移，而重新加入 PACAP 后，则恢复相位前移（Lindberg et al.，2019）。同时也有研究发现视网膜神经节细胞中 PACAP 的 mRNA 也呈现节律性，表达高峰出现在主观晚上，低谷出现在主观白天（Lindberg et al.，2019）。

目前 PACAP-PAC1 信号的缺失在光导引研究中产生的结果存在不同，分析其原因可能有以下两点。

一是模型鼠构建策略不同，在光诱发相位移动和时差实验中，川口千寻（Chihiro Kawaguchi）等人通过敲除 PACAP 第 5 号外显子（Kawaguchi et al.，2003）以及科尔韦尔团队通过同时敲除第 3、4、5 号外显子（Colwell et al.，2004）表现出光诱发相位移动削弱，同时时差重导引所需时间与野生型无差异（Kawaguchi et al.，2003）。而相反实验结果的实验中使用的是 C57/BL6J 小鼠背景构建的部分缺失 5 号外显子的 $PACAP^{-/-}$ 动物（Beaulé et al.,2009),可能在其敲除过程中产生了其他的问题而导致表型与其他研究中的不一致。

二是 *PAC1* 敲除后,VPAC2 可能依旧介导 PACAP 参与光导引,从而导致 PAC1$^{-/-}$ 与 PACAP$^{-/-}$ 得到的结果存在差异。

如果 *PACAP* 的敲除仅仅削弱光诱发相位移动,那么 PACAP 和谷氨酸产生的贡献在不同相位是一致的,但如果 PACAP 的敲除导致光诱发相位前移转变为延迟,则需要更多的实验探究其中的机制。总体而言,PACAP-PAC1 信号对于光导引是必要的。

4.3 光导引的分子机制

4.3.1 光直接调控的节律分子

光导引是如何实现环境光与内在节律的同步化的? 早在 1997 年,李澄奇(Cheng-ChiLee)团队和史蒂芬·里珀特(Steven Reppert)团队发现无论在主观前夜还是主观后夜,给予小鼠急性光暴露 15 min(Albrecht et al.,1997),从给光起始时刻的 1 h 后 SCN 中 m*Per1* 的 mRNA 水平达到高峰(Albrecht et al.,1997;Zylka et al.,1998),相对较慢反应的 m*Per2* 的 mRNA 水平在给光后 2 h 达到高峰(Albrecht et al.,1997;Zylka et al.,1998),而从给光起直至 6 h 后均未观察到由光诱发的 m*Per3* 的 mRNA 水平的升高(Zylka et al.,1998)。由此说明在 SCN 中的节律核心组件直接受光调控的主要是 mPer1 和 mPer2。而在大鼠的研究中也发现在 CT16 急性光暴露 30 min,SCN 区神经元 r*Per1* 和 r*Per2* 的 mRNA 水平在给光开始后 75 min 时达到高峰(Yan et al.,1999)。而光诱发的 *Per1* 和 *Per2* 转录在近日时钟基因 *Cry1* 和 *Cry2* 双敲除导致节律丧失的小鼠中依旧存在(Okamura et al.,1999)。这进一步排除了光通过影响其他节律基因经由转录反馈翻译环影响到 *Per1* 和 *Per2* 造成的间接结果,确定了光信号直接对 *Per1* 和 *Per2* 的转录产生影响,实现对内部节律的同步化。与此同时,通过验证 SCN 内 *Cry1* 和 *Cry2* 的转录对光影响的效果发现,急性光暴露 2 h 期间,*Cry1* 和 *Cry2* 的 mRNA 水平没有发生显著变化(Miyamoto et al.,1999;Okamura et al.,1999)。也有报道表明近日时钟基因 *Dec1* 在主观夜晚能被急性光激活转录,给光后 1 h *Dec1* 的 mRNA 水平显著升高。但 *Dec2* 不能急性被光促进表达(Honma et al.,2002),同时 Dec1 转录因子结合区存在 cAMP 响应元件 CRE(Teramoto et al.,2001)。

给与小鼠急性光暴露在主观夜晚能诱导 SCN 的 cAMP 响应元件的 CREB^{ser133}、CREB^{ser142} 位点磷酸化,但主观白天不能诱导,同时孵育谷氨酸、Forskolin(PACAP-PCA1 信号下游分子腺苷酸环化酶激动剂)和 KCl 均能磷酸化该位点(Ginty et al.,1993;Gau et al.,2002)。进一步构建 CREB^{S142A} 动物,可以观察到这一动物在行为上光诱发的相位移动削弱,同时光诱发的 SCN 区 *Per1* 的表达也受到抑制(Gau et al.,2002)。相反通过使用 CRE-decoy 阻断磷酸化的 CREB(pCREB)与 CRE 结合将会阻断谷氨酸诱导的相位移动和 *Per1* 表达(Tischkau et al.,2003)。综上所述,CREB 是光调控节律基因同步化的关键性分子。PACAP 与谷氨酸最终都将可能通过磷酸化 CREB 的 133 和 142 号位点的丝氨酸介导光导引。

4.3.2 谷氨酸与 PACAP 导引通路

NMDA 和 AMPA 受体的激活都将导致细胞去极化,电压门控钙通道打开,导致 Ca^{2+} 内流。而胞内 Ca^{2+} 浓度升高能导致众多信号通路激活。

PACAP 在 SCN 内主要激活 PCA1 受体,该受体激活 Gs 蛋白,促使腺苷酸环化酶活性升高,从而将 ATP 转化为 cAMP,进而促进蛋白激酶 A(protein kinase A,PKA)的活性。而前面描述 CREB 是光调控节律基因同步化的关键分子,因此一条直接的通路 PACAP-PCA1-AC-cAMP-PKA-CREB 能够参与导引。

谷氨酸通路研究发现,分别在主观前半夜和后半夜向 B6 小鼠的 SCN 区注入钙调蛋白激酶(CaMKⅡ)抑制剂 KN62,能显著削弱光诱发相位延迟和前移(Golombek et al.,1995；Golombek et al.,1994)。使用钙调蛋白(CaM)抑制剂 Calmidazolium 和 Trifluoperazine 也能产生相同效果(Fukushima et al.,1997)。在分子水平上急性光暴露能显著提高 SCN 内 CaMKⅡ磷酸化(pCaMKⅡ)的水平,使用 CaMKⅡ抑制剂 KN93 能显著削弱光诱发的 *Per*1 和 *Per*2 表达(Yokota et al.,2001)。

丁健明和露西·梅洛(Lucy Melo)发现使用一氧化氮合酶(nitric oxide synthase,NOS)抑制剂 NAME(L-NG-nitro-Argmethyl ester)可极大削弱谷氨酸诱发的 pCREB,使用 NO 产生剂 SNAP(S-nitroso-N-acetylpenicillamine)可在 CT19 诱发 SCN 产生相位前移(Ding et al.,1997；Melo et al.,1997)。同时急性光暴露可显著提高 NOS 的活性,而这一现象能被 KN62 阻断(Agostino et al.,2004),说明 Glu-Ca^{2+}/CaM/CaMKⅡ-NOS/NO 是潜在通路。

前期关于小脑的研究发现,谷氨酸与 NMDA 能显著增加胞内 cGMP 水平,而这一过程能被 NO 合成的阻断剂 Nw-monomethyl-L-arginine(MeArg)所阻断(Bredt et al.,1989),胞内的 NO 在精氨酸转化为瓜氨酸过程中产生(Knowles et al.,1989)。SNAP 能显著促进 GC 的产生,且这一效应随着胞内 Ca^{2+} 浓度的升高更加明显(Knowles et al.,1989)。

直接注射 cGMP 于 SCN 能显著诱发相位移动,其 PRC 表现为主观白天相位盲区(dead zone),主观晚上持续相位前移(Prosser et al.,1989)。蛋白激酶 G(PKG)阻断剂 KT-5823 和鸟苷酸环化酶(GC)阻断剂 ODQ 仅能显著削弱主观后半夜光诱发的相位前移,但在主观前半夜无影响(Weber et al.,1995；Ferreyra et al.,2001)。同时急性光暴露 SCN 内的 cGMP 水平仅在主观后半夜显著升高(Ferreyra et al.,2001)。说明 Glu-Ca^{2+}/CaM/CaMKⅡ-NOS/NO-GC/cGMP/PKG 通路引入了后半夜光导引的通路中。

在 CT15(Butcher et al.,2002；Obrietan et al.,1998)与 CT22.5(Obrietan et al.,1998)分别给与小鼠急性光暴露,能显著促进细胞外调节蛋白激酶(extracellular signaf regwlated kinase,ERK)与 CREB 的磷酸化(Butcher et al.,2002；Obrietan et al.,1998),且两个信号很大程度上共定位在细胞核内(Obrietan et al.,1998)。在离体脑片上急性给与谷氨酸与 Forskolin 也均能促进 SCN 内的磷酸化的 ERK(pERK)水平(Obrietan et al.,1998)。而丝裂原活化蛋白激酶 MEK(MAPK)抑制剂 SL-327/U0126 显著抑制光诱发的 pERK 水平升高和相位移动,同时 KN62 的使用能阻断光诱发 pERK(Butcher et al.,2002)。而 CREB 转录因子不仅能被 PKA 激活,同样也能被 CaMKⅡ、ERK/MAPK 信号

激活(De Cesare et al.,1999；Cartin et al.,2000)。SCN 内的光导引信号通路如图 4.4
所示。

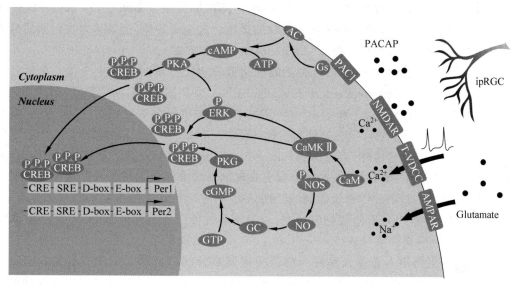

图 4.4 SCN 内的光导引信号通路

4.4 光导引的应用

4.4.1 倒时差

在日常生活中,最常见的光导引是倒时差。当快速从一个时区进入另一个时区时,内
在节律相位与旧时区的光暗周期依旧保持同步,这种内在节律相位振荡与新的光暗相位的
矛盾也会产生生理、生化、行为的冲突。诸如倒时差过程内分泌失调、睡眠障碍、反应迟钝
等时差综合征。

事实上除了依靠新时区的光暗循环达到重新同步化之外,也可以使用额外剂量的光照
加速这一过程。依据光诱发的相位响应曲线(PRC),在主观后半夜光暴露显著诱发相位前
移,主观前半夜光暴露显著诱发相位延迟(Au-LeGates et al.,2011)。因此无论向前倒时差
(LD cycle advance)还是向后倒时差(LD cycle delay),均需要在恰当的时间给与额外的光
暴露。与此同时,PRC 的相位响应幅值受到光照强度、光谱和光照时间的影响,光强越高、
波长越短和更长时间的光暴露都会增强相位移动的幅值,更快将内在节律相位同步化到新
时区的光暗相位。

4.4.2 适应季节变化

在地球上发生的季节更替,以及地球高低纬度的不同,导致了日照时长在不断发生变
化。从夏季到冬季,日照时间逐渐缩短,例如出现 LD＝16：8(长日照)或 LD＝8：16(短日
照)。在极地地区,甚至会出现极昼或者极夜情况。但绝大部分地区每天的光暗周期维持

在 24 h。

这种日照时长的不同导致动物产生了诸多特征性表型。例如分别在长日照 LD=16∶8 和短日照 LD=8∶16 两种模式下，小鼠的活动时长在短日照下显著更长（Tackenberg et al.，2020）。将长期暴露于这两种光照模式中的动物转入全暗条件，记录其内在周期的后效应，长日照动物的内在周期相对更短（Tackenberg et al.，2020）。

而在分子水平上，SCN 的近日时钟基因表达模式也随日照时长发生变化。在短日照 LD=8∶16 下，光快速诱导的 *Per*1 和 *Per*2 的 mRNA 水平表达的时间窗更窄，整体变化更加陡峭。而在长日照下，*Per*1 和 *Per*2 的 mRNA 水平被光诱导表达得更平缓。且它们的 mRNA 水平在短日照下的峰值会显著高于长日照（Steinlechner et al.，2002）。

在临床上，季节性情感障碍（seasonal affective disorder，SAD）表现为季节性发病，主要发生在日照时间短的冬季，以及在地理分布上表现出高纬度地区人群易发。这类患者表现出明显的抑郁症状，睡眠和体重增加，食欲增加等。一种理论认为这类疾病和褪黑素有关。因为褪黑素对外界光环境有直接响应，目前认为光通过神经环路视网膜-SCN-室旁核-颈上神经节-松果体压抑褪黑素释放（Lewy et al.，1980），虽然褪黑素分泌的活跃时间冬季比夏季的夜间更长，但健康人在冬天和夏天的夜间褪黑素分泌的活跃时间没有差别（Wehr et al.，2001）。因为存在稳定的节律系统，健康的人群能更好地适应季节更替导致的光照时长变化，从而稳定内在激素水平波动，规避疾病发生。

薛天、鲍进、沈嘉伟　审稿：秦曦明

参考文献

ABE H，RUSAK B，ROBERTSON H A，1992. NMDA and non-NMDA receptor antagonists inhibit photic induction of Fos protein in the hamster suprachiasmatic nucleus[J]. Brain Research Bulletin，28：831-835.

AGOSTINO P V，FERREYRA G A，MURAD A D，et al.，2004. Diurnal，circadian and photic regulation of calcium/calmodulin-dependent kinase II and neuronal nitric oxide synthase in the hamster suprachiasmatic nuclei[J]. Neurochemistry International，44：617-625.

ALBRECHT U，SUN Z S，EICHELE G，et al.，1997. A differential response of two putative mammalian circadian regulators，mper1 and mper2，to light[J]. Cell，91：1055-1064.

ALTIMUS C M，GÜLER A D，ALAM N M，et al.，2010. Rod photoreceptors drive circadian photoentrainment across a wide range of light intensities[J]. Nature Neuroscience，13：1107-1112.

ANTLE M C，SILVER R，2005. Orchestrating time：arrangements of the brain circadian clock[J]. Trends in Neurosciences，28：145-151.

AU-LEGATES T A，AU-ALTIMUS C M，2011. Measuring circadian and acute light responses in mice using wheel running activity[J]. Journal of Visualized Experiments：e2463.

BEAULÉ C，MITCHELL J W，LINDBERG P T，et al.，2009. Temporally restricted role of retinal PACAP：integration of the phase-advancing light signal to the SCN[J]. Journal of Biological Rhythms，24：126-134.

BERGSTRÖM A，HANNIBAL J，HINDERSSON P，et al.，2003. Light-induced phase shift in the Syrian hamster（*Mesocricetus auratus*）is attenuated by the PACAP receptor antagonist PACAP6-38 or PACAP immunoneutralization[J]. European Journal of Neuroscience，18：2552-2562.

BERSON D M,DUNN F A,TAKAO M,2002. Phototransduction by retinal ganglion cells that set the circadian clock[J]. Science,295：1070-1073.

BREDT D S,SNYDER S H,1989. Nitric oxide mediates glutamate-linked enhancement of cGMP levels in the cerebellum[J]. Proceedings of the National Academy of Sciences,86：9030-9033.

BUTCHER G Q,DONER J,DZIEMA H,et al.，2002. The p42/44 mitogen-activated protein kinase pathway couples photic input to circadian clock entrainment[J]. Journal of Biological Chemistry,277：29519-29525.

CAGAMPANG F R A,PIGGINS H D,SHEWARD W J,et al.，1998a. Circadian changes in PACAP type 1 (PAC1) receptor mRNA in the rat suprachiasmatic and supraoptic nuclei[J]. Brain Research,813：218-222.

CAGAMPANG F R A,SHEWARD W J,HARMAR A J,et al.，1998b. Circadian changes in the expression of vasoactive intestinal peptide 2 receptor mRNA in the rat suprachiasmatic nuclei[J]. Molecular Brain Research,54：108-112.

CARTIN L,LOUNSBURY K M,NELSON M T,2000. Coupling of Ca^{2+} to CREB activation and gene expression in intact cerebral arteries from mouse：roles of ryanodine receptors and voltage-dependent Ca^{2+} channels[J]. Circulation Research,86：760-767.

CHEN S K,BADEA T C,HATTAR S,2011. Photoentrainment and pupillary light reflex are mediated by distinct populations of ipRGCs[J]. Nature,476：92-95.

COLWELL C S,FOSTER R G,MENAKER M,1991. NMDA receptor antagonists block the effects of light on circadian behavior in the mouse[J]. Brain Research,554：105-110.

COLWELL C S,MENAKER M,1992. NMDA as well as non-NMDA receptor antagonists can prevent the phase-shifting effects of light on the circadian system of the golden hamster[J]. Journal of Biological Rhythms,7：125-136.

COLWELL C S,MICHEL S,ITRI J,et al.，2004. Selective deficits in the circadian light response in mice lacking PACAP [J]. American Journal of Physiology-Regulatory, Integrative and Comparative Physiology,287：R1194-R1201.

DE CESARE D,FIMIA G M,SASSONE-CORSI P,1999. Signaling routes to CREM and CREB：plasticity in transcriptional activation[J]. Trends in Biochemical Sciences,24：281-285.

DING J M,FAIMAN L E,HURST W J,et al.，1997. Resetting the biological clock：mediation of nocturnal CREB phosphorylation via light,glutamate,and nitric oxide[J]. Journal of Neuroscience,17：667-675.

DKHISSI-BENYAHYA O,GRONFIER C,DE VANSSAY W,et al.，2007. Modeling the role of mid-wavelength cones in circadian responses to light[J]. Neuron,53：677-687.

DO M T,KANG S H,XUE T,et al.，2009. Photon capture and signalling by melanopsin retinal ganglion cells[J]. Nature,457：281-287.

DO M T H,YAU K-W,2010. Intrinsically photosensitive retinal ganglion cells[J]. Physiological Reviews 90(4)：1547-1581.

ENGELUND A,FAHRENKRUG J,HARRISON A,et al.，2010. Vesicular glutamate transporter 2 (VGLUT2) is co-stored with PACAP in projections from the rat melanopsin-containing retinal ganglion cells[J]. Cell and Tissue Research,340：243-255.

FERNANDEZ D C,CHANG Y-T,HATTAR S,et al.，2016. Architecture of retinal projections to the central circadian pacemaker[J]. Proceedings of the National Academy of Sciences,113：6047-6052.

FERREYRA G A,GOLOMBEK D A,2001. Rhythmicity of the cGMP-related signal transduction pathway in the mammalian circadian system [J]. American Journal of Physiology-Regulatory, Integrative and Comparative Physiology,280：R1348-R1355.

FUKUSHIMA T,SHIMAZOE T,SHIBATA S,et al.，1997. The involvement of calmodulin and Ca^{2+} /

calmodulin-dependent protein kinase Ⅱ in the circadian rhythms controlled by the suprachiasmatic nucleus[J]. Neuroscience Letters,227: 45-48.

GANNON R L,REA M A,1994. In situ hybridization of antisense mRNA oligonucleotides for AMPA, NMDA and metabotropic glutamate receptor subtypes in the rat suprachiasmatic nucleus at different phases of the circadian cycle[J]. Molecular Brain Research,23: 338-344.

GAU D,LEMBERGER T, VON GALL C,et al. ,2002. Phosphorylation of CREB Ser142 regulates light-induced phase shifts of the circadian clock[J]. Neuron,34: 245-253.

GINTY D D,KORNHAUSER J M,THOMPSON M A,et al. ,1993. Regulation of CREB phosphorylation in the suprachiasmatic nucleus by light and a circadian clock[J]. Science,260: 238-241.

GOLOMBEK D A, RALPH M R, 1994. KN-62, an inhibitor of Ca^{2+}/calmodulin kinase Ⅱ, attenuates circadian responses to light[J]. Neuroreport,5: 1638-1640.

GOLOMBEK D A, RALPH M R, 1995. Circadian responses to light: the calmodulin connection[J]. Neuroscience Letters,192: 101-104.

GÖZ D,STUDHOLME K,LAPPI D A,et al. ,2008. Targeted destruction of photosensitive retinal ganglion cells with a saporin conjugate alters the effects of light on mouse circadian rhythms[J]. PLoS One,3: e3153.

GULER A D,ECKER J L,LALL G S,et al. ,2008. Melanopsin cells are the principal conduits for rod-cone input to non-image-forming vision[J]. Nature,453: 102-105.

HANNIBAL J,DING J M,CHEN D,et al. ,1997. Pituitary adenylate cyclase-activating peptide (PACAP) in the retinohypothalamic tract: a potential daytime regulator of the biological clock[J]. Journal of Neuroscience,17: 2637-2644.

HANNIBAL J, HINDERSSON P, KNUDSEN S M, et al. , 2002. The photopigment melanopsin is exclusively present in pituitary adenylate cyclase-activating polypeptide-containing retinal ganglion cells of the retinohypothalamic tract[J]. Journal of Neuroscience,22: RC191.

HANNIBAL J,JAMEN F, NIELSEN H S,et al. ,2001. Dissociation between light-induced phase shift of the circadian rhythm and clock gene expression in mice lacking the pituitary adenylate cyclase activating polypeptide type 1 receptor[J]. Journal of Neuroscience,21: 4883-4890.

HARMAR A J, ARIMURA A, GOZES I, et al. , 1998. International Union of Pharmacology. XVIII. Nomenclature of receptors for vasoactive intestinal peptide and pituitary adenylate cyclase-activating polypeptide[J]. Pharmacological Reviews,50: 265-270.

HARRINGTON M E, HOQUE S, HALL A, et al. , 1999. Pituitary adenylate cyclase activating peptide phase shifts circadian rhythms in a manner similar to light[J]. Journal of Neuroscience,19: 6637-6642.

HATORI M, LE H, VOLLMERS C, et al. , 2008. Inducible ablation of melanopsin-expressing retinal ganglion cells reveals their central role in non-image forming visual responses[J]. PLoS One, 3: e2451.

HATTAR S, KUMAR M, PARK A, et al. , 2006. Central projections of melanopsin-expressing retinal ganglion cells in the mouse[J]. Journal of Comparative Neurology,497: 326-349.

HATTAR S, LIAO H W, TAKAO M, et al. , 2002. Melanopsin-containing retinal ganglion cells: architecture,projections,and intrinsic photosensitivity[J]. Science,295: 1065-1070.

HATTAR S,LUCAS R J,MROSOVSKY N,et al. ,2003. Melanopsin and rod-cone photoreceptive systems account for all major accessory visual functions in mice[J]. Nature,424: 75-81.

HENDRICKSON A E,WAGONER N,COWAN W M,1972. An autoradiographic and electron microscopic study of retino-hypothalamic connections [J]. Zeitschrift fur Zellforschung und Mikroskopische Anatomie,135: 1-26.

HONMA S,KAWAMOTO T,TAKAGI Y,et al. ,2002. Dec1 and Dec2 are regulators of the mammalian molecular clock[J]. Nature,419：841-844.

JACOBS G H,NEITZ J,DEEGAN J F,1991. Retinal receptors in rodents maximally sensitive to ultraviolet light[J]. Nature,353：655-656.

JEON C J,STRETTOI E,MASLAND R H,1998. The major cell populations of the mouse retina[J]. Journal of Neuroscience,18：8936-8946.

KALAMATIANOS T,KALLÓ I,PIGGINS H D,et al.,2004. Expression of VIP and/or PACAP receptor mRNA in peptide synthesizing cells within the suprachiasmatic nucleus of the rat and in its efferent target sites[J]. Journal of Comparative Neurology,475：19-35.

KAWAGUCHI C,TANAKA K,ISOJIMA Y,et al.,2003. Changes in light-induced phase shift of circadian rhythm in mice lacking PACAP[J]. Biochemical and Biophysical Research Communications,310：169-175.

KNOWLES R G,PALACIOS M,PALMER R M,et al.,1989. Formation of nitric oxide from L-arginine in the central nervous system：a transduction mechanism for stimulation of the soluble guanylate cyclase [J]. Proceedings of the National Academy of Sciences,86：5159-5162.

KOFUJI P,MURE L S,MASSMAN L J,et al.,2016. Intrinsically Photosensitive Retinal Ganglion Cells (ipRGCs) Are Necessary for Light Entrainment of Peripheral Clocks[J]. PLoS One,11：e0168651-e0168651.

KOJIMA D,MORI S,TORII M,et al.,2011. UV-sensitive photoreceptor protein OPN5 in humans and mice [J]. PLoS One,6：e26388.

LAND P W,KYONKA E,SHAMALLA-HANNAH L,2004. Vesicular glutamate transporters in the lateral geniculate nucleus：expression of VGLUT2 by retinal terminals[J]. Brain Research,996：251-254.

LEWY A J,WEHR T A,GOODWIN F K,et al.,1980. Light suppresses melatonin secretion in humans[J]. Science,210：1267-1269.

LICKEY M E,WOZNIAK J A,BLOCK G D,et al.,1977. The consequences of eye removal for the circadian rhythm of behavioral activity in Aplysia[J]. Journal of Comparative Physiology,118：121-143.

LINDBERG P T,MITCHELL J W,BURGOON P W,et al.,2019. Pituitary adenylate cyclase-activating peptide (PACAP)-glutamate co-transmission drives circadian phase-advancing responses to intrinsically photosensitive retinal ganglion cell projections by suprachiasmatic nucleus[J]. Frontiers in Neuroscience, 13：484713.

MELO L,GOLOMBEK D A,RALPH M R,1997. Regulation of circadian photic responses by nitric oxide [J]. Journal of Biological Rhythms,12：319-326.

MINTZ E M,ALBERS H E,1997. Microinjection of NMDA into the SCN region mimics the phase shifting effect of light in hamsters[J]. Brain Research,758：245-249.

MINTZ E M,MARVEL C L,GILLESPIE C F,et al.,1999. Activation of NMDA receptors in the suprachiasmatic nucleus produces light-like phase shifts of the circadian clock in vivo[J]. Journal of Neuroscience,19：5124-5130.

MIYAMOTO Y,SANCAR A,1999. Circadian regulation of cryptochrome genes in the mouse[J]. Molecular Brain Research,71：238-243.

MOORE R Y,SPEH J C,CARD J P,1995. The retinohypothalamic tract originates from a distinct subset of retinal ganglion cells[J]. Journal of Comparative Neurology,352：351-366.

MROSOVSKY N,2003. Contribution of classic photoreceptors to entrainment[J]. Journal of Comparative Physiology A,189：69-73.

MROSOVSKY N,HATTAR S,2005. Diurnal mice (Mus musculus) and other examples of temporal niche switching[J]. Journal of Comparative Physiology A,191：1011-1024.

MURAKAMI D M,MILLER J D,FULLER C A,1989. The retinohypothalamic tract in the cat：retinal ganglion cell morphology and pattern of projection[J]. Brain Research,482：283-296.

MURE L S,HATORI M,ZHU Q,et al.,2016. Melanopsin-Encoded Response Properties of Intrinsically

Photosensitive Retinal Ganglion Cells[J]. Neuron,90: 1016-1027.

NELSON R J,ZUCKER I,1981. Absence of extraocular photoreception in diurnal and nocturnal rodents exposed to direct sunlight[J]. Comparative Biochemistry and Physiology Part A: Physiology,69: 145-148.

NIELSEN H S,HANNIBAL J,KNUDSEN S M,et al.,2001. Pituitary adenylate cyclase-activating polypeptide induces period1 and period2 gene expression in the rat suprachiasmatic nucleus during late night[J]. Neuroscience,103: 433-441.

OBRIETAN K,IMPEY S,STORM D R,1998. Light and circadian rhythmicity regulate MAP kinase activation in the suprachiasmatic nuclei[J]. Nature Neuroscience,1: 693-700.

OKAMURA H,MIYAKE S,SUMI Y,et al.,1999. Photic induction of mPer1 and mPer2 in cry-deficient mice lacking a biological clock[J]. Science,286: 2531-2534.

OTA W,NAKANE Y,HATTAR S,et al.,2018. Impaired circadian photoentrainment in Opn5-Null mice [J]. iScience,6: 299-305.

PANDA S,SATO T K,CASTRUCCI A M,et al.,2002. Melanopsin (Opn4) requirement for normal light-induced circadian phase shifting[J]. Science,298: 2213-2216.

PROSSER R A,MCARTHUR A J,GILLETTE M U,1989. cGMP induces phase shifts of a mammalian circadian pacemaker at night,in antiphase to cAMP effects[J]. Proceedings of the National Academy of Sciences,86: 6812-6815.

PROVENCIO I,JIANG G,DE GRIP W J,et al.,1998. Melanopsin: An opsin in melanophores,brain,and eye[J]. Proceedings of the National Academy of Sciences,95: 340-345.

PROVENCIO I,RODRIGUEZ I R,JIANG G,et al.,2000. A novel human opsin in the inner retina[J]. Journal of Neuroscience,20: 600-605.

PROVENCIO I,ROLLAG M D,CASTRUCCI A M,2002. Photoreceptive net in the mammalian retina. This mesh of cells may explain how some blind mice can still tell day from night[J]. Nature, 415: 493.

REA M,BUCKLEY B,LUTTON L,1993. Local administration of EAA antagonists blocks light-induced phase shifts and c-fos expression in hamster SCN[J]. American Journal of Physiology-Regulatory, Integrative and Comparative Physiology,265: R1191-R1198.

RIEKE F,BAYLOR D A,1998. Single-photon detection by rod cells of the retina[J]. Reviews of Modern Physics,70: 1027.

SAKAMOTO K,LIU C,KASAMATSU M,et al.,2005. Dopamine regulates melanopsin mRNA expression in intrinsically photosensitive retinal ganglion cells [J]. European Journal of Neuroscience, 22: 3129-3136.

SCHMIDT T M,CHEN S K,HATTAR S,2011. Intrinsically photosensitive retinal ganglion cells: many subtypes,diverse functions[J]. Trends in Neurosciences,34: 572-580.

SHIBATA S,MOORE R Y,1993. Neuropeptide Y and optic chiasm stimulation affect suprachiasmatic nucleus circadian function in vitro[J]. Brain Research,615: 95-100.

SHUBONI D D,AGHA A A,GROVES T K,et al.,2016. The contribution of the pineal gland on daily rhythms and masking in diurnal grass rats,Arvicanthis niloticus[J]. Behavioural Processes,128: 1-8.

STEINLECHNER S,JACOBMEIER B,SCHERBARTH F,et al.,2002. Robust circadian rhythmicity of Per1 and Per2 mutant mice in constant light,and dynamics of Per1 and Per2 gene expression under long and short photoperiods[J]. Journal of Biological Rhythms,17: 202-209.

STELLA JR S L,LI S,SABATINI A,et al.,2008. Comparison of the ontogeny of the vesicular glutamate transporter 3 (VGLUT3) with VGLUT1 and VGLUT2 in the rat retina[J]. Brain Research,1215: 20-29.

SUN H,MACKE J P,NATHANS J,1997. Mechanisms of spectral tuning in the mouse green cone pigment [J]. Proceedings of the National Academy of Sciences,94：8860-8865.

TACKENBERG M C,HUGHEY J J,MCMAHON D G,2020. Distinct components of photoperiodic light are differentially encoded by the mammalian circadian clock[J]. Journal of Biological Rhythms,35：353-367.

TANAKA M,ICHITANI Y,OKAMURA H,et al.,1993. The direct retinal projection to VIP neuronal elements in the rat SCN[J]. Brain Research Bulletin,31：637-640.

TERAMOTO M,NAKAMASU K,NOSHIRO M,et al.,2001. Gene structure and chromosomal location of a human bHLH transcriptional factor DEC1-Stra13-SHARP-2/BHLHB2 [J]. The Journal of Biochemistry,129：391-396.

TISCHKAU S A,MITCHELL J W,TYAN S H,et al.,2003. Ca^{2+}/cAMP response element-binding protein (CREB)-dependent activation of Per1 is required for light-induced signaling in the suprachiasmatic nucleus circadian clock[J]. Journal of Biological Chemistry,278：718-723.

VAN HOOK M J,WONG K Y,BERSON D M,2012. Dopaminergic modulation of ganglion-cell photoreceptors in rat[J]. European Journal of Neuroscience,35：507-518.

WEBER E T,GANNON R L,REA M A,1995. cGMP-dependent protein kinase inhibitor blocks light-induced phase advances of circadian rhythms in vivo[J]. Neuroscience Letters,197：227-230.

WEHR T A,DUNCAN W C,SHER L,et al.,2001. A circadian signal of change of season in patients with seasonal affective disorder[J]. Archives of General Psychiatry,58：1108-1114.

XUE T,DO M T,RICCIO A,et al.,2011. Melanopsin signalling in mammalian iris and retina[J]. Nature,479：67-73.

YAN L,TAKEKIDA S,SHIGEYOSHI Y,et al.,1999. Per1 and Per2 gene expression in the rat suprachiasmatic nucleus：circadian profile and the compartment-specific response to light [J]. Neuroscience,94：141-150.

YOKOTA S,YAMAMOTO M,MORIYA T,et al.,2001. Involvement of calcium-calmodulin protein kinase but not mitogen-activated protein kinase in light-induced phase delays and Per gene expression in the suprachiasmatic nucleus of the hamster[J]. Journal of Neurochemistry,77：618-627.

ZYLKA M J,SHEARMAN L P,WEAVER D R,et al.,1998. Three period homologs in mammals：differential light responses in the suprachiasmatic circadian clock and oscillating transcripts outside of brain[J]. Neuron,20：1103-1110.

第5章

果蝇中光调控昼夜节律的机制

前言

　　本章将深入探讨果蝇中光调控昼夜节律的机制,从果蝇脑中的中枢近日时钟神经元出发,详细阐述这些时钟神经元如何通过表达近日时钟蛋白质来参与近日节律的调控。特别地,本章将关注大腹外侧神经元(large ventral lateral neurons,l-LNvs)和小腹外侧神经元(small ventral lateral neurons,s-LNvs)的功能,以及它们所表达的色素分散因子(pigment dispersing factor,PDF)在近日时钟神经调节中的作用。

　　此外,本章还将讨论果蝇外周光感受器及其调控近日节律的神经回路机制,揭示复眼、单眼和 H-B 小眼在光同步近日时钟中的作用。进一步地,将分析内源隐花色素(cryptochrome)在果蝇时钟神经元中的分子机制,以及这些神经元如何通过整合光信息来调节节律性行为。

　　通过本章的深入分析,旨在以果蝇为模式生物,为读者提供一个关于近日节律调控机制的全面视角,并强调光作为主要同步因素在近日时钟调控中的重要性。

5.1　果蝇脑中的中枢近日时钟神经元

　　随着地球的自转,大多数动物都进化出内在的近日节律,这些节律如同内部时钟,帮助动物在一天的不同时间段内适应环境变化(Xu et al.,2021)。这些节律与大约 24 h 的昼夜交替紧密关联,影响并调控动物的各种生理活动,包括行为、新陈代谢和生理过程(Franklin et al.,2014)。这个近日时钟机制是自持(self-sustainable)的,但需要与外界环境如光照和温度等同步,方能适应不断变化的环境条件。在大多数情况下,光是最主要的同步因素,通过一系列的输入途径整合到近日时钟的环路中(Boothroyd et al.,2007)。

　　大多数动物的脑中都有一个中枢近日时钟。在果蝇的脑中,约有 150 个表达近日时钟基因的神经元参与近日节律的调控,这些神经元被称为时钟神经元。时钟神经元分布在果蝇脑中枢的不同神经元亚群中,根据其解剖学位置可以分为 7~8 类。每个亚群都根据其位置和单个神经元的大小来命名,如图 5.1 所示。然而,是否所有时钟神经元的集群都对控制节律行为起到同等重要的作用,目前尚不清楚(Yoshii et al.,2012)。

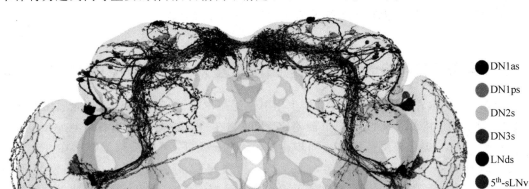

DN1as
DN1ps
DN2s
DN3s
LNds
5th-sLNv
s-LNvs
l-LNvs

图 5.1　果蝇脑内中枢时钟神经元分布图

表达 PDF 的 s-LNv 亚群已被证明控制晨间活动,被认为是 M 时钟神经元,而 LNds 和不表达神经肽 PDF 的 s-LNv 神经元(5th-sLNv)控制晚间活动,被认为是 E 时钟神经元。其余的时钟神经元亚群参与了光照信息的整合,共同调控作息节律

目前研究最多的时钟神经元是 l-LNvs 和 s-LNvs。这些神经元表达 PDF,PDF 是一种参与近日时钟神经调节的神经肽。PDF 在近日时钟网络中发挥细胞间信使的重要作用,从而使 PDF 神经元和其他时钟神经元之间的日常节律同步化(Helfrich-Förster,1995)。在持续黑暗(DD)环境下,Pdf 突变的果蝇活动的近日节律变弱,周期缩短为 22 h;而在 12 h:12 h 的明暗周期(LD)下,晚间活动峰相位会提前(Lin et al.,2004;Peng et al.,2003;Yoshii et al.,2009;Yao et al.,2014)。有趣的是,l-LNvs 和 s-LNvs 神经元的条件性剔除(ablation)表现出相同的行为表型,这提示 PDF 是这些神经元的主要输出。因此,表达 PDF 的时钟神经元以及 PDF 神经肽会强烈影响果蝇行为的节律。

为了进一步解析不同时钟神经元的功能,科学家们利用果蝇里常用的 GAL4/UAS 遗传工具,以实现果蝇中组织特异性的基因表达。自 2000 年以来,研究人员陆续构建了一些 GAL4 品系,可以有效地靶向时钟神经元的不同亚群,从而能够研究它们的功能(Brand et al.,1993)。在 2004 年,Grima 和 Stoleru 等使用 GAL4/UAS 系统进行了开创性的研究(Grima et al.,2004)。通过在近日时钟基因 $period$(per)突变体中恢复特定神经元亚群内的 per 的功能或者通过诱导凋亡的 UAS-hid 基因表达来剔除神经元亚群,从而实现对不同时钟神经元的不同亚群功能的研究(Rieger et al.,2006)。

在 LD 下,果蝇大约在黎明(ZT0)和黄昏(ZT12)前后出现两个不同的活动高峰,分别称为早间(M)和晚间(E)峰(Abruzzi et al.,2015)。剔除表达 PDF 的 l-LNvs 和 s-LNvs 神经元的果蝇会失去活动的早间峰活动;而剔除背外侧神经元(dorsal lateral neurons,LNds)和背侧神经元(dorasal neurons,DNs)的果蝇会失去活动的晚间峰。因此,研究结果指出表达 PDF 的时钟神经元亚群调节早间活动,称为 M 时钟神经元,而 LNd 和 DN 神经元亚群调节晚间活动,称为 E 时钟神经元。在 2006 年,第 5 个 s-LNv 被确定为不表达 PDF 的时钟神经元,位于 l-LNv 神经元附近,被归类为 E 时钟神经元(图 5.1)。这些时钟神经元亚群在一天不同时间发放电活动,调控了果蝇的活动/休息的次序交替。

5.2 果蝇时钟神经元内源隐花色素对节律调控的分子机制

隐花色素(CRY)是一类在高等真核生物中广泛存在的、对蓝光和近紫外光敏感的黄素类蛋白。CRY 蛋白首先在拟南芥中被鉴定,表明它在进化中具有高度保守性(Chaves et al.,2011)。cry^b 突变果蝇呈现出光同步化缺陷。相比之下,野生型果蝇能够在一天内将其近日时钟与新的光照周期同步,而 cry 突变型果蝇则需要约 7 d 才能慢慢适应(Stanewsky et al.,1998)。近日时钟通过提前或延迟相位来响应夜间的光脉冲。与野生型果蝇相比,cry^0 突变体对光脉冲的敏感性明显降低,并且相位响应减少(Kistenpfennig et al.,2012)。在光照下,CRY 发生构象变化,从而能与时钟蛋白 TIM 蛋白结合,并导致其被 JETLAG 蛋白泛素化,随后降解(Koh et al.,2006)。光诱导的 TIM 降解会延后 TIM 和 PER 形成二聚体蛋白。PER、TIM 和 CRY 蛋白之间的相互作用解释了果蝇的近日时钟如何快速与外界光同步。

CRY 在许多时钟神经元中表达,包括 M 和 E 时钟神经元(Benito et al.,2008)。然而,并非所有的时钟神经元都表达 CRY,并且时钟神经元之间的 CRY 表达水平也不同。此外,并非所有的时钟神经元对夜间发出的光脉冲都表现出相同的响应。晚上持续几分钟的强光脉冲足以在所有时钟神经元中引起 TIM 降解。针对强度降低且持续时间增加的光脉冲的响应,与其他时钟神经元相比,第 5 个 s-LNv 神经元表现出最明显的 TIM 降解,表明时钟神经元的 CRY 依赖性光敏度有所不同(Vinayak et al.,2013)。Tang 等证明深夜的光脉冲会诱导 E 时钟神经元的 TIM 降解,但不会引起 M 时钟神经元的 TIM 降解。这表明在不同时钟神经元中,光脉冲对时钟的相位的作用并不相同(Tang et al.,2010)。

有趣的是,光输入依赖 CRY 的 M 时钟神经元会导致 E 时钟神经元中的 TIM 产生非 CRY 依赖的降解(Yoshii et al.,2015)。因此,M 时钟神经元可以通过神经元之间信号的传导调节 E 时钟神经元的光响应过程(Vinayak et al.,2013)。为了揭示时钟神经元响应光脉冲的神经回路机制,在 cry^0 突变体背景中使用 GAL4/UAS 系统在 E 时钟神经元中重新表达 CRY 时,这些果蝇对 LD 周期的 8 h 相位延迟显示出与野生型果蝇相似的响应,几乎在一天内重新同步。相比之下,cry^0 突变体需要近一周的时间才能完全与相位延迟的 LD 周期同步(Yoshii et al.,2015)。cry^0 突变体中的 E 时钟神经元显示出时钟蛋白 PDP1 表达节律的快速重新同步(Yoshii et al.,2015)。然而,其他时钟神经元中时钟蛋白表达节律的重新同步较为缓慢,其速度与行为节律的同步过程相似,因此推测 E 时钟神经元首先响应视觉系统的光输入而重置,随后是其他时钟神经元。

光激活的 CRY 还通过增加动作电位放电来影响 l-LNv 神经元的神经活动(Fogle et al.,2011;Fogle et al.,2015)。此效果独立于 CRY-TIM 相互作用和视蛋白为基础的光感受机制。迄今为止,这些 CRY 诱导的神经元活动增加的作用尚不清楚,推测可能参与光同步的机制。

5.3　果蝇外周光感受器及其调控近日节律的神经回路机制

果蝇拥有三种不同的外周光感受器：复眼（compound eyes）、单眼（ocelli）和 H-B 小眼（Hofbauer-Buchner eyelets）（Rieger et al.，2003）。其中，复眼是最大的感光器官，是光同步近日时钟的关键部位之一。研究表明，复眼在感知日照时间和晚上的月光中起着重要作用（Yoshii et al.，2012）。

在 LD 下，果蝇的 M 和 E 峰这两个活动高峰会根据白天光照强度、周期以及夜间昏暗的光线而调整（Rieger et al.，2007）。在日照时间变长，或者夜晚有月光的条件下，M 和 E 峰彼此远离，从而在峰之间产生较大的相位间隔。而缺乏复眼的果蝇突变体则无法使 M 和 E 峰适应长日照时间，对晚上的月光也没有反应（Helfrich-Förster et al.，2007）。这些发现表明，视觉系统接收光照信息，并进一步调节 M 时钟和 E 时钟神经元。

复眼由大约 800 个小眼组成，每只眼包括 8 个感光细胞（R1～R8），表达不同的视紫红质（Rh1～Rh6）（Behnia et al.，2015）。缺少表达在 R1～R6 以及 R8 感光细胞中的视紫红质 Rh1 和 Rh6 的果蝇突变体，对月光的响应会消失（Hardie et al.，2001）。此外，微光（dim light）这种存在于黎明以及黄昏时分的光也会影响果蝇的活动节律。实验室条件下模拟的微光能够使 M 和 E 的活动高峰移到光照更昏暗的时候（Schlichting et al.，2015a；Schlichting et al.，2015b）。微光对行为的影响比月光更强，在微光条件下，果蝇的活动节律和自然条件下的活动节律更相似。

复眼神经元的神经递质是组胺。编码组氨酸脱羧酶的 *hdc* 基因和内源隐花色素 *cry* 基因双重突变的果蝇无法与外界的光暗周期同步（Rieger et al.，2003）。果蝇中存在 2 个组胺受体基因：*ort* 和 *hisCl*1，两种受体都在位于薄板（lamina）、髓质（medulla）之间的神经元里表达，同时也可能存在于其他脑区（Chen et al.，2019）。5-羟色胺和多巴胺可能参与了中间的传导通路。然而，研究者们尚不清楚表达组胺受体的细胞如何把信号传到时钟神经元。此外，在复眼中也表达 CRY。最新研究表明，与野生型果蝇的视网膜电图（electroretinogram）显示相比，*cry* 突变果蝇的夜间光敏性降低，并且光驱动的活动反应更弱。但是，在复眼中表达的 CRY 可能对外界光照周期介导的节律调控作用较小，因为与 *cry* 突变体相比，仅在复眼表达 CRY 的果蝇的节律调整功能没有明显改善（Emery et al.，2000）。

单眼在调节近日时钟中的作用尚缺乏研究。但对缺少所有外周光感受器的突变体以及仅仅缺少复眼的突变体的交叉研究表明，复眼的作用更为重要（Rieger et al.，2003）。H-B 小眼是幼虫光感受器——Bolwig 体的残留，它们直接投射到 PDF 阳性的 LNvs（Helfrich-Förster，1997）。幼虫的 Bolwig 体的神经递质是乙酰胆碱，而成年的 H-B 小眼则同时表达乙酰胆碱和组胺。使用胆碱受体激动剂能够提高离体的幼虫 LNv 和成年 LNv 神经元中钙离子和环磷酸腺苷（cAMP）的水平（Collins et al.，2014）。Bolwig 体在光照对幼虫的时钟神经元的调控中发挥非常重要的作用（Klarsfeld et al.，2011）。然而，研究者们并不清楚 H-B 小眼对成年果蝇节律调节的重要性。

总而言之,这些发现揭示了不同的光感知机制在调节和校准行为的节律中扮演了不同的角色。

5.4 果蝇时钟神经元对光信息的整合

如前文所述,PDF 是一种在 l-LNv 和 s-LNv 亚群中特异表达的神经肽,它在时钟神经元间作为信息传导信号分子发挥作用(Helfrich-Förster,1995;Shafer et al.,2008)。PDF 受体(PDFR)在众多时钟神经元中都有表达,且其表达的神经元通常也表达了 CRY(Im et al.,2010)。这提示 PDF 神经元可能参与光对节律的调控。

pdf 突变体或剔除表达 PDF 的神经元的果蝇在 LD 条件下会表现出 E 峰相位提前的现象,同时它们也不能在长日照条件下相应地改变 M 峰和 E 峰的相位,这些表型与在复眼突变体中观察到的相似。此外,敲除 l-LNv 亚群会导致果蝇对深夜光刺激的反应减弱(Zhang et al.,2009)。这些结果表明 PDF 神经元在光对节律的调控过程中发挥重要作用。*pdf* 和 *cry* 双重突变的果蝇表现出更为有趣的表型:在 LD 条件下 E 神经元近日时钟的相位改变了约 12 h,因此由这些神经元驱动的 E 峰发生在早间而非晚间。由于 *pdf* 突变体果蝇没有 M 峰,这些 *pdf* 和 *cry* 双重突变的果蝇则只有 M 峰(实为错位了 12 h 的 E 峰)没有 E 峰。这些结果提示 CRY 和视觉系统通过直接或间接的通路调整了 M 时钟和 E 时钟神经元的电活动发放。视觉系统接收光信息,并传递给 PDF 神经元,进一步传导至 E 时钟神经元。

温控遗传学是一种操纵近日时钟神经元活动的优秀遗传工具,因为与光遗传学的光相比,温度对近日时钟的影响相对较小。TrpA1 是一种温度敏感的阳离子通道,当温度升高时,可以诱导神经元去极化(Hamada et al.,2008)。当利用 TrpA1 来高温激活 PDF 神经元时,果蝇的活动节律改变和光刺激诱导的改变十分相似,且这一改变不依赖于 CRY(Guo et al.,2014)。因此,来自视觉系统的输入——通常源于光照,可能激活 PDF 神经元,从而激活下游神经元(如 E 时钟神经元),并导致睡眠-活动节律曲线的相位改变。DD 时,M 时钟神经元每日的正常发放模拟了光照的效果,使得 DD 的睡眠活动节律仍然能够维持(Duvall et al.,2012)。

PDFR 是 Gα 蛋白耦联的跨膜受体 GPCR,能激活特定的腺苷酸环化酶、cAMP 以及蛋白激酶 A 的级联反应,从而促进 E 时钟神经元细胞中 TIM 的降解,进而调节近日时钟(Li et al.,2014)。除了上述的 H-B 小眼和 PDF 神经元之间的直接连接外,视觉系统和时钟神经元的其他神经环路尚不明晰。研究者们尚不能肯定所有接收光输入的视觉器官都只投射到 PDF 神经元,而没有投射到 E 时钟神经元。如果结果证明所有的视觉器官都投射到 PDF 神经元,那么则意味着 PDF 神经元介导了 CRY 以外唯一一条光照调节近日时钟的神经通路。这个现象在果蝇幼虫中已被证实:果蝇幼虫的时钟神经环路比较简单,只有 18 个时钟神经元以及 2 条光输入通路:Bodwig 体和 CRY 蛋白(Klarsfeld et al.,2011)。

尽管果蝇被认为是一种相当简单的模式生物,但多项研究表明果蝇与光照周期同步化的神经回路十分复杂。CRY 在时钟神经元中表达并直接与 TIM 相互作用以重置分子时钟。复眼通过组胺能中间神经元传递光信号至 PDF 神经元,从而重置 PDF 神经元中的分子时钟。Bolwig 体和 H-B 小眼通过乙酰胆碱和组胺两种神经递质向 PDF 神经元发放信号,这条通路由视觉器官和时钟神经元之间的直接连接组成。两条通路都首先重置表达PDF 的 M 时钟神经元进而重置不表达 PDF 的 E 时钟神经元(Chen et al.,2011)。光照周期对 E 时钟神经元的同步化对于行为的近日节律尤其重要(Veleri et al.,2003)。总的来说,果蝇的光输入系统调节时钟神经网络的完整机制尚未明确,仍需要更多的研究。

郭方　审稿：张珞颖

参考文献

ABRUZZI K,CHEN X,NAGOSHI E,et al.,2015. RNA-seq profiling of small numbers of Drosophila neurons [J]. Methods in Enzymology,551：369-386.

BEHNIA R,DESPLAN C,2015. Visual circuits in flies：beginning to see the whole picture [J]. Current Opinion in Neurobiology,34：125-132.

BENITO J,HOUL J H,ROMAN G W,et al. 2008. The blue-light photoreceptor CRYPTOCHROME is expressed in a subset of circadian oscillator neurons in the Drosophila CNS [J]. Journal of Biological Rhythms,23：296-307.

BOOTHROYD C E,WIJNEN H,NAEF F,et al. 2007. Integration of light and temperature in the regulation of circadian gene expression in Drosophila [J]. PLoS Genetics,3：e54.

BRAND A H,PERRIMON N,1993. Targeted gene expression as a means of altering cell fates and generating dominant phenotypes [J]. Development,118：401-415.

CHAVES I,POKORNY R,BYRDIN M,et al.,2011. The cryptochromes：blue light photoreceptors in plants and animals [J]. Annual Review of Plant Biology,62：335-364.

CHEN K F,PESCHEL N,ZAVODSKA R,et al.,2011. QUASIMODO,a Novel GPI-anchored zona pellucida protein involved in light input to the Drosophila circadian clock [J]. Current Biology,21：719-729.

CHEN P J,MATSUSHITA A,WAKAKUWA M,et al.,2019. Immunolocalization suggests a role of the histamine-gated chloride channel PxHCLB in spectral opponent processing in butterfly photoreceptors [J]. Journal of Comparative Neurology,527：753-766.

COLLINS B,KAPLAN H S,CAVEY M,et al.,2014. Differentially timed extracellular signals synchronize pacemaker neuron clocks [J]. PLoS Biology,12：e1001959.

DUVALL L B,TAGHERT P H,2012. The circadian neuropeptide PDF signals preferentially through a specific adenylate cyclase isoform AC3 in M pacemakers of Drosophila [J]. PLoS Biology,10：e1001337.

EMERY P,STANEWSKY R,HELFRICH-FÖRSTER C,et al.,2000. Drosophila CRY is a deep brain circadian photoreceptor [J]. Neuron,26：493-504.

FOGLE K J,BAIK L S,HOUL J H,et al.,2015. CRYPTOCHROME-mediated phototransduction by modulation of the potassium ion channel β-subunit redox sensor [J]. Proceedings of the National Academy of Sciences of the United States of America,112：2245-2250.

FOGLE K J,PARSON K G,DAHM N A,et al.,2011. CRYPTOCHROME is a blue-light sensor that regulates neuronal firing rate [J]. Science,331：1409-1413.

FRANKLIN K A,TOLEDO-ORTIZ G,PYOTT D E,et al.,2014. Interaction of light and temperature signalling [J]. Journal of Experimental Botany,65：2859-2871.

GRIMA B,CHÉLOT E,XIA R,et al.,2004. Morning and evening peaks of activity rely on different clock neurons of the Drosophila brain [J]. Nature,431：869-873.

GUO F,CERULLO I,CHEN X,et al. ,2014. PDF neuron firing phase-shifts key circadian activity neurons in Drosophila [J]. Elife,3: e02780.

HAMADA F N, ROSENZWEIG M, KANG K, et al. , 2008. An internal thermal sensor controlling temperature preference in Drosophila [J]. Nature,454: 217-220.

HARDIE R C,RAGHU P,2001. Visual transduction in Drosophila [J]. Nature,413: 186-193.

HELFRICH-FÖRSTER C, 1995. The period clock gene is expressed in central nervous system neurons which also produce a neuropeptide that reveals the projections of circadian pacemaker cells within the brain of Drosophila melanogaster [J]. Proceedings of the National Academy of Sciences of the United States of America,92: 612-616.

HELFRICH-FÖRSTER C, 1997. Development of pigment-dispersing hormone-immunoreactive neurons in the nervous system of Drosophila melanogaster [J]. Journal of Comparative Neurology, 380: 335-354.

HELFRICH-FÖRSTER C, YOSHII T, WÜLBECK C, et al. , 2007. The lateral and dorsal neurons of Drosophila melanogaster: new insights about their morphology and function [J]. Cold Spring Harbor Symposia on Quantitative Biology,72: 517-525.

IM S H, TAGHERT P H, 2010. PDF receptor expression reveals direct interactions between circadian oscillators in Drosophila [J]. Journal of Comparative Neurology,518: 1925-1945.

KISTENPFENNIG C, HIRSH J, YOSHII T, et al. , 2012. Phase-shifting the fruit fly clock without cryptochrome [J]. Journal of Biological Rhythms,27: 117-125.

KLARSFELD A,PICOT M, VIAS C,et al. ,2011. Identifying specific light inputs for each subgroup of brain clock neurons in Drosophila larvae [J]. Journal of Neuroscience,31: 17406-17415.

KOH K,ZHENG X,SEHGAL A,2006. JETLAG resets the Drosophila circadian clock by promoting light-induced degradation of TIMELESS [J]. Science,312: 1809-1812.

LI Y,GUO F,SHEN J,et al. ,2014. PDF and cAMP enhance PER stability in Drosophila clock neurons [J]. Proceedings of the National Academy of Sciences of the United States of America, 111: E1284-E1290.

LIN Y,STORMO G D,TAGHERT P H,2004. The neuropeptide pigment-dispersing factor coordinates pacemaker interactions in the Drosophila circadian system [J]. Journal of Neuroscience, 24: 7951-7957.

PENG Y,STOLERU D,LEVINE J D,et al. ,2003. Drosophila free-running rhythms require intercellular communication [J]. PLoS Biology,1: E13.

RIEGER D,FRAUNHOLZ C,POPP J,et al. ,2007. The fruit fly Drosophila melanogaster favors dim light and times its activity peaks to early dawn and late dusk [J]. Journal of Biological Rhythms,22: 387-399.

RIEGER D,SHAFER O T,TOMIOKA K,et al. ,2006. Functional analysis of circadian pacemaker neurons in Drosophila melanogaster [J]. Journal of Neuroscience,26: 2531-2543.

RIEGER D,STANEWSKY R,HELFRICH-FORSTER C,2003. Cryptochrome,compound eyes, Hofbauer-Buchner eyelets, and ocelli play different roles in the entrainment and masking pathway of the locomotor activity rhythm in the fruit fly Drosophila melanogaster [J]. Journal of Biological Rhythms,18: 377-391.

SCHLICHTING M,GREBLER R,MENEGAZZI P,et al. ,2015a. Twilight dominates over moonlight in adjusting Drosophila's activity pattern [J]. Journal of Biological Rhythms,30: 117-128.

SCHLICHTING M,MENEGAZZI P,HELFRICH-FÖRSTER C,2015b. Normal vision can compensate for the loss of the circadian clock [J]. Proceedings: Biological Sciences,282: 20151846.

SHAFER O T,KIM D J,DUNBAR-YAFFE R,et al. ,2008. Widespread receptivity to neuropeptide PDF throughout the neuronal circadian clock network of Drosophila revealed by real-time cyclic AMP imaging [J]. Neuron,58：223-237.

STANEWSKY R,KANEKO M,EMERY P,et al.,1998. The cryb mutation identifies cryptochrome as a circadian photoreceptor in Drosophila [J]. Cell,95：681-692.

TANG C H, HINTEREGGER E, SHANG Y, et al.,2010. Light-mediated TIM degradation within Drosophila pacemaker neurons (s-LNvs) is neither necessary nor sufficient for delay zone phase shifts [J]. Neuron,66：378-385.

VELERI S, BRANDES C, HELFRICH-FÖRSTER C, et al.,2003. A self-sustaining, light-entrainable circadian oscillator in the Drosophila brain [J]. Current Biology,13：1758-1767.

VINAYAK P, COUPAR J, HUGHES S E, et al.,2013. Exquisite light sensitivity of Drosophila melanogaster cryptochrome [J]. PLoS Genetics,9：e1003615.

XU S,AKIOMA M,YUAN Z,2021. Relationship between circadian rhythm and brain cognitive functions [J]. Frontiers of Optoelectronics,14：278-287.

YAO Z,SHAFER O T,2014. The Drosophila circadian clock is a variably coupled network of multiple peptidergic units [J]. Science,343：1516-1520.

YOSHII T, HERMANN-LUIBL C, KISTENPFENNIG C, et al.,2015. Cryptochrome-dependent and -independent circadian entrainment circuits in Drosophila [J]. Journal of Neuroscience,35：6131-6141.

YOSHII T,RIEGER D,HELFRICH-FöRSTER C,2012. Two clocks in the brain：an update of the morning and evening oscillator model in Drosophila [J]. Progress in Brain Research,199：59-82.

YOSHII T, WÜLBECK C, SEHADOVA H, et al.,2009. The neuropeptide pigment-dispersing factor adjusts period and phase of Drosophila's clock [J]. Journal of Neuroscience,29：2597-2610.

ZHANG L,LEAR B C,SELUZICKI A,et al.,2009. The CRYPTOCHROME photoreceptor gates PDF neuropeptide signaling to set circadian network hierarchy in Drosophila [J]. Current Biology,19：2050-2055.

第6章

非光导引

前言

　　除了光暗的昼夜变化,地球上的生物还面临温度、食物源等多种环境因素的昼夜变化。近日节律使得生物可以针对环境因素的昼夜变换于一天中最佳的时间开展相应的生命活动,从而更好地适应环境。在体内,近日时钟存在于多种组织细胞内。近日时钟的一个重要特征是可导引性,这使得近日时钟可以根据外界环境的昼夜变化被设置为适当的时间。除了光,温度、食物、某些成瘾类药物等环境因素也可以作为授时因子导引近日时钟。中央钟主要由光导引重置,而外周钟则可由光以外的多种授时因子导引重置。这些不同组织细胞之间的时钟相互作用,共同调控行为和生理过程的节律,因此某一个生理过程或行为的节律往往受到多种环境因素的影响。光作为近日节律的重要授时因子,目前有较多的研究,第5章进行了详细的描述。光以外的环境因素对节律的影响的研究相对较少,但它们在节律调控生理稳态的过程中也发挥了重要作用。本章将详细对这一类授时因子进行介绍,并探讨其与光导引的关系和生理意义。

6.1　温度导引

6.1.1　变温动物的导引

　　与光的昼夜变化类似,温度的昼夜变化是近日节律的一个广谱性授时因子。温度变化对于变温动物能产生较强的导引效应。早在半个世纪前,研究人员就发现果蝇羽化的近日节律可被 8℃ 或 10℃ 的周期性温度变化所导引(Rensing et al. ,2002)。对于源自日本的果蝇科品系 *Chymomyza costata*,温度周期的导引效果甚至比光暗周期更强(Riihimaa et al. ,1997)。这些果蝇在光暗周期下呈现出较弱的羽化节律,光导引后在恒定条件下几乎不存在自运行节律。在温度周期下这些果蝇则表现出较强的羽化节律,羽化大多发生在高温阶段开始时。温度导引后的恒定条件下,这些果蝇也展现出比光导引后更强的自运行节律。这一特征可能是因为在高纬度地区温度比光的昼夜变化更为显著,所以这些果蝇的节律对温度导引更为敏感。生存在喜马拉雅山这样的高海拔地区的果蝇品系也存在类似的现象,即温度对节律的导引作用比光更强(Khare et al.,2002)。在温度周期下,这些果蝇的羽化总是发生在高温阶段,无论光照条件如何(持续光照、持续黑暗以及光暗周期的光照阶段或黑暗阶段均无影响)。除了果蝇外,摇蚊、蝴蝶、蜜蜂等昆虫的羽化节律也都可以被温度导引(Rensing et al.,2002)。2℃的周期性温度变化即可导引果蝇的活动节律(Rensing et al.,2002;Yoshii et al.,2005;Busza et al.,2007)。在温度周期下,野生型果蝇在低温阶段开始前数个小时就开始呈现出活动的增加,表现出对低温的预期(图6.1)。在温度导引结束后,持续黑暗和恒温条件下,活动节律可持续运行。

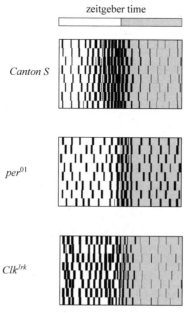

图 6.1 果蝇温度导引示意图

野生型和突变型果蝇处于持续光照下 25℃/18℃的温度周期。白色方形和白色背景代表高温阶段,灰色方形和灰色背景代表低温阶段。黑色短线代表果蝇的活动。x 轴为时间(ZT),y 轴对应的每一行为一天

威廉·济默曼(William Zimmerman)与同事将温度由 20℃升至 28℃,导致羽化节律相位提前,并且相位提前的幅度取决于升温发生的时间,在一天中不同时间进行升温处理会导致不同幅度的相位提前(Zimmerman et al.,1968)。与之相对应的是降温处理导致羽化节律发生相位延迟,然而延迟幅度较小并且不依赖于降温发生的时间。当给与果蝇温度脉冲,将温度升高或降低 10℃并持续 12 h、6 h 或 3 h,研究人员发现 12 h 的温度脉冲产生的相位响应曲线(PRC)与济默曼等报道的温度处理效应基本一致(Rensing et al.,2002;Zimmerman et al.,1968)。总而言之,用不同温度处理得到的 PRC 属于相位改变较弱的 1 型曲线,最大的相位改变不超过 6 h。当使用温度脉冲开始的时刻进行作图,由于处理时长即脉冲长度的不同,PRC 的曲线位置会有所不同。当使用脉冲处理的中间时刻或结束时刻进行作图,则可得到较为一致的 PRC 曲线。在这些 PRC 中,高温脉冲处理导致 0 相位改变(即不产生相位改变)的时刻,也就是 PRC 与 x 轴相交的位置大约是 CT10。低温脉冲导致 0 相位改变的时刻在 CT20~CT22,与高温脉冲的 PRC 有大约 180°的相位差。此外,这些 PRC 还显示相位改变幅度取决于脉冲长度。20~40℃的高温脉冲处理 4 min 即可产生

相位延迟(不产生相位提前),延迟幅度取决于处理时间,CT12 时处理产生的延迟幅度最大(Rensing et al.,2002)。这种条件下获得的 PRC 与前文提到的 PRC 的不同可能是高温诱发热激反应并强烈抑制蛋白质合成所导致。这种高温脉冲在分子层面上也引起相位延迟。在 ZT15 给予果蝇 30 min、37℃的脉冲可导致近日时钟基因 period(per)和 timeless(tim) mRNA 的振荡发生约 4 h 的相位延迟,而在 ZT21.5 给予相同的温度脉冲不引起相位变化(Sidote et al.,1998)。

温度导引的振荡器依赖于经典的 TTFL 环路。近日时钟基因 per、tim、clock(clk)的突变体 per^{01}、tim^{01}、clk^{jrk} 在温度周期下均无低温开始前的预期性活动(Yoshii et al.,2005;Busza et al.,2007)(图 6.1)。持续黑暗中的 per^{01} 果蝇在温度导引结束后的恒温条件下也没有自运行的活动节律(Busza et al.,2007)。研究人员构建了一个转录活性增强的 clk 突变体品系,在突变体果蝇中 per、tim 等钟基因的 mRNA 表现出更高振幅的振荡(Lee et al.,2014)。这些果蝇的活动节律不能正常地被温度周期导引,但可正常地被光暗周期导引。与此结果相似的是当 tim 在 mRNA 层面丧失节律后,温度周期仍可诱导 TIM 蛋白的振荡,并且这些果蝇的近日时钟可以更快地被温度周期导引,提示由近日时钟所驱动的 tim mRNA 的节律限制了温度周期导引近日时钟的速度(Goda et al.,2014)。

离体培养携带由 per 的转录调控序列所驱动的荧光素酶报告基因(per-luc)的转基因果蝇的不同组织,在温度导引的条件下均可观察到节律性的荧光信号(Glaser et al.,2005)。这提示温度对近日时钟的导引呈现出组织自主性,即在单个组织内就可完成,不需要依赖其他组织。利用 per-luc 果蝇体系,拉夫·斯坦纽斯基(Ralf Stanewsky)团队展开了遗传筛选,发现了温度导引突变体 nocte(no circadian temperature entrainment)。对该突变体果蝇在持续光照或持续黑暗的条件下进行温度导引,荧光信号的节律都非常微弱甚至完全没有,但在 LD 条件下则可观察到较强的节律。进一步的研究发现虽然温度对果蝇近日时钟的导引呈现出组织自主性,但脑组织是个例外(Sehadova et al.,2009)。温度对脑内节律神经元的导引作用需要依赖于外周组织。在弦音感受器官中干扰 nocte 的表达会影响该器官的结构和功能,并且影响温度对果蝇的活动节律的导引,但不影响光的导引作用。其他影响弦音感受器官功能的突变体也都会对温度导引产生影响。这些结果表明 nocte 以及弦音感受器官在果蝇的温度导引中发挥重要作用,但具体调控机制、NOCTE 的蛋白功能等尚不清楚。遗传筛选还发现 norpA 基因参与温度导引(Glaser et al.,2005)。该基因编码磷脂酶 C-β(PLC-β)是果蝇复眼视细胞中光转导通路的重要成员(Pearn et al.,1996)。norpA 突变体与 nocte 突变体相似,无论是 per-luc 节律还是活动节律都不能被温度导引(Glaser et al.,2005)。前面的章节已介绍过,在持续光照且恒温的条件下,果蝇在分子和行为层面的节律都迅速丧失,这很大程度是由光激活近日时钟光受体(cryptochrome,CRY)继而引起 TIM 的降解所导致的。然而在持续光照的温度周期下,per 与 tim 的表达以及行为都呈现出节律性,并且持续光照条件下果蝇的活动节律更容易被温度导引(Matsumoto et al.,1998;Yoshii et al.,2002;Glaser et al.,2005;Yoshii et al.,2005;Miyasako et al.,2007)。这些现象提示持续黑暗条件下可能存在某种因子干扰或削弱温度导引,而这一因子在持续光照条件下不存在。一个明显的候选因子就是 CRY。基于一个仅在部分背侧神经元表达的与 PER 蛋白融合的荧光素酶报告蛋白(PER-LUC)的研究,研究人员发现 cry 突变会增强温度周期所诱导的 PER-LUC 的振荡,这一效应在持续光照和持续黑暗条件下都存在

(Gentile et al.,2013)。*cry* 突变还促进温度周期对活动节律的导引。这些结果表明 CRY 确实拮抗温度周期对近日时钟的导引。

前面的章节已介绍过,果蝇的活动节律由脑内的节律神经元所驱动。因此,温度周期能导引活动节律则意味着温度信号能够设置这些节律神经元内的近日时钟。研究显示,在持续光照的条件下,温度周期可诱导 PER 在不同节律神经元亚群中均呈现出节律表达,并且其振荡模式与光暗周期导引所产生的振荡相似(Yoshii et al.,2005)。除此之外,在后外侧神经元(lateral posterior neurons,LPNs)中也可观察到较强的 PER 的振荡,而光周期导引条件下 PER 在这群神经元中很难检测到,提示这群神经元在温度导引中可能发挥重要作用(Kaneko et al.,2000;Helfrich-Forster,2005;Yoshii et al.,2005)。另一项研究显示当果蝇置于光暗周期与温度周期共同导引的条件下,将温度周期的相位提前 6 h,LPN 与背侧神经元中 TIM 的振荡与温度周期保持同步,而外侧神经元(包括腹外侧神经元和背外侧神经元)则与光暗周期保持同步(Miyasako et al.,2007)。损毁表达色素驱散因子(pigment dispersin factor,PDF)的腹外侧神经元不影响温度周期对活动节律的导引,甚至可以加速温度导引的过程,但是温度导引之后在恒温条件下的自运行节律则依赖于这些 PDF 神经元(Busza et al.,2007)。关于 PDF 神经元在温度导引中的作用,一种说法是它们调节其他节律神经元对温度的响应,从而使节律系统不会对温度改变过于敏感。

除了昆虫外,无脊椎动物中甲壳纲动物的温度导引也有相对较多的报道。低温脉冲可改变多种蟹和虾的活动、激素分泌等节律的相位,提示温度对于它们可能是一种授时因子(Rensing et al.,2002)。5℃或 0℃以下的低温脉冲可导致这些动物的行为节律发生相位改变,并且相位改变的幅度取决于低温脉冲发生在一天中的时间。其中部分研究显示相位改变的幅度还与温度脉冲的时长成比例。脊椎动物中的变温动物有明显的温度导引。早在 1968 年 Hoffmann 就发现蜥蜴的活动节律可被低振幅的温度周期所导引:1.6℃的温度振荡就可使绝大多数个体被导引,即便是 0.9℃的振荡也可使部分个体被导引(Rensing et al.,2002)。在持续弱光照条件下,斑马鱼的活动节律可被 26℃和 20℃的温度周期导引(Lopez-Olmeda et al.,2006)。斑马鱼的活动更多地发生在高温阶段,但节律不如光暗周期下的节律明显。携带近日时钟基因 *per*1b 启动子驱动的 *per*1b-*luc* 转基因斑马鱼,其节律性荧光信号也可被 23℃/27℃的温度周期导引(Lahiri et al.,2014)。这一温度周期还可导引斑马鱼细胞分裂的近日节律。利用 BrdU 标记处于细胞分裂 S 期的细胞核,可观察到温度周期下 BrdU 信号的峰值出现在高温阶段即将结束的时间,与光导引产生的相位相似(光暗周期下 BrdU 信号的峰值发生在光照阶段即将结束的时间)。

6.1.2 恒温动物的导引

与变温动物相比,温度变化对于恒温动物的近日节律是一个较弱的授时因子。恒温动物具有调控体温的稳态平衡系统,使得机体对于环境的温度改变相对不敏感,这可能是温度对于恒温动物的导引效果较弱的原因。多项研究检测了在温度周期下哺乳动物和鸟类的活动节律。虽然一些个体能够对温度周期产生响应,将活动局限于一天中的高温或低温时段,但是其中的效应很可能是由温度直接引起的,而并非通过对近日时钟的重置导致的活动节律的改变(Rensing et al.,2002)。也有少数研究展示了温度变化可以作为一个授时因子对恒温动物的节律产生影响。温度周期(24℃条件下 16 h,32℃条件下 8 h,或 24℃条件下 16 h,12℃条件下 8 h)可导引 60%~80%的小鼠的跑轮节律(Refinetti,2010)。被温度导引的小鼠其跑轮活动集中在一天中的低温时段。研究人员给与持续光照条件下的大鼠 34℃或 32℃的温度脉冲,发现温度脉冲可导致跑轮节律发生相位改变,并且此改变的方向和幅度取决于温度脉冲处理时间(Francis et al.,1997)。它们获得了相应的 PRC,发现导致相位提前的温度脉冲全部在主观白天,而导致相位延迟的温度脉冲大多在主观夜晚。在哺乳动物中有一些具有变温性特征的动物,在特定条件下其体温会跟随环境温度改变,这类动物则对温度导引更为敏感。仅 1.5℃的温度差异就可对小囊鼠产生导引。利用 10℃的温度脉冲获得的 PRC属于 0 型,提示温度对节律产生强重置效应(Lindberg et al.,1974;Rensing et al.,2002)。

除了行为节律外,温度变化也可导引恒温动物的组织和细胞层面的节律。前面的章节介绍过离体培养的脑片中 SCN 神经元的电活动呈现出近日节律。幅度为 1.5℃的温度振荡(35.3℃条件下 12 h,36.8℃条件下 12 h)可导引离体培养的大鼠 SCN 中 *Per1-luc* 的节律(Herzog et al.,2003)。在一天中的不同时间给予 3℃(由 34℃升至 37℃)的高温脉冲处理大鼠脑片 2 h,可改变 SCN 节律的相位,所获得的 PRC 与光脉冲调控行为节律的 PRC 相似(Ruby et al.,1999)。在主观夜晚开始时温度脉冲导致相位延迟,在主观夜晚结束时则导致相位提前,而在主观白天中午前后时段温度脉冲对相位不产生影响。相位延迟的最大值发生在 CT14,约为 2 h;相位提前的最大值发生在 CT20,约为 3.5 h。温度脉冲时长与相位改变幅度呈线性关系,温度脉冲处理时间越长,相位改变的幅度越大。然而采用生理范围内的温度变化(小鼠中由 36℃升至 38.5℃)则不能对 SCN 的近日时钟产生影响,但可导引外周组织的时钟(Buhr et al.,2010)。研究人员将 PER2-LUC 小鼠的 SCN、垂体、肺进行离体培养并置于 36℃和 38.5℃的温度周期下,通过监测荧光信号的振荡情况,发现垂体和肺等外周组织的时钟都可被此温度周期导引,而 SCN 不行。利用药物破坏 SCN 神经元之间的信号传递可以使得 SCN 对温度敏感,温度脉冲得以重置 SCN 的相位。将背侧和腹侧SCN 分离后,温度脉冲也可分别重置这两部分 SCN 组织的相位。这些结果提示单个 SCN神经元可被温度变化所导引,而当它们形成一个神经网络后则可对抗温度变化的导引作用。此外,热休克信号通路的拮抗剂抑制温度对外周组织的重置作用,暗示此通路在温度导引哺乳动物近日时钟的过程中发挥重要作用。这一通路随后被其他研究进一步证实。在离体培养的小鼠细胞中模拟体温的昼夜变化可导引时钟基因 *Bmal*1 启动子驱动的报告基因 *Bmal*1-*luc* 的节律,而干扰或敲除编码热休克因子 1 的基因 *HSF*1 会影响温度导引的效率(Saini et al.,2012)。基于这一系列发现,目前认为 SCN 可以通过驱动体温的近日节律从而导引身体其他组织的近日时钟。

除了啮齿类动物外,研究人员还发现离体培养的鸡松果体细胞具有近日时钟,在持续黑暗且温度恒定的条件下会节律性地产生褪黑素,并且这一节律可被 37℃条件下 18 h,42℃条件下 6 h 的温度周期所导引(Deguchi,1979;Barrett et al.,1995)。在一天中不同时间用 10℃高温脉冲处理鸡松果体细胞 6 h 可获得温度的 PRC,属于 0 型,与光照 6 h 所得到的 PRC 高度相似(Barrett et al.,1995)。

6.1.3　总结与讨论

大多数生物包括恒温动物,都可以在一定程度上被周期性的温度变化所导引。当温度周期与光暗周期同步时,即光照阶段为高温阶段、黑暗阶段为低温阶段,温度周期可以促进导引使得节律振幅更强。当温度周期与光暗周期不同步时,近日节律的相位可能被温度或光这两个授时因子中的一个主导,也可能两个都产生影响,从而处于两者之间的相位。这取决于两个授时因子的强度以及生物体对两个授时因子的敏感度。在一天中的不同时间给予温度脉冲可产生不同大小和方向的相位改变,从而获得温度的 PRC。升温脉冲与降温脉冲通常相差 180°。相位改变的幅度取决于温度改变的幅度及温度脉冲的时长。较小的温度变化或较短的温度脉冲通常产生弱 PRC(1 型),较大的温度变化或较长的温度脉冲则产生强 PRC(0 型)。高温脉冲与光脉冲产生的 PRC 相似:两个 PRC 的 0 相位改变阶段都处于 CT0~CT8,并且都在 CT12~CT20 由相位延迟过渡到相位提前。这提示高温和光信号可能对分子时钟产生相同或相似的影响。由于温度能对生物体产生直接的效应,例如改变许多分子的表达水平、生化过程的反应速度等,这给温度导引的机制研究带来困难。时至今日,温度导引的机制很大程度上仍不清楚。在未来的研究中,应该对目前已知的影响温度导引的基因突变和药物处理进行深入的分析,以增进对于温度导引作用机理的理解。这或许还可以帮助阐明近日时钟如何适应季节变化以及实现温度补偿。

6.2　食物导引与限制性进食

6.2.1　食物导引

在自然界中,食物通常不会持续地存在,而是在某些特定时段出现的概率更高。例如昆虫、啮齿类动物等食物源由于其自身的近日节律,只会在一天中某些时间出现,并且这个时间还会随季节变化。当食物的出现呈现出周期性,例如在每一天的同一时间出现,则可对以此食物为主要营养来源的动物产生影响,使得该动物调整其日常活动从而与进食时间保持同步。当经历了几天的节律性进食、建立了相对稳定的进食节律后,动物会在食物出现之前就呈现出活动的增加。这种现象被称为食物预期活动(food anticipatory activity,FAA),它体现了定时进食对近日节律的导引(Mistlberger,1994)。FAA 在蜜蜂、鱼类、有袋类动物、啮齿类动物、兔子、黄鼠狼、松鼠猴等多种动物中都可观察到(Stephan,2002)。

关于食物导引的功能与生理层面的研究最早是对大鼠。里克特(Richter)在 1922 年报道,限制大鼠一天只吃一餐,大鼠会在食物出现前的几个小时就呈现出跑轮活动的增加,也就是现在被称为 FAA 的现象(Stephan,2002)(图 6.2)。FAA 还体现在大鼠在食物出现前于饲料槽附近的活动时间增加。由于大鼠等实验室常用啮齿类动物都是夜行性动物,如果把进食限制在白天,FAA 则可与正常的夜间活动区分开,易于观察。因此下文中除非特别说明,限制性进食基本都指将进食时间局限于白天某个时段。如果训练大鼠通过压杆获得食物,FAA 则体现在食物出现前压杆次数的增加。与食物直接相关的预期性行为,例如饲料槽附近的活动以及压杆,其目的明显,而预期性的跑轮活动则较为令人费解,因为该行为与获得食物似乎是不相关的。当大鼠可获得的食物进一步减少(6 g/d),跑轮活动则进一步增加,几乎变为持续性进行,尽管这会导致更多的能量消耗(Yi et al.,1993)。由这样一系列的结果得出的最直接的推论是食物导引系统激活了饥饿信号,从而导致行为层面的激活。然而当食物节律的周期在大鼠的近日节律可导引范围之外(食物每 23 h 出现一次,

$T = 23$ h)时,FAA 则不再与进食同步。

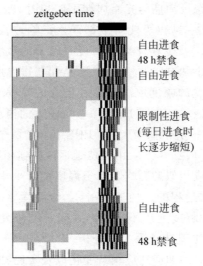

图 6.2　小鼠食物导引示意图

限制性进食开始前,小鼠先禁食 48 h,然后恢复自由进食。限制性进食开始阶段每日喂食时间逐渐缩短,
由 8 h/d 至 6 h/d,最后缩短至 4 h/d 并持续 10 d。随后小鼠自由进食几日,再禁食 48 h。白色方形代表
光照阶段,灰色方形代表黑暗阶段。白色背景代表禁食阶段,灰色背景代表喂食阶段。灰色短线代表 FEO
驱动的跑轮活动,黑色短线代表其他跑轮活动。x 轴为时间(ZT),y 轴对应的每一行为一日

在里克特报道了他的重要观察后的 50 余年,关于 FAA 的研究都不多。直到 1972 年
SCN 的发现,才引起了较多的对于近日时钟和近日节律的研究兴趣(Moore et al.,1972)。
最初领域普遍认为 SCN 损毁会导致所有行为和生理过程的近日节律丧失。然而在食物导
引的条件下,SCN 损毁的大鼠的核心体温以及皮质酮水平于食物出现前升高,呈现出对食
物的预期(Krieger,1974)。研究人员用 25 h 的进食周期导引大鼠,发现大鼠展示出以 25 h
为周期的 FAA,同时还展示出一个不以 25 h 为周期的自运行跑轮节律(Edmonds et al.,
1977)。根据这些结果,他们认为 FAA 的节律和自运行跑轮节律分别由两个不同的振荡
器,或者说不同的近日时钟调控。自运行跑轮节律由 SCN 驱动,而 FAA 节律则由一个后
来被称为食物导引的振荡器驱动(food-entrainable oscillator,FEO)。对 SCN 损毁的大鼠
进行食物导引,发现 22~31 h 的进食周期都可导引,而长度在此范围之外的进食周期则不
能导引(Stephan,2002)。此外,在食物导引之后给大鼠进行食物剥夺,FAA 可持续出现
5 d。这意味着被食物导引的振荡器也能够产生自运行节律。进一步的研究显示,改变食物
导引下大鼠的进食时间,会导致大鼠的活动呈现出逐日的延迟,直至和新的进食时间同步
(Stephan,1984)。因而进食时间提前 6 h 或 8 h 可导致活动相位发生 18 h 或 16 h 的延迟。
自运行节律、导引只能发生在一定周期范围内,相位改变后节律发生逐步的变化而不是瞬
时变化,这些都是近日节律的基本特征。然而是否真的存在 FEO? 有两个疑问尚待解决。

第一个疑问是在自由进食的条件下,由食物导引产生的 FAA 迅速消失,暗示驱动
FAA 的是一个衰减型振荡器,而非自持型振荡器(图 6.2)。然而,通过限制性进食处理来
对大鼠进行食物导引,经历过食物导引的大鼠进入自由进食一段时间,然后再进行食物剥
夺处理时,FAA 会重新出现,并且出现的时间和之前食物导引阶段的进食时间一致。这提

示在自由进食阶段,FEO 可能由于某些原因不能调控行为节律,但它一直在持续运转(Coleman et al.,1982)。第二个疑问是在持续黑暗或持续光照条件下,自运行的活动节律不能被节律性进食所导引。关于这个疑问的一种解释是驱动自运行活动节律的 SCN 和 FEO 之间存在耦联。为了避免混淆,区分这两个位置与功能都不同的振荡器所调控的节律,由 SCN 驱动的节律被称为光导引节律,由食物导引的节律则被称为食物导引节律(Stephan,2002)。调控这两种节律的时钟则被称为光导引的振荡器(light-entrained oscillator,LEO)和食物导引的振荡器。

已知 LEO 位于 SCN,而拉夫·米斯特伯格(Ralph Mistleberger)等在 FEO 这个概念被提出后的 20 多年的时间里一直试图揭示 FEO 的解剖学基础,即 FEO 究竟位于体内何处。研究人员分别损毁了 SCN 等十余个脑内的核团,未发现任何一个核团对于 FAA 是必须的(Davidson,2009)。因此到目前为止,FEO 所处的解剖学位置仍不清楚,这是节律领域的一个未解之谜。

大量的工作显示 FEO 的节律不依赖于经典的 TTFL 环路。两项独立的研究对处于光暗周期(LD)下的 $Clock^{\Delta 19}$ 纯合突变小鼠先进行限制性进食处理,然后再进行食物剥夺处理。两项研究均发现在限制性进食和食物剥夺条件下,$Clock^{\Delta 19}$ 小鼠仍然展现出 FAA(Pitts et al.,2003;Horikawa et al.,2005)。然而,仅这一实验结果还不足以证明 FEO 不使用经典的近日时钟计时机制。因为在 LD 条件下 $Clock^{\Delta 19}$ 小鼠仍然有光暗变化所驱动的活动节律,前文也提到 FEO 与 LEO 之间可能存在耦联,因此光暗变化可能通过导引 LEO 间接驱动 FAA。在持续黑暗条件下,$Clock^{\Delta 19}$ 小鼠中由 LEO 控制的活动节律丧失,但对这些小鼠进行限制性进食处理仍可观察到 FAA(Pitts et al.,2003)。遗憾的是这两项研究均未在持续黑暗条件下对小鼠进行食物剥夺处理,所以仍然不能确定在没有授时因子的情况下,FEO 的振荡是否依赖于 CLOCK。后续的研究利用钟基因突变小鼠成功展示了 FEO 的振荡确实不需要经典的分子环路。首先,时钟基因 $Cry1/2$ 双敲除小鼠在 LD 条件下先后进行限制性进食处理和食物剥夺,在这两个阶段小鼠均呈现出 FAA(Iijima et al.,2005)。更为重要的是,损毁 $Cry1/2$ 双敲除小鼠的 SCN 或者将该小鼠置于持续黑暗中,都会使得 LEO 所驱动的活动节律丧失,而在这种情况下仍然能在限制性进食和食物剥夺条件下观察到 FAA。在持续黑暗中,$Per1/2/3$ 三敲除小鼠也能在限制性进食和食物剥夺条件下展现出 FAA(Pendergast et al.,2012)。此外,还有多项研究显示 BMAL1 对于 FAA 不是必须的(Pendergast et al.,2018)。尽管 FEO 的振荡不依赖于钟基因,但是数个研究显示它们可以调节 FAA。Dudley 等发现时钟基因 $Npas2$ 缺失会延迟 FAA 的产生(Dudley et al.,2003)。$Per1/2/3$ 三敲除小鼠虽然有 FAA,但周期缩短,提示 Per 敲除导致 FEO 的周期缩短(Pendergast et al.,2012)。此外,$Cry1$ 敲除导致 FAA 周期缩短,而 $Cry2$ 敲除则导致 FAA 周期延长(Takasu et al.,2012)。基于这一系列的研究结果,可以得出的结论是 $Per1/2/3$ 以及 $Cry1/2$ 参与调节 FEO 的计时机制,但对于 FEO 的振荡不是必须的。$Npas2$ 则调节 FEO 的输入或输出通路。

除了多巴胺信号紊乱的小鼠外,大多数神经递质相关的突变体小鼠都呈现出正常的 FAA。多巴胺信号参与调控寻求奖赏的行为(Berke,2018)。缺失多巴胺的小鼠的觅食行为大幅减少(Szczypka et al.,1999)。因此关于 FEO 的一种推测是它依赖多巴胺信号,甚至有可能位于多巴胺环路中。有几项研究通过药理学手段激活或抑制多巴胺信号,然后检测了对 FAA 的影响。同时给予小鼠多巴胺受体 D1 和 D2 的拮抗剂可导致 FAA 明显下调 (Liu et al.,2012)。即便没有限制性进食,仅于每天特定时间给予 D1 激动剂,小鼠也会表现出预期性行为(Gallardo et al.,2014)。D1 敲除的小鼠在限制性进食时 FAA 大幅减少,这与药理学结果一致,而 D2 敲除的小鼠呈现出正常的 FAA。研究人员还进一步阐明了多巴胺信号发挥功能的脑区。多巴胺缺失的小鼠没有 FAA,而在这些小鼠的背侧纹状体恢复多巴胺的表达,则可于限制性进食条件下观察到 FAA。这些结果提示脑内的多巴胺环路以及 D1 调控 FAA。然而目前尚不清楚多巴胺信号影响的是 FEO 的输入或输出通路,还是 FEO 自身的振荡。

几个参与调控进食与能量平衡的激素对 FAA 发挥调节作用,但不是 FAA 的必要条件。啮齿类动物中的研究显示血液中的胃饥饿素水平在餐前升高,胃饥饿素则激活脑内的多巴胺能信号,促进进食(Bodosi et al.,2004;Abizaid et al.,2006)。胃饥饿素受体敲除小鼠在限制性进食和食物剥夺阶段,其 FAA 都显著减弱,说明胃饥饿素信号增强 FAA 的鲁棒性,但对于 FAA 的产生并非必须(Blum et al.,2009;LeSauter et al.,2009)。瘦素由体内的脂肪组织释放,抑制进食(Zhang et al.,1994)。在自由进食条件下,瘦素在血液中达到峰值的时间与进食时间一致,但是在食物剥夺条件下瘦素的节律丧失(Ahima et al.,1998;Bodosi et al.,2004;Martinez-Merlos et al.,2004)。缺乏瘦素的小鼠在限制性进食和食物剥夺阶段,其 FAA 都显著增强,表明瘦素信号减弱 FAA 的鲁棒性(Ribeiro et al.,2011)。胃饥饿素与瘦素的信号通路汇聚到下丘脑的黑素皮质素系统,该系统通过协调进食与耗能来调控能量稳态(Ellacott et al.,2006)。已知有 5 个黑素皮质素受体(MCR),其中 MC-3R 在下丘脑参与调节进食等能量稳态机制相关的脑区以及边缘系统的奖赏环路中高表达(Roselli-Rehfuss et al.,1993)。$Mc3r$ 敲除小鼠在限制性进食阶段的 FAA 减弱,而食物剥夺阶段的 FAA 未有报道(Sutton et al.,2008)。此外,由下丘脑分泌的食欲素也促进进食,食欲素敲除小鼠在限制性进食及食物剥夺阶段的 FAA 都显著减弱(Sakurai et al.,1998;Kaur et al.,2008)。这些结果提示,调控进食等能量稳态的神经环路与激素系统不是产生 FAA 的必要条件,但是胃饥饿素、瘦素、黑素皮质素、食欲素等可以调节 FAA 的强度。它们可能调节 FEO 的输入通路、FEO 的振幅和/或 FEO 的输出通路。

尽管 FEO 不依赖于近日时钟的转录翻译反馈环路,但是除了 SCN 以外的各种组织里,钟基因的表达都会快速地对限制性进食产生响应(Verwey et al.,2009;Challet et al.,2010;Escobar et al.,2009)。一天的限制性进食处理就可改变各种外周组织和脑组织的近日时钟的相位,相位差最终可高达 12 h,这些组织的时钟从而与 SCN 的时钟解耦联(Damiola et al.,2000;Stokkan et al.,2001)。进食会激活胰岛素-Akt-mammalian target of rapamycin(mTOR)通路,而几个小时的饥饿就可激活 adenosine monophosphate-activated kinase(AMPK)(Longo et al.,2016)。胰岛素-Akt-mTOR 通路可调控 GSK-3β 的磷酸化和激酶活性,GSK-3β 继而磷酸化 REV-ERBα 增强其蛋白稳定性,从而对近日时钟产生影响(Zheng et al.,2010;Mukherji et al.,2015)。AMPK 则会磷酸化 CRY1 并促进其降解,将营养相关信号传递给近日时钟(Lamia et al.,2009)。最新的研究还显示胰岛素可以通过激活 mTOR 并抑制一些微小 RNA 来促进 PER2 蛋白的合成,从而重置外周组织的时钟,但不能重置 SCN 的时钟(Crosby et al.,2019)。然而与温度导引类似的是,当破坏 SCN 的细胞间通信后,胰岛素处理则能增加 SCN 的 PER2 蛋白水平,从而对其时钟相位产生影响。细胞的能量状态会影响烟酰胺腺嘌呤二核苷酸（NAD）的水平以及 sirtuin 的活性，从而影响钟基因的转录（Longo et al.，2016）。血糖浓度可影响 BMAL1、CLOCK、PER2 等时钟蛋白上的 O 连接的 N-乙酰氨基葡萄糖基化修饰（O-GlcNAc），这一修饰会调节这些蛋白的稳定性，进而对近日时钟产生影响（Durgan et al.，2011；Kaasik et al.，2013；Li et al.，2013；Ma et al.，2013；Li et al.，2019）。对怀孕的母鼠进行限制性进食处理会大幅增强子宫中胚胎的分子时钟的振荡，也会改变哺乳期幼鼠的时钟相位（Canaple et al.，2018）。此外，在适当的时间进食，可以促进光暗周期对节律的导引。大鼠中的研究显示将光暗周期的相位提前 6 h 时的同时，将进食限制在黑暗阶段开始的 2 h 内，会加快新的光暗周期对体温和活动节律的导引，而且这种限制性进食促进导引的效果比褪黑素还要好（Angeles-Castellanos et al.，2011）。当给小鼠喂食高糖高脂食物，其进食不再主要发生于夜间，而是分散至全天 24 h（Kohsaka et al.，2007）。这一处理则削弱脂肪、肝脏等代谢组织的时钟基因的振荡。

除了哺乳动物外，食物导引在鱼类中也有较多研究。泥鳅、金鱼、欧洲鲈鱼、虹鳟、丁鲷、斑马鱼等多种鱼类呈现出 FAA，在进食前 0.2～6 h，其游泳活动增加（Lopez-Olmeda，2017）。这些鱼类的 FAA 不仅存在光暗周期下，在持续黑暗或持续光照条件下，当食物是唯一的授时因子时也会出现。并且当限制性进食处理一段时间后于恒定条件下进行食物剥夺，FAA 仍然会持续出现几个周期，表明这些鱼类也具有 FEO。在持续光照或黑暗条件下，限制性进食可以驱动脑、肝脏、消化道、心脏、尾鳍等多个组织中时钟基因的表达节律，这些分子的节律在限制性进食结束 24 h 饥饿处理后仍能观察到（Cavallari et al.，2011；Feliciano et al.，2011；Nisembaum et al.，2012）。其中最为有趣的是一种生活在索马里的地下洞穴中的鱼类，它们在黑暗中演化了数百万年，眼部退化失明（Cavallari et al.，2011）。它们的分子时钟不能被光导引，但可被节律性的进食导引，因此这种穴鱼对于食物导引的研究具有独特优势，或许有望用其揭示 FEO 的解剖学位点和调控机制。

6.2.2　限制性进食与生理稳态

时钟蛋白参与调控数千个基因的节律性表达，而许多节律性表达的基因也同时受到其他代谢相关的转录调控因子的作用，这些代谢相关的转录调控因子的活性都会被进食或饥饿等营养状态影响（Feng et al.，2011；Bugge et al.，2012；Koike et al.，2012；Vollmers et al.，2012）。因此，近日时钟和节律性的进食可以协同调控代谢节律。当给处于持续黑暗条件下的野生型小鼠喂食正常鼠粮，其进食主要发生在主观夜间（Vollmers et al.，2009）。这些小鼠的肝脏中有 2997 个转录本呈现出节律性表达。将进食限制于主观白天的 8 h 时间段，小鼠肝脏中有 4960 个转录本呈现出节律，其中 1743 个转录本在自由进食条件下也呈现出节律。持续黑暗条件下对小鼠进行食物剥夺，其肝脏中节律性表达的转录本减少至 368 个。近日时钟缺失的 $Cry1^{-/-}$、$Cry2^{-/-}$ 小鼠不具有进食节律，在持续黑暗条件下其肝脏的转录组也不呈现出明显的节律。然而，当对这些小鼠进行限制性进食处理可使得其肝脏中数百个转录本节律性地表达，包括 CREB、activating transcription factor 6、mTOR、forkhead box protein O、PPARγ coactivator 1-alpha 等的下游靶标基因。限制性进食除了改变钟基因的表达相位外，还使得肝脏转录组中大多数基因的表达相位发生约 12 h 的改变，提示肝脏转录组的节律主要受到进食时间的调控。喂食小鼠高脂食物会破坏进食节律以及血清、下丘脑、脂肪、肝脏等多个组织里代谢基因的节律(Kohsaka et al.,2007)。当将高糖高脂的进食限制于一天中 8~12 h 之内,虽然与自由进食相比,小鼠所摄入的卡路里没有差别,但限制性进食处理可以很大程度上避免由高脂饮食所诱导的肥胖和代谢紊乱,并且一天中允许进食的时间越短效果越好(Chaix et al.,2014;Chaix et al.,2019)。近期在前驱糖尿病个体中的研究也表明限制性进食会促进代谢健康。连续五周将进食限制在 8:00—14:00 能提升胰岛 β 细胞功能及胰岛素敏感性,降低餐后胰岛素水平、氧化应激标志物水平、血压和食欲(Sutton et al.,2018)。

限制性进食有助于维持代谢稳态,例如糖稳态。前文提到高脂食物削弱时钟基因的振荡,这主要是通过降低时钟基因在峰值时的表达水平来实现的(Kohsaka et al.,2007)。限制性进食则显著增加时钟基因在峰值时的表达水平,包括时钟基因 Cry1、Rev-erbα、Per2、Bmal1 等,而这些时钟基因大多参与调节糖代谢相关基因的表达(Hatori et al.,2012;Bass et al.,2010)。糖稳态将血糖浓度控制在一个狭小的区间内。饥饿状态下胰高血糖素促进转录因子 CREB 的磷酸化(pCREB),从而激活糖异生相关基因的表达来维持血糖浓度(Altarejos et al.,2011)。当小鼠处于自由进食高脂食物的条件下,pCREB 全天都处于高水平的状态,糖异生基因高表达(Hatori et al.,2012)。这也可能是高脂饮食导致血糖升高的原因之一。限制性进食条件下,pCREB 呈现出节律性,在禁食阶段 pCREB 水平升高,在进食阶段降低,同时伴随糖异生基因表达下调。代谢产物分析也显示限制性进食减弱糖异生,增强三羧酸循环以及磷酸戊糖途径。进食后葡萄糖被用于合成糖原,电镜成像显示限制性进食增加小鼠肝脏中的糖原水平。总而言之,这些基因表达、蛋白修饰、代谢产物等的改变表明限制性进食系统的调整糖代谢,使其由糖异生为主变为合成途径为主。对有较高风险罹患 2 型糖尿病的受试者展开的研究发现,将进食阶段限制在 8:00—17:00 或 12:00—21:00 均会促进进食引发的升糖反应,但只有 8:00—17:00 的进食能显著降低空腹血糖浓度(Hutchison et al.,2019)。

限制性进食可调节肝脏脂代谢。将食用正常鼠粮的小鼠的进食时间局限于夜间可降低肝脏甘油三酯水平至 50%,而每天的卡路里总摄入量与自由进食条件下相比无差别(Adamovich et al.,2014)。与自由食用正常鼠粮的小鼠相比,自由食用高脂食物的小鼠的肝脏脂肪变性增加(Hatori et al.,2012)。将进食限制于夜间可抑制高脂食物对肝脏病变的影响,尽管日卡路里摄入量与自由进食条件下相同。夜间限制性进食会提高肝脏中单磷酸腺苷(AMP)的水平,从而增强 AMPK 的活性。AMPK 的一个已知底物是乙酰辅酶 A 羧化酶(ACC)(Chaix et al.,2019)。ACC 催化乙酰辅酶 A 羧化成丙二酰辅酶 A,这是脂肪酸合成的第一步也是限速步骤。磷酸化使 ACC 失活,从而不能介导脂类合成的第一步。限制性进食增加 AMP 从而活化 AMPK,AMPK 磷酸化 ACC,这可减少新的脂类生成(Hatori et al.,2012)。此外,前文提到限制性进食提高 Rev-erbα 的表达水平,REV-ERB 抑制一些参与脂类合成的基因的转录(Cho et al.,2012;Hatori et al.,2012)。与此一致的是,夜间限制性进食的小鼠与自由进食高脂食物的小鼠相比,其肝脏中脂类生成的关键基因,即编码脂肪酸合成酶的基因 Fasn 的表达水平下调(Hatori et al.,2012)。ACC 的磷酸化和 Fasn 的表达水平下降能协同作用减少脂肪酸合成,在这些小鼠的肝脏中也确实观察到数种脂肪酸的水平下调。脂肪酸合成减少也会促进脂肪酸氧化,这是因为脂肪酸合成第一步的产物丙二酰辅酶 A 抑制线粒体上的肉毒碱棕榈酰转移酶(CPT),而 CPT 转运长链脂肪酸

进入线粒体发生 β 氧化(Chaix et al.,2019)。与自由进食高脂食物的小鼠相比,在夜间限制性进食的小鼠中 β 氧化的一个终产物——β-羟基丁酸上调,并且编码肝脂酶的 mRNA 水平也上调,提示限制性进食促进 β 氧化和脂肪分解,从而进一步促进肝脏中游离脂肪酸的减少(Hatori et al.,2012)。

限制性进食可调节胆固醇代谢。肝脏合成体内 20％ 的胆固醇并调控其降解以及胆汁酸和其他一些甾醇的生成(Chaix et al.,2019)。Cyp7a1 和 Cyp7b1 这两个酶在胆汁酸合成的经典通路上发挥重要作用,可作为胆固醇分解活性的标志物。自由进食高脂食物导致小鼠血清胆固醇含量升高,而将高脂食物的摄入局限在夜间则可避免胆固醇含量的升高(Hatori et al.,2012;Chaix et al.,2014)。这可能是因为夜间限制性进食会增加 *Cyp7a1* 和 *Cyp7b1* 的 mRNA 水平。合成和分解胆固醇的酶的表达受到转录因子 SREBP(sterol regulatory element binding protein)的调控。夜间限制性进食可提高 SREBP 的水平,尤其是被裂解的有活性的 SREBP(Chaix et al.,2014)。这些分子水平的变化可以共同作用,最终导致夜间限制性进食条件下更多胆固醇被降解并生成胆汁酸,因此在限制性进食处理的小鼠中观察到多种胆汁酸水平显著升高(Hatori et al.,2012)。

对小鼠进行白天或夜间限制性进食处理均导致脂体重减少,但瘦体重不变(Hatori et al.,2012;Sherman et al.,2012;Chaix et al.,2014)。在进行限制性进食的健康受试者中也观察到同样的现象。持续八周 13:00—20:00 进食的个体与 8:00—20:00 进食的个体相比,所摄入的卡路里以及营养成分相同,但 13:00—20:00 进食的个体脂体重下降,瘦体重不变(Moro et al.,2016)。自由进食 18 周高脂食物的小鼠与夜间限制性进食的小鼠相比,体重的差别高达 28％,并且这个差别主要来自脂肪(Hatori et al.,2012;Chaix et al.,2014)。自由进食高脂食物导致白色和棕色脂肪细胞肥大以及棕色脂肪组织的"白"化。相比之下,夜间限制性进食的小鼠的脂肪细胞较小,并且棕色脂肪组织更为"棕"化。此外,自由进食高脂食物导致白色脂肪组织中巨噬细胞的大量浸润以及肿瘤坏死因子 α、白介素-6 以及趋化因子(C-X-C 基序)配体 2 等促炎症反应基因的表达,而这些现象在夜间限制性进食小鼠中都有所缓解(Hatori et al.,2012)。

果蝇中的研究显示限制性进食促进心脏健康。果蝇心脏的主要功能是通过心脏管道的径向舒张和收缩将淋巴液输送至全身。自由进食的果蝇随着年龄的增长表现出心脏衰老的征兆,包括舒张和收缩周期及心动周期的延长、心律不齐,还有舒张和收缩内径及径向收缩力的减小(Gill et al.,2015)。白天的限制性进食处理不减少果蝇的卡路里摄入,但可缓解由年龄导致的心脏功能衰退。限制性进食可下调心脏中一簇编码线粒体电子传递链的基因表达水平。这可能会间接导致活性氧自由基水平下调,从而保护心脏。分别在心脏中干扰这些基因的表达能部分或完全恢复年龄导致的心脏功能衰退。限制性进食可提高三磷酸腺苷依赖的伴侣蛋白复合物(chaperonin containing T-complex protein 1,CCT 复合物)的多个亚基的表达水平。已知 CCT 复合物可促进细胞骨架蛋白的正确折叠。限制性进食还可下调心脏中多个编码细胞骨架单体或亚基的基因表达水平。伴侣蛋白表达的上调伴随细胞骨架基因表达的下调可整体减少未折叠或错误折叠的细胞骨架蛋白,从而改善心脏功能。在携带 CCT 亚基突变的果蝇中,限制性进食不能加强心脏功能,表明限制性进食对心脏的影响依赖 CCT。

限制性进食还可能促进脑健康。白天限制性进食会减少果蝇白天的睡眠,增加夜间睡眠及总睡眠时长（Gill et al.，2015）。自由喂食高脂食物破坏小鼠的运动协调性，而夜间限制性进食高脂食物则不会损害运动协调性（Hatori et al.，2012；Chaix et al.，2014）。限制性进食还可延缓神经退行性疾病——亨廷顿疾病的发生和发展。该疾病的患者表现出运动、认知、心理、心血管等功能下降以及睡眠节律的紊乱。其中睡眠节律的紊乱发生在疾病早期，表现为入睡延迟、频繁觉醒以及白天的疲劳感。近期两项针对亨廷顿疾病小鼠模型展开的研究显示夜间限制性进食会增强小鼠的运动协调性、减少睡眠过程中的觉醒并改善自主神经系统的功能（Wang et al.，2018；Whittaker et al.，2018）。纹状体是脑内调控运动功能的重要脑区。亨廷顿疾病小鼠模型中有一系列基因的表达发生改变，而限制性进食能影响这些亨廷顿疾病相关基因的表达（Wang et al.，2018）。另外脑肠信号传递的一个重要作用是评估食物摄入量，提供信息给大脑，调节饥饿感和饱足感。胃迷走神经末梢能对机械刺激做出响应，向大脑输入信号启动饱足感。这些信号在食用正常鼠粮的小鼠中呈现出节律性，但在自由进食高脂食物的小鼠中节律性丧失（Kentish et al.，2016）。这可能导致小鼠在不适当的时间进食，从而加剧食物摄入过多和肥胖等问题。限制性进食可以避免自由进食高脂食物所导致的胃迷走神经节律的丧失，使胃迷走神经对食物摄入量呈现出节律性的响应（Kentish et al.，2018）。这些小鼠中的研究或许可以解释为什么限制性进食的志愿者睡前的饥饿感下降（Sutton et al.，2018）。

6.2.3　总结与讨论

尽管食物导引相关研究已开展了数十年，时至今日，FEO 的分子组成与解剖学位点仍然是个谜。根据小鼠中的研究，可以确定的是 FEO 和 FAA 不依赖于已知的构成 TTFL 的那些钟基因。这些发现虽然看起来是阴性结果，但所蕴含的意义却相当深远和激动人心。这提示体内可能存在另一套（甚至更多）未知的近日时钟计时系统。另外，已有的研究显示与进食、能量稳态等相关的信号通路对于 FAA 的产生不是必须的，仅调控 FAA 的鲁棒性。目前尚不清楚这些信号通路是否影响 FEO 的计时或振荡机制，因此未来的研究需要在 SCN 损毁的动物中开展限制性进食和食物剥夺，检测这些进食与能量代谢的信号通路在调控 FEO 和 FAA 中的作用。

值得注意的一点是实验技术方法问题给 FEO 研究带来了颇多困扰。对于 FAA 的测量目前存在多种不同的方法，包括检测手段的不同（有的研究测量跑轮活动，有的测量总的运动）、限制性进食的时间与时长的不同、FAA 定量分析方法的不同（不同研究对于 FAA 的定义不同，例如有的研究测量进食前 1 h 的活动，有的测量进食前 3 h 的活动；有的研究把 FAA 归一化到总的活动量，最后以百分比的形式展示，有的则展示原始的活动量，不进行归一化处理）。更为重要的是大多数研究未在限制性进食后进行食物剥夺的处理来确定所检测的活动真的是由 FEO 驱动，而非节律性的进食所驱动。这些不同的测量方法使我们很难对已有的文献报道展开系统的比较分析，给领域的发展带来了阻碍。为了解决这些问题，食物导引方向的资深研究人员提出了一套方案用于小鼠 FAA 的测量（Pendergast et al.，2018）。根据多年的经验，他们认为这套方案能使动物展现较强的 FAA。由于基因改造或经过其他处理的小鼠通常存在行为和生理缺陷，他们发现采用限制性进食范式时逐步缩短进食时间这一操作相当重要，即先进行 8 h 的限制性进食，再缩短为 6 h，最终缩短至

4 h。对于某些有较为严重的健康问题的动物,例如 $Bmal1$ 或多巴胺受体 $Drd1$ 敲除小鼠,在限制性进食时甚至需要将食物放到笼内而不是食物槽内。另一点值得注意的是通过监测跑轮活动得到的 FAA 比监测总的运动得到的 FAA 更强。不同监测手段也使得 FAA 的相位不同。跑轮活动的 FAA 通常发生在每天喂食之前,当食物出现后立即消失。而总的运动(例如通过红外探头所监测到的运动)的 FAA 通常发生在喂食阶段。限制性进食后食物剥夺阶段的时长以及对 FAA 的测量也存在需要关注的问题。Pendergast 和 Yamazaki 发现最理想的食物剥夺时长为 48 h。在食物剥夺的第一天,FAA 可能较弱甚至缺失,但到第二天通常能观察到较强的 FAA。因此,食物剥夺时长应该设置为 40~48 h。更为重要的是,食物剥夺的第一天所观察到的 FAA 仍然可能是前一天的进食所驱动的,而非由 FEO 驱动。而食物剥夺第二天的 FAA 才是真正由 FEO 驱动的活动。

限制性进食除了导引 FEO 和 FAA,还影响了多种生理过程和行为。如前文所述,限制性进食在动物模型中对抗肥胖和代谢紊乱表现出良好的效果,有望成为一种可广泛推广的促进公众健康、减少医疗负担的方法。但其作用机理很大程度上仍不清楚,还需深入研究。另外也需要开展更多的人体实验,检测限制性进食在多种病理条件下的效果和作用机理。

6.3 甲基苯丙胺导引

甲基苯丙胺作为一种兴奋剂能增强觉醒水平,并抑制食欲和食物摄入(Honma et al.,2009)。本间研一(Kenichi Honma)和同事发现通过在饮水里加入甲基苯丙胺对大鼠进行长期的药物处理,在 24 h 的光暗周期条件下就能观察到动物展现出强劲的周期大于 24 h 的活动节律(Honma et al.,1986)[图 6.3(a)]。甲基苯丙胺处理使得大鼠的活动增加,并且相较于处理前的片段化的活动模式,处理后的大鼠呈现出持久连续的活动。活动节律随后呈现出相位延迟,并逐渐脱离光暗周期的同步化,表现出周期大于 24 h 的自运行节律。在光暗周期或持续光照条件下,给小鼠和大鼠每天注射甲基苯丙胺,能在注射前观察到预期性活动,而注射生理盐水无此效果(Kosobud et al.,1998;Mohawk et al.,2013)。甲基苯丙胺处理还能使 SCN 损毁的大鼠和小鼠呈现出强劲的且周期大于 24 h 的活动节律(Honma et al.,1987;Tataroglu et al.,2006)[图 6.3(b)]。甲基苯丙胺诱导的活动节律通常在药物处理几日后就开始出现,在停止药物处理后迅速消失,但也有少数动物在停药后仍然呈现出节律且能持续长达 14 个周期(Honma et al.,1987;Tataroglu et al.,2006)。这一节律的周期在 23.9~28.1 h,并且与甲基苯丙胺的处理剂量相关,剂量越高周期越长(Honma et al.,1987)。随着剂量增加,每个周期内的活动时长增大,休息时长减小。有时节律周期会突然加倍,变为 48 h 左右的"双日节律"(circabidian rhythm),持续一段时间后又自发变回 24 h 左右的近日节律(Honma et al.,2009)。基于这些发现,本间等提出在光暗周期下观察到的大于 24 h 的节律并非由 SCN 的近日时钟驱动,而是由甲基苯丙胺所诱导的振荡的外在体现,并且这种振荡不被光暗周期导引。除了活动节律外,SCN 损毁的大鼠的进食、饮水、体温、皮质酮等行为和生理指标的节律都能被甲基苯丙胺导引,并且这些不同节律的相位关系与 SCN 所驱动的节律相似(Honma et al.,1988)。与甲基苯丙胺类似的兴奋剂,如苯丙胺和哌醋甲酯均可在大鼠中诱导出类似的节律(Honma et al.,2009,1992)。

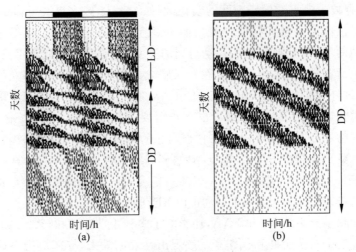

图 6.3　大鼠甲基苯丙胺导引示意图

(a) 正常大鼠在 12 h 光照/12 h 黑暗(LD)及持续黑暗(DD)条件下进行 0.005% 甲基苯丙胺处理。白色方形代表光照阶段,黑色方形代表黑暗阶段。(b)双侧 SCN 损毁大鼠在 DD 条件下进行 0.005% 甲基苯丙胺处理。黑色短线代表跑轮活动。x 轴进行了重复作图(double plot)。x 轴为时间,y 轴对应的每一行为一日

　　甲基苯丙胺诱导的节律一度被认为是由一种"沙漏式"的机制所驱动:动物在活动阶段通过饮水摄入甲基苯丙胺,甲基苯丙胺促进清醒,使动物维持一段时间的清醒状态,之后进入睡眠(Ruis et al.,1990)。第二天睡眠结束后动物开始饮水,甲基苯丙胺的摄入又会使动物持续清醒一段时间,这种模式不断重复,从而使行为和生理过程呈现出节律。但本间等不认同,因为首先在 SCN 损毁的小鼠中,甲基苯丙胺诱导的节律在停药后仍可持续长达 14 个周期(Tataroglu et al.,2006)。其次,利用微量灌流泵给 SCN 损毁的大鼠进行持续的甲基苯丙胺处理仍然能观察到节律(Honma et al.,1987)。最后,给 SCN 损毁的小鼠进行 24 h 甲基苯丙胺/24 h 纯水的交替处理,可观察到活动节律为 24 h 左右。而根据"沙漏式"模型,小鼠的活动和休息时间是由甲基苯丙胺的摄入时间决定,那么 24 h 甲基苯丙胺/24 h 纯水的交替处理应该导致活动节律变为 48 h 左右。综上所述,这一系列的结果提示甲基苯丙胺诱导的节律是由一种类似近日时钟的振荡式机制所驱动的,这种振荡机制又被称为甲基苯丙胺敏感的近日振荡器(methamphetamin-sensitive circadian oscillator,MASCO)。

　　在 SCN 未受损的动物中,甲基苯丙胺诱导的节律受到 SCN 近日时钟的影响(Honma et al.,1986)[图 6.3(a)]。在甲基苯丙胺处理阶段,每过一段时间活动相位会被重置,体现了 LEO 与 MASCO 的协同作用。在甲基苯丙胺处理结束后此现象立即消失。然而甲基苯丙胺处理并不影响 SCN 的近日时钟。在甲基苯丙胺的处理下的大鼠,无论是 SCN 的电活动节律还是钟基因的表达节律与对照相比皆无显著差异(Moriya et al.,1996;Masubuchi et al.,2000)。尽管这些大鼠的活动节律与光暗周期完全不同步,其 SCN 的节律保持与光暗周期同步。另外值得一提的是甲基苯丙胺处理也未对大鼠的松果体的节律以及血液中的褪黑素节律产生显著影响,但是能改变尾壳核和顶叶皮层钟基因的节律(Masubuchi et al.,2000)。在光暗周期下,于光照阶段的固定时间给小鼠注射甲基苯丙胺能改变小鼠纹状体、肝脏、肺、垂体、唾液腺的钟基因振荡的相位(Iijima et al.,2002;Mohawk et al.,2013)。

SCN 损毁导致小鼠纹状体和肝脏的时钟基因节律丧失,每天注射甲基苯丙胺则可诱导这两个组织的节律(Iijima et al.,2002)。

甲基苯丙胺抑制突触前膜上的神经递质转运体,从而增加突出间隙的多巴胺、去甲肾上腺素和 5-羟色胺,对行为与生理过程产生多种影响(Honma et al.,2009)。一系列证据显示脑内多巴胺能系统参与介导甲基苯丙胺诱导的节律。首先,给 SCN 损毁的大鼠腹腔注射非选择性多巴胺受体拮抗剂氟哌啶醇可导致甲基苯丙胺诱导的节律发生相位改变,相位改变的方向(提前或延迟)和幅度则取决于注射时间(Honma et al.,1995)。由此可获得一个氟哌啶醇处理的 PRC,其中 CT13~CT15 存在一个较小的相位前移区间,CT3~CT7 有一个较大的相位延迟区间,CT17~CT1 为不响应区间。此外氟哌啶醇的剂量也决定相位改变的幅度,在一定范围内剂量越高,幅度越大。虽然氟哌啶醇会对活动产生大约 10 h 的抑制效果,但是相位改变并非由药物的镇定效果导致。戊巴比妥也对活动有相似的抑制效果,却不导致显著的相位变化。其次,每日给大鼠注射甲基苯丙胺,停止注射后的第二日能观察到甲基苯丙胺所诱导的预期性活动(Shibata et al.,1995)。此预期性活动能被多巴胺D2 受体拮抗剂,如 YM-09151-2 和舒必利、D1 拮抗剂 SCH23390 以及氟哌啶醇所阻断。每日注射 D2 激动剂喹吡罗能增加预期性活动,D1 激动剂 SKF38393 也能小幅增加预期性活动。给小鼠注射甲基苯丙胺能改变小鼠多个组织钟基因的振荡相位,D1 拮抗剂 SCH23390在部分组织中可削弱这种相位的改变(Mohawk et al.,2013)。再次,哌醋甲酯也可诱导出类似甲基苯丙胺所产生的节律,哌醋甲酯可能是去甲肾上腺素和多巴胺再摄取抑制剂(Honma et al.,1992)。虽然甲基苯丙胺诱导的节律不被光暗周期导引,但它可被限制性进食所导引。Honma 等发现在 SCN 损毁的大鼠中用甲基苯丙胺诱导的节律可以被 24 h 和27 h 的进食周期所导引,其中 27 h 的进食周期产生的导引较为稳定,24 h 的进食周期下部分小鼠会呈现出"双日"节律(Honma et al.,1992)。与食物导引类似,甲基苯丙胺的导引也不依赖于经典的钟基因。$Bmal1$、$Cry1/Cry2$、$Per1/Per2$ 等基因敲除小鼠在持续黑暗的条件下无明显活动节律,而甲基苯丙胺在这些小鼠中均可诱导出节律(Honma et al.,2008; Mohawk et al.,2009)。

根据目前对甲基苯丙胺诱导的节律的认识,它与食物导引的节律有一些相似之处,包括都不依赖于 SCN 以及经典的近日时钟转录翻译反馈环路,并且都依赖于多巴胺能系统。但这两种节律也有一些差别,例如食物导引的节律大约为 24 h,而甲基苯丙胺所导引的节律大于 24 h,并且食物导引下未有观测到"双日节律"的现象。然而要进一步了解这两种节律之间的差异与联系,则需要对这两种节律产生的解剖学与分子机制进行深入解析。

张珞颖、税珂 审稿:秦曦明

参考文献

ABIZAID A,LIU Z W,ANDREWS Z B,et al.,2006. Ghrelin modulates the activity and synaptic input organization of midbrain dopamine neurons while promoting appetite [J]. Journal of Clinical Investigation,116:3229-3239.

ADAMOVICH Y,ROUSSO-NOORI L,ZWIGHAFT Z,et al.,2014. Circadian clocks and feeding time regulate the oscillations and levels of hepatic triglycerides [J]. Cell Metabolism,19:319-330.

AHIMA R S, PRABAKARAN D, FLIER J S, 1998. Postnatal leptin surge and regulation of circadian rhythm of leptin by feeding. Implications for energy homeostasis and neuroendocrine function [J]. Journal of Clinical Investigation, 101: 1020-1027.

ALTAREJOS J Y, MONTMINY M, 2011. CREB and the CRTC co-activators: sensors for hormonal and metabolic signals [J]. Nature Reviews Molecular Cell Biology, 12: 141-151.

ANGELES-CASTELLANOS M, AMAYA J M, SALGADO-DELGADO R, et al., 2011. Scheduled food hastens re-entrainment more than melatonin does after a 6-h phase advance of the light-dark cycle in rats [J]. Journal of Biological Rhythms, 26: 324-334.

BARRETT R K, TAKAHASHI J S, 1995. Temperature compensation and temperature entrainment of the chick pineal cell circadian clock [J]. Journal of Neuroscience, 15: 5681-5692.

BASS J, TAKAHASHI J S, 2010. Circadian integration of metabolism and energetics [J]. Science, 330: 1349-1354.

BERKE J D, 2018. What does dopamine mean [J]. Nature Neuroscience, 21: 787-793.

BLUM I D, PATTERSON Z, KHAZALL R, et al., 2009. Reduced anticipatory locomotor responses to scheduled meals in ghrelin receptor deficient mice [J]. Neuroscience, 164: 351-359.

BODOSI B, GARDI J, HAJDU I, et al., 2004. Rhythms of ghrelin, leptin, and sleep in rats: effects of the normal diurnal cycle, restricted feeding, and sleep deprivation [J]. American Journal of Physiology: Regulatory, Integrative and Comparative Physiology, 287: R1071-R1079.

BUGGE A, FENG D, EVERETT L J, et al., 2012. Rev-erbalpha and Rev-erbbeta coordinately protect the circadian clock and normal metabolic function [J]. Genes & Development, 26: 657-667.

BUHR E D, YOO S H, TAKAHASHI J S, 2010. Temperature as a universal resetting cue for mammalian circadian oscillators [J]. Science, 330: 379-385.

BUSZA A, MURAD A, EMERY P, 2007. Interactions between circadian neurons control temperature synchronization of Drosophila behavior [J]. Journal of Neuroscience, 27: 10722-10733.

CANAPLE L, GRECHEZ-CASSIAU A, DELAUNAY F, et al., 2018. Maternal eating behavior is a major synchronizer of fetal and postnatal peripheral clocks in mice [J]. Cellular and Molecular Life Sciences, 75: 3991-4005.

CAVALLARI N, FRIGATO E, VALLONE D, et al., 2011. A blind circadian clock in cavefish reveals that opsins mediate peripheral clock photoreception [J]. PLOS Biology, 9: e1001142.

CHAIX A, MANOOGIAN E N C, MELKANI G C, et al., 2019. Time-restricted eating to prevent and manage chronic metabolic diseases [J]. Annual Review of Nutrition, 39: 291-315.

CHAIX A, ZARRINPAR A, MIU P, et al., 2014. Time-restricted feeding is a preventative and therapeutic intervention against diverse nutritional challenges [J]. Cell Metabolism, 20: 991-1005.

CHALLET E, MENDOZA J, 2010. Metabolic and reward feeding synchronises the rhythmic brain [J]. Cell and Tissue Research, 341: 1-11.

CHO H, ZHAO X, HATORI M, et al., 2012. Regulation of circadian behaviour and metabolism by REV-ERB-alpha and REV-ERB-beta [J]. Nature, 485: 123-127.

COLEMAN G J, HARPER S, CLARKE J D, et al., 1982. Evidence for a separate meal-associated oscillator in the rat [J]. Physiology & Behavior, 29: 107-115.

CROSBY P, HAMNETT R, PUTKER M, et al., 2019. Insulin/IGF-1 drives PERIOD synthesis to entrain circadian rhythms with feeding time [J]. Cell, 177: 896-909.

DAMIOLA F, LE MINH N, PREITNER N, et al., 2000. Restricted feeding uncouples circadian oscillators in peripheral tissues from the central pacemaker in the suprachiasmatic nucleus [J]. Genes & Development, 14: 2950-2961.

DAVIDSON A J, 2009. Lesion studies targeting food-anticipatory activity [J]. European Journal of Neuroscience,

　　　　30: 1658-1664.

DEGUCHI T, 1979. A circadian oscillator in cultured cells of chicken pineal gland [J]. Nature, 282: 94-96.

DUDLEY C A, ERBEL-SIELER C, ESTILL S J, et al., 2003. Altered patterns of sleep and behavioral adaptability in NPAS2-deficient mice [J]. Science, 301: 379-383.

DURGAN D J, PAT B M, LACZY B, et al., 2011. O-GlcNAcylation, novel post-translational modification linking myocardial metabolism and cardiomyocyte circadian clock [J]. Journal of Biological Chemistry, 286: 44606-44619.

EDMONDS S C, ADLER N T, 1977. The multiplicity of biological oscillators in the control of circadian running activity in the rat [J]. Physiology & Behavior, 18: 921-930.

ELLACOTT K L, CONE R D, 2006. The role of the central melanocortin system in the regulation of food intake and energy homeostasis: lessons from mouse models [J]. Philosophical transactions of the Royal Society of London. Series B, Biological Sciences, 361: 1265-1274.

ESCOBAR C, CAILOTTO C, ANGELES-CASTELLANOS M, et al., 2009. Peripheral oscillators: the driving force for food-anticipatory activity [J]. European Journal of Neuroscience, 30: 1665-1675.

FELICIANO A, VIVAS Y, DE PEDRO N, et al., 2011. Feeding time synchronizes clock gene rhythmic expression in brain and liver of goldfish (Carassius auratus) [J]. Journal of Biological Rhythms, 26: 24-33.

FENG D, LIU T, SUN Z, et al., 2011. A circadian rhythm orchestrated by histone deacetylase 3 controls hepatic lipid metabolism [J]. Science, 331: 1315-1319.

FRANCIS A J, COLEMAN G J, 1997. Phase response curves to ambient temperature pulses in rats [J]. Physiology & Behavior, 62: 1211-1217.

GALLARDO C M, DARVAS M, OVIATT M, et al., 2014. Dopamine receptor 1 neurons in the dorsal striatum regulate food anticipatory circadian activity rhythms in mice [J]. Elife, 3: e03781.

GENTILE C, SEHADOVA H, SIMONI A, et al., 2013. Cryptochrome antagonizes synchronization of Drosophila's circadian clock to temperature cycles [J]. Current Biology, 23: 185-195.

GILL S, LE H D, MELKANI G C, et al., 2015. Time-restricted feeding attenuates age-related cardiac decline in Drosophila [J]. Science, 347: 1265-1269.

GLASER F T, STANEWSKY R, 2005. Temperature synchronization of the Drosophila circadian clock [J]. Current Biology, 15: 1352-1363.

GODA T, SHARP B, WIJNEN H, 2014. Temperature-dependent resetting of the molecular circadian oscillator in Drosophila [J]. Proceedings of the Royal Society B: Biological Sciences, 281: 20141714

HATORI M, VOLLMERS C, ZARRINPAR A, et al., 2012. Time-restricted feeding without reducing caloric intake prevents metabolic diseases in mice fed a high-fat diet [J]. Cell Metabolism, 15: 848-860.

HELFRICH-FORSTER C, 2005. Neurobiology of the fruit fly's circadian clock [J]. Genes, Brain and Behavior, 4: 65-76.

HERZOG E D, HUCKFELDT R M, 2003. Circadian entrainment to temperature, but not light, in the isolated suprachiasmatic nucleus [J]. Journal of Neurophysiology, 90: 763-770.

HONMA K, HONMA S, 2009. The SCN-independent clocks, methamphetamine and food restriction [J]. European Journal of Neuroscience, 30: 1707-1717.

HONMA K, HONMA S, HIROSHIGE T, 1986. Disorganization of the rat activity rhythm by chronic treatment with methamphetamine [J]. Physiology & Behavior, 38: 687-695.

HONMA K, HONMA S, HIROSHIGE T, 1987. Activity rhythms in the circadian domain appear in suprachiasmatic nuclei lesioned rats given methamphetamine [J]. Physiology & Behavior, 40: 767-774.

HONMA S,HONMA K,1992. Locomotor rhythms induced by methylphenidate in suprachiasmatic nuclei-lesioned rats [J]. Neuroscience Letters,137: 24-28.

HONMA S,HONMA K,1995. Phase-dependent phase shift of methamphetamine-induced circadian rhythm by haloperidol in SCN-lesioned rats [J]. Brain Research,674: 283-290.

HONMA S, HONMA K, SHIRAKAWA T, et al. , 1988. Rhythms in behaviors, body temperature and plasma corticosterone in SCN lesioned rats given methamphetamine [J]. Physiology & Behavior,44: 247-255.

HONMA S,KANEMATSU N,HONMA K,1992. Entrainment of methamphetamine-induced locomotor activity rhythm to feeding cycles in SCN-lesioned rats [J]. Physiology & Behavior,52: 843-850.

HONMA S, YASUDA T, YASUI A, et al. , 2008. Circadian behavioral rhythms in Cry1/Cry2 double-deficient mice induced by methamphetamine [J]. Journal of Biological Rhythms,23: 91-94.

HORIKAWA K,MINAMI Y,IIJIMA M,et al. ,2005. Rapid damping of food-entrained circadian rhythm of clock gene expression in clock-defective peripheral tissues under fasting conditions [J]. Neuroscience, 134: 335-343.

HUTCHISON A T, REGMI P, MANOOGIAN E N C, et al. , 2019. Time-restricted feeding improves glucose tolerance in men at risk for type 2 diabetes: a randomized crossover trial [J]. Obesity (Silver Spring),27: 724-732.

IIJIMA M,NIKAIDO T,AKIYAMA M,et al. ,2002. Methamphetamine-induced,suprachiasmatic nucleus-independent circadian rhythms of activity and mPer gene expression in the striatum of the mouse [J]. European Journal of Neuroscience,16: 921-929.

IIJIMA M, YAMAGUCHI S, VAN DER HORST G T, et al. , 2005. Altered food-anticipatory activity rhythm in Cryptochrome-deficient mice [J]. Neuroscience Research,52: 166-173.

KAASIK K, KIVIMAE S, ALLEN J J, et al. , 2013. Glucose sensor O-GlcNAcylation coordinates with phosphorylation to regulate circadian clock [J]. Cell Metabolism,17: 291-302.

KANEKO M,HALL J C,2000. Neuroanatomy of cells expressing clock genes in Drosophila: transgenic manipulation of the period and timeless genes to mark the perikarya of circadian pacemaker neurons and their projections [J]. Journal of Comparative Neurology,422: 66-94.

KAUR S,THANKACHAN S,BEGUM S,et al. ,2008. Entrainment of temperature and activity rhythms to restricted feeding in orexin knock out mice [J]. Brain Research,1205: 47-54.

KENTISH S J,HATZINIKOLAS G,LI H,et al. ,2018. Time-restricted feeding prevents ablation of diurnal rhythms in gastric vagal afferent mechanosensitivity observed in high-fat diet-induced obese mice [J]. Journal of Neuroscience,38: 5088-5095.

KENTISH S J, VINCENT A D, KENNAWAY D J, et al. , 2016. High-fat diet-induced obesity ablates gastric vagal afferent circadian rhythms [J]. Journal of Neuroscience,36: 3199-3207.

KHARE P V,BARNABAS R J,KANOJIYA M,et al. ,2002. Temperature dependent eclosion rhythmicity in the high altitude Himalayan strains of Drosophila ananassae [J]. Chronobiology International,19: 1041-1052.

KOHSAKA A, LAPOSKY A D, RAMSEY K M, et al. , 2007. High-fat diet disrupts behavioral and molecular circadian rhythms in mice [J]. Cell Metabolism,6: 414-421.

KOIKE N,YOO S H,HUANG H C,et al. ,2012. Transcriptional architecture and chromatin landscape of the core circadian clock in mammals [J]. Science,338: 349-354.

KOSOBUD A E, PECORARO N C, REBEC G V, et al. , 1998. Circadian activity precedes daily methamphetamine injections in the rat [J]. Neuroscience Letters,250: 99-102.

KRIEGER D T,1974. Food and water restriction shifts corticosterone,temperature,activity and brain amine periodicity [J]. Endocrinology,95: 1195-1201.

LAHIRI K, FROEHLICH N, HEYD A, et al. , 2014. Developmental stage-specific regulation of the circadian clock by temperature in zebrafish [J]. BioMed Research International,2014: 930308.

LAMIA K A,SACHDEVA U M,DITACCHIO L,et al. ,2009. AMPK regulates the circadian clock by cryptochrome phosphorylation and degradation [J]. Science,326: 437-440.

LEE E,JEONG E H,JEONG H J,et al. ,2014. Phosphorylation of a central clock transcription factor is required for thermal but not photic entrainment [J]. PLOS Genetics,10: e1004545.

LESAUTER J, HOQUE N, WEINTRAUB M, et al. , 2009. Stomach ghrelin-secreting cells as food-entrainable circadian clocks [J]. Proceedings of the National Academy of Sciences of the United States of America,106: 13582-13587.

LI M D,RUAN H B,HUGHES M E,et al. ,2013. O-GlcNAc signaling entrains the circadian clock by inhibiting BMAL1/CLOCK ubiquitination [J]. Cell Metabolism,17: 303-310.

LI Y H,LIU X,VANSELOW J T,et al. ,2019. O-GlcNAcylation of PERIOD regulates its interaction with CLOCK and timing of circadian transcriptional repression [J]. PLOS Genetics,15: e1007953.

LINDBERG R G,HAYDEN P,1974. Thermoperiodic entrainment of arousal from torpor in the little pocket mouse,Perognathus longimembris [J]. Chronobiologia,1: 356-361.

LIU Y Y,LIU T Y,QU W M,et al. ,2012. Dopamine is involved in food-anticipatory activity in mice [J]. Journal of Biological Rhythms,27: 398-409.

LONGO V D,PANDA S,2016. Fasting,circadian rhythms,and time-restricted feeding in healthy lifespan [J]. Cell Metabolism,23: 1048-1059.

LOPEZ-OLMEDA J F,2017. Nonphotic entrainment in fish [J]. Comparative biochemistry and physiology. Part A,Molecular & Integrative Physiology,203: 133-143.

LOPEZ-OLMEDA J F,MADRID J A,SANCHEZ-VAZQUEZ F J,2006. Light and temperature cycles as zeitgebers of zebrafish (Danio rerio) circadian activity rhythms [J]. Chronobiology International,23: 537-550.

MA Y T,LUO H,GUAN W J,et al. ,2013. O-GlcNAcylation of BMAL1 regulates circadian rhythms in NIH3T3 fibroblasts [J]. Biochemical and Biophysical Research Communications,431: 382-387.

MARTINEZ-MERLOS M T,ANGELES-CASTELLANOS M,DIAZ-MUNOZ M,et al. ,2004. Dissociation between adipose tissue signals, behavior and the food-entrained oscillator [J]. Journal of Endocrinology,181: 53-63.

MASUBUCHI S, HONMA S, ABE H, et al. , 2000. Clock genes outside the suprachiasmatic nucleus involved in manifestation of locomotor activity rhythm in rats [J]. European Journal of Neuroscience, 12: 4206-4214.

MATSUMOTO A,MATSUMOTO N,HARUI Y,et al. ,1998. Light and temperature cooperate to regulate the circadian locomotor rhythm of wild type and period mutants of Drosophila melanogaster [J]. Journal of Insect Physiology,44: 587-596.

MISTLBERGER R E, 1994. Circadian food-anticipatory activity: formal models and physiological mechanisms [J]. Neuroscience & Biobehavioral Reviews,18: 171-195.

MIYASAKO Y,UMEZAKI Y,TOMIOKA K,2007. Separate sets of cerebral clock neurons are responsible for light and temperature entrainment of Drosophila circadian locomotor rhythms [J]. Journal of Biological Rhythms,22: 115-126.

MOHAWK J A, BAER M L, MENAKER M,2009. The methamphetamine-sensitive circadian oscillator does not employ canonical clock genes [J]. Proceedings of the National Academy of Sciences of the United States of America,106: 3519-3524.

MOHAWK J A,PEZUK P,MENAKER M,2013. Methamphetamine and dopamine receptor D1 regulate entrainment of murine circadian oscillators [J]. PLoS One,8: e62463.

MOORE R Y, EICHLER V B, 1972. Loss of a circadian adrenal corticosterone rhythm following suprachiasmatic lesions in the rat [J]. Brain Research,42: 201-206.

MORIYA T,FUKUSHIMA T,SHIMAZOE T,et al. ,1996. Chronic administration of methamphetamine does not affect the suprachiasmatic nucleus-operated circadian pacemaker in rats [J]. Neuroscience Letters,208: 129-132.

MORO T,TINSLEY G,BIANCO A,et al. ,2016. Effects of eight weeks of time-restricted feeding (16/8) on basal metabolism, maximal strength, body composition, inflammation, and cardiovascular risk factors in resistance-trained males [J]. Journal of Translational Medicine,14: 290.

MUKHERJI A, KOBIITA A, DAMARA M, et al. , 2015. Shifting eating to the circadian rest phase misaligns the peripheral clocks with the master SCN clock and leads to a metabolic syndrome [J]. Proceedings of the National Academy of Sciences of the United States of America,112: E6691-E6698.

NISEMBAUM L G, VELARDE E, TINOCO A B, et al. , 2012. Light-dark cycle and feeding time differentially entrains the gut molecular clock of the goldfish (*Carassius auratus*) [J]. Chronobiology International,29: 665-673.

PEARN M T, RANDALL L L, SHORTRIDGE R D, et al. , 1996. Molecular, biochemical, and electrophysiological characterization of Drosophila norpA mutants [J]. Journal of Biological Chemistry,271: 4937-4945.

PENDERGAST J S,ODA G A,NISWENDER K D,2012. Period determination in the food-entrainable and methamphetamine-sensitive circadian oscillator (s) [J]. Proceedings of the National Academy of Sciences of the United States of America,109: 14218-14223.

PENDERGAST J S,YAMAZAKI S,2018. The mysterious food-entrainable oscillator: insights from mutant and engineered mouse models [J]. Journal of Biological Rhythms,33: 458-474.

PITTS S,PERONE E,SILVER R,2003. Food-entrained circadian rhythms are sustained in arrhythmic Clk/Clk mutant mice [J]. American Journal of Physiology, Regulatory, Integrative and Comparative Physiology,285: R57-R67.

REFINETTI R,2010. Entrainment of circadian rhythm by ambient temperature cycles in mice [J]. Journal of Biological Rhythms,25: 247-256.

RENSING L, RUOFF P, 2002. Temperature effect on entrainment, phase shifting, and amplitude of circadian clocks and its molecular bases [J]. Chronobiology International,19: 807-864.

RIBEIRO A C,CECCARINI G,DUPRE C,et al. ,2011. Contrasting effects of leptin on food anticipatory and total locomotor activity [J]. PLoS One,6: e23364.

RIIHIMAA A, LANKINEN P, 1997. Effects of temperature on weak circadian eclosion rhythmicity in chymomyza costata (Diptera: Drosophilidae) [J]. Journal of Insect Physiology,43: 251-260.

ROSELLI-REHFUSS L,MOUNTJOY K G,ROBBINS L S,et al. ,1993. Identification of a receptor for gamma melanotropin and other proopiomelanocortin peptides in the hypothalamus and limbic system [J]. Proceedings of the National Academy of Sciences of the United States of America,90: 8856-8860.

RUBY N F, BURNS D E, HELLER H C, 1999. Circadian rhythms in the suprachiasmatic nucleus are temperature-compensated and phase-shifted by heat pulses in vitro [J]. Journal of Neuroscience,19: 8630-8636.

RUIS J F,BUYS J P,CAMBRAS T,et al. ,1990. Effects of T cycles of light/darkness and periodic forced activity on methamphetamine-induced rhythms in intact and SCN-lesioned rats: explanation by an hourglass-clock model [J]. Physiology & Behavior,47: 917-929.

SAINI C,MORF J,STRATMANN M,et al. ,2012. Simulated body temperature rhythms reveal the phase-shifting behavior and plasticity of mammalian circadian oscillators [J]. Genes & Development,26: 567-580.

SAKURAI T,AMEMIYA A,ISHII M,et al.,1998. Orexins and orexin receptors: a family of hypothalamic neuropeptides and G protein-coupled receptors that regulate feeding behavior [J]. Cell,92: 573-585.

SEHADOVA H, GLASER F T, GENTILE C, et al., 2009. Temperature entrainment of Drosophila's circadian clock involves the gene nocte and signaling from peripheral sensory tissues to the brain [J]. Neuron,64: 251-266.

SHERMAN H,GENZER Y,COHEN R,et al.,2012. Timed high-fat diet resets circadian metabolism and prevents obesity [J]. FASEB journal: official publication of the Federation of American Societies for Experimental Biology,26: 3493-3502.

SHIBATA S,ONO M,FUKUHARA N,et al.,1995. Involvement of dopamine,N-methyl-D-aspartate and sigma receptor mechanisms in methamphetamine-induced anticipatory activity rhythm in rats [J]. Journal of Pharmacology and Experimental Therapeutics,274: 688-694.

SIDOTE D,MAJERCAK J,PARIKH V,et al.,1998. Differential effects of light and heat on the Drosophila circadian clock proteins PER and TIM [J]. Molecular and Cellular Biology,18: 2004-2013.

STEPHAN F K,1984. Phase shifts of circadian rhythms in activity entrained to food access [J]. Physiology & Behavior,32: 663-671.

STEPHAN F K, 2002. The "other" circadian system: food as a Zeitgeber [J]. Journal of Biological Rhythms,17: 284-292.

STOKKAN K A,YAMAZAKI S,TEI H,et al.,2001. Entrainment of the circadian clock in the liver by feeding [J]. Science,291: 490-493.

SUTTON E F, BEYL R, EARLY K S, et al., 2018. Early time-restricted feeding improves insulin sensitivity,blood pressure,and oxidative stress even without weight loss in men with prediabetes [J]. Cell Metabolism,27: 1212-1221.

SUTTON G M,PEREZ-TILVE D,NOGUEIRAS R,et al.,2008. The melanocortin-3 receptor is required for entrainment to meal intake [J]. Journal of Neuroscience,28: 12946-12955.

SZCZYPKA M S,RAINEY M A,KIM D S,et al.,1999. Feeding behavior in dopamine-deficient mice [J]. Proceedings of the National Academy of Sciences of the United States of America,96: 12138-12143.

TAKASU N N, KUROSAWA G, TOKUDA I T, et al., 2012. Circadian regulation of food-anticipatory activity in molecular clock-deficient mice [J]. PLoS One,7: e48892.

TATAROGLU O, DAVIDSON A J, BENVENUTO L J, et al., 2006. The methamphetamine-sensitive circadian oscillator (MASCO) in mice [J]. Journal of Biological Rhythms,21: 185-194.

VERWEY M, AMIR S,2009. Food-entrainable circadian oscillators in the brain [J]. European Journal of Neuroscience,30: 1650-1657.

VOLLMERS C,GILL S,DITACCHIO L,et al.,2009. Time of feeding and the intrinsic circadian clock drive rhythms in hepatic gene expression [J]. Proceedings of the National Academy of Sciences of the United States of America,106: 21453-21458.

VOLLMERS C,SCHMITZ R J,NATHANSON J,et al.,2012. Circadian oscillations of protein-coding and regulatory RNAs in a highly dynamic mammalian liver epigenome [J]. Cell metabolism,16: 833-845.

WANG H B, LOH D H, WHITTAKER D S, et al., 2018. Time-restricted feeding improves circadian dysfunction as well as motor symptoms in the Q175 mouse model of huntington's disease [J]. eNeuro,5: ENEURO. 0431-17. 2017.

WHITTAKER D S,LOH D H,WANG H B,et al.,2018. Circadian-based treatment strategy effective in the BACHD mouse model of huntington's disease [J]. Journal of Biological Rhythms,33: 535-554.

YI I,BAYS M E,STEPHAN F K,1993. Stress ulcers in rats: the role of food intake,body weight,and time of day [J]. Physiology & Behavior,54: 375-381.

YOSHII T,HESHIKI Y,IBUKI-ISHIBASHI T,et al.,2005. Temperature cycles drive Drosophila circadian oscillation in constant light that otherwise induces behavioural arrhythmicity [J]. European Journal of Neuroscience,22: 1176-1184.

YOSHII T,SAKAMOTO M,TOMIOKA K,2002. A temperature-dependent timing mechanism is involved in the circadian system that drives locomotor rhythms in the fruit fly Drosophila melanogaster [J]. Zoological Science,19: 841-850.

ZHANG Y,PROENCA R,MAFFEI M,et al. ,1994. Positional cloning of the mouse obese gene and its human homologue [J]. Nature,372: 425-432.

ZHENG X,SEHGAL A,2010. AKT and TOR signaling set the pace of the circadian pacemaker [J]. Current Biology,20: 1203-1208.

ZIMMERMAN W F,PITTENDRIGH C S,PAVLIDIS T,1968. Temperature compensation of the circadian oscillation in Drosophila pseudoobscura and its entrainment by temperature cycles [J]. Journal of Insect Physiology,14: 669-684.

第7章

哺乳动物近日节律振荡器

前言

在哺乳动物中,近日节律振荡器主要包括位于下丘脑视交叉上核(suprachiasmatic nucleus,SCN)的中央近日时钟(central clock),以及周围组织或器官的外周近日时钟(peripheral clock)。SCN 接收来自视网膜的光信号并同步下游时钟,是最主要的起搏器(pacemaker)。利用小鼠等动物模型,关于哺乳动物 SCN 的研究已经有比较丰富的结果,研究者对小鼠等模型动物 SCN 的发育、生理功能以及作为近日节律起搏器的作用机制等方面都已经有比较深入的理解。本章将围绕发育、解剖结构、神经化学性质、电生理以及近日节律的产生和维持机制等对哺乳动物的 SCN 展开介绍。

7.1 SCN 是哺乳动物近日节律起搏器

SCN 是近日节律起搏器的核心证据,主要包括以下几个方面。

首先是去除 SCN 之后生物体的近日节律丧失。SCN 损毁实验最早是在 20 世纪 70 年代开展的,损毁之后动物完全丧失了行为和生理过程的近日节律(Stephan et al.,1972)。例如,SCN 损毁动物表现出无规律的睡眠-觉醒,但一天中觉醒和睡眠的总时长不变。SCN 损毁使得肾上腺类固醇激素分泌的节律丧失,但总的释放量不变,并且不对应激响应产生影响。综上,SCN 损毁影响行为与生理过程的时间组织形式,但并未影响生理功能。

其次,实验证明 SCN 在体或离体情况下都能维持其自身的近日节律。井上和河村在动物大脑中将 SCN 与其他部分隔离,并对 SCN 神经元的活动进行了记录(Inouye et al.,1979)。尽管动物的行为失去了节律,但 SCN 神经元保持了放电的近日节律。此后,许多在体或离体的实验也进一步证明了 SCN 拥有自发的近日节律。

再次,通过移植胚胎 SCN 能够帮助 SCN 损毁的动物恢复近日节律。在 SCN 损毁后,在既定的位置移植入胚胎 SCN 组织,就能够使节律丧失的动物恢复正常的节律。此实验进一步阐明了移植的 SCN 通过释放体液信号(神经肽)与大脑其他部位进行交流(Silver et al.,1996),从而促使节律得以恢复。这些 SCN 移植相关的实验证据为 SCN 是主要的近日节律起搏器提供了确凿的证据。

7.2　哺乳动物近日节律振荡器的发育

　　SCN 是哺乳动物下丘脑中的一个小核团,相比于整个大脑,SCN 只占很小一部分,但却作为近日节律起搏器发挥了主控作用。目前大多数关于 SCN 的研究主要来源于啮齿类动物,包括小鼠、大鼠和仓鼠等,相关研究结果显示 SCN 在解剖学结构和生理功能组织上是高度保守的。然而,和下丘脑其他部分一样,对 SCN 发育过程的了解远远落后于对其成体阶段功能的认识,并且哺乳动物 SCN 主导的近日节律振荡开始的具体时间目前也没有定论。SCN 的发育一般从妊娠中期开始,到胚胎发育的中后期成为一个结构清晰的核团。在生理结构发生的同时,SCN 的发育还伴随内部神经的发生。在不同物种中,这一过程又有着时间上的差异(Seron-Ferre et al.,2007;Rivkees,2007;Wreschnig et al.,2014)。

7.2.1　SCN 结构发生

　　以啮齿类动物为例,小鼠受精后 12~15 d,第三脑室生发上皮中一类祖细胞经有丝分裂产生的细胞形成 SCN。大鼠中 SCN 同样源自第三脑室视前凹的神经上皮,在胚胎期第17 d(E17)成为一个可辨认的离散结构(Landgraf et al.,2014)。实际上,在发育过程中下丘脑前部(anterior hypothalamus,AH)先是作为一个整体的发育单元,之后分为两个不同的发育单元:腹侧部分(ventral,vAH)和背外侧部分(dorsolateral,dlAH)。腹侧部分最终发育成为控制昼夜节律和睡眠的核团,包括 SCN;而背外侧部分则发育成为神经内分泌核团。从这个发育过程来说,SCN 最早期的发育过程和整个下丘脑前部的发育有很多共通之处,而后期则和 vAH 类似。例如,来源于附近基层的音猬因子(Sonic Hedgehog,Shh)的信号对 SCN 早期的形态发生和分化是至关重要的(Shimogori et al.,2010)。

　　在 SCN 发生过程中,下丘脑前部或腹侧表达特定的转录因子,例如视网膜和前神经折叠同源框(Retinal and anterior neural fold homeobox,Rax)、叉头结构域蛋白 1(Forkhead domain 1,Foxd1)、NK2 同源框蛋白 2(NK2 homeobox 2,Nkx2.2)、LIM 同源框基因家族(LIM homeobox family,Lhx)、Six 同源框蛋白 3(Six homeobox 3,Six3)和 Six 同源框蛋白6(Six homeobox 6,Six6)。这些转录因子的表达大多是短暂的,当 SCN 分化到与周围组织不同时,这些转录因子的表达大部分都停止了,但这些转录因子短暂的表达对于 SCN 的分化是非常重要的(Lu et al.,2013;Newmann et al.,2018;Bedont et al.,2014;Lagutin et al.,2003)。例如,$Lhx2^{-/-}$ 小鼠在发育过程中虽然下丘脑前部的发育仍然能够分为两个不同的发育单元,但却不能形成 SCN。其主要原因是发育过程中 dlAH 特异性基因 $Sim1$ 和Otp 的表达未能被下调,而 vAH 特异性基因 Vax 和 $Lhx1$ 的表达未能正常上调。同时,小鼠出生时 $Lhx2$ 的表达主要在 SCN 周围的细胞而非 SCN 本身,提示 $Lhx2$ 可能在早期下丘脑前部发育分区的过程中起关键作用,而对 SCN 本身的发育并不起推动作用(Roy et al.,2013)。在发育后期,$Lhx2$ 以及其他 AH/vAH 特异性基因在 SCN 中的表达大都被下调,但 $Six3$ 不一样,它对于 SCN 分化初期的细胞自主性非常关键,并且整个生命周期都持续在 vAH 中表达。$Six3$ 的同源基因 $Six6$ 也有类似的表达方式,同样也是 SCN 早期分化所必需的。此外,SCN 分化和神经发生过程中,分裂的神经上皮持续表达 *Frizzled*-5 (*Fzd*5),提示 *Wnt* 信号通路在这些过程中的作用(VanDunk et al.,2011)。

7.2.2　SCN 神经发生

啮齿类动物的 SCN 发育大约起始于妊娠期 60%时(仓鼠 E9.5,小鼠 E12,大鼠 E13.5)(Bedont et al.,2015),而 SCN 神经发生则在妊娠期 60%～80%阶段,在不同的啮齿类动物中是:仓鼠 E9.5～E12.5,小鼠 E12～E15,大鼠 E13.5～E17(Altman et al.,1978;Crossland et al.,1982;Davis et al.,1990;Antle et al.,2005b;Kabrita et al.,2008)。小鼠和仓鼠中的研究发现,啮齿类动物中 SCN 的腹外侧(ventrolateral SCN,vlSCN)神经元发生的高峰期要比背内侧(dorsomedial SCN,dmSCN)早,而前后轴方向上 SCN 神经发生的时间点则在不同物种中有比较大的差异(Davis et al.,1990;Kabrita et al.,2008)。到妊娠约 70%阶段,SCN 腹侧的神经细胞都已经生成了,但背侧的细胞的发生仍在全面进行中。大鼠 SCN 神经生成在 E16 左右最活跃,而小鼠 SCN 的神经发生比大鼠要早一些,在 E12～E14 最活跃,发生顺序为由腹侧向背侧(Landgraf et al.,2014)。

从细胞类型上来说,以仓鼠为例,SCN 核心和中心区域表达血管活性肠肽(vasoactive intestinal peptide,VIP)、胃泌素释放肽(gastrin-releasing peptide,GRP)和钙结合蛋白 1(calbindin 1)的细胞只在 SCN 神经发生早期(胚胎期 9.5～11.0 d)出现,而 SCN 壳区表达精氨酸血管加压素(arginine vasopressin,AVP)的细胞则在整个 SCN 神经发生期间都会出现(Antle et al.,2005b)。

将 SCN 中不同类型神经元的发生控制在不同时间窗口中进行的调控机制目前仍不完全清楚。一种可能性是细胞外的信号分子影响 SCN 神经元的命运,例如 *Shh* 和 *Wnt* 信号,因为下丘脑中 *Shh* 的表达和分布变化和某些神经发生的节点相关,而 *Wnt* 家族信号的变化也会影响表达 *Fzd*5 的 SCN 祖细胞的分化(Liu et al.,2008)。此外,发育过程中的 SCN 本身可能会分泌一些信号分子影响后续神经元的发育命运,或者相反的,在神经发生过程中 SCN 祖细胞对于外部信号的反应也会改变,从而影响其自身命运。

另外一种可能是,细胞自主性因子的差异化表达在 SCN 细胞命运的决定过程中可能扮演直接的作用,不同的转录因子在 SCN 的发育过程中有不同的时空表达模式。*Lhx*1、*Six*3 和 *Rora*(*RAR related orphan receptor alpha*)这三个转录因子在胚胎发育期一直在 SCN 区域表达。其中,*Lhx*1 是 SCN 发育过程中最早的一个特异性分子标记,缺失后会对 SCN 的发育造成重要影响(Hatori et al.,2014)。使用 *Six*3-Cre 驱动在早期下丘脑区域敲除 *Lhx*1,会导致 SCN 无法完成最后的分化,并伴随多个神经多肽相关细胞的缺失,包括 *Vip*、*Grp*、*Avp* 和 *Prok*2(*Prokinecticin 2*)等。但是在该小鼠中,E16.5 之前 SCN 相关亚区域分子标记的表达并不受影响,提示 *Lhx*1 对于 SCN 的区域化形成并不是必须的,而是在控制 SCN 细胞初始分化的基因的下游发挥作用,可能是控制 SCN 末端分化的复杂转录网络中几个必不可少的因子之一(Bedont et al.,2014)。与 *Lhx*1 基因敲除表型类似,如果在小鼠早期胚胎条件性敲除 *Six*3 基因的话也会阻断 SCN 的发育(Lagutin et al.,2003),而其同源基因 *Six*6 是视神经和 SCN 正常发育必需的基因。在 *Six*6 敲除的情况下,小鼠缺少有功能的视神经,并且 VIP 和 AVP 的免疫组化染色也显示其缺少清晰的 SCN 结构,因此该小鼠近日时钟的导引呈现出异常,表现为跑轮节律的异常(Clark et al.,2013)。其他在 SCN 发育过程中起作用的转录因子包括 *Fzd* 5 和 *Rx*(*Retinal homeobox gene*)等。

7.2.3　SCN 的发育成熟

　　SCN 神经元的神经递质命运在胚胎发育晚期逐渐变得清晰。在小鼠 SCN 中,许多神经肽的 mRNA,包括 *Vip*、*Avp*、*Grp* 和 *Prok* 2 最早是在 E18 至出生前阶段就能通过原位杂交技术检测到(Shimogori et al.,2010;VanDunk et al.,2011;Bedont et al.,2014)。与之相反的是,这些神经肽对应的蛋白能被检测到的时间差异很大。例如在仓鼠中,AVP 在出生后第一天(P1)能被检测到(Romero et al.,1990),而 GRP 和 SP(Substance P)分别在 P8 和 P10 才能够被检测到(Botchkina et al.,1995;Antle et al.,2005b),神经肽交错地出现对于 SCN 的成熟可能具有重要的意义。以仓鼠 SCN 为例,VIP 神经元的轴突早在 E15 就开始延伸,但从胚胎期神经突触散发性的特征来看,在这个阶段神经肽信号的作用仅限于旁分泌(Botchkina et al.,1995)。而在出生后,由于 AVP 表达的出现,在 P2～P6 神经突触生成有一个快速的增加过程,之后神经突触密度进一步增加直至在 P10 达到成年水平(Moore et al.,1989)。

　　SCN 细胞的死亡在突触形成的同时也开始增加,并且在出生前后有一个神经元大量死亡的时期(大鼠 E21～P6,小鼠 P1～P7,仓鼠 P2～P5)(Moore et al.,1989;Muller et al.,1998;Ahern et al.,2013)。同样,在这个时期类似成年阶段 SCN 的子区域开始变得可区分,持续发育成熟直至约 P15 成为成年阶段的外观(Antle et al.,2005b)。突触的形成与 SCN 的分区同时发生,但被限制在新产生的分区内,不同子区域内突触发生的动态过程差别很大,但整体仍会在总的时间窗口内完成(Laemle et al.,1991)。

　　在出生后早期 SCN 成熟期较长的背景下,也有一些非细胞自主性的调节会对特定的 SCN 谱系发生起作用。在 E13～E21 使用药物处理抑制 5-羟色胺(5-hydroxytryptophan,5-HT,又称血清素,serotonin)合成,大鼠幼崽的 SCN 会产生更多的 VIP 和 AVP 神经元,并且相应的神经肽表达也升高,但如果是在出生后进行类似药物处理则不会有相同表型(Mirochnik et al.,2005)。与之相矛盾的是,单胺氧化酶 A(monoamine oxidase A)缺失的小鼠也有类似的表型,但单胺类神经递质(包括 5-HT)的浓度持续保持在较高水平(Vacher et al.,2003),可能的原因是胚胎期抑制 5-HT 的合成可能导致了其他单胺类神经递质的代偿性增加。除单胺类神经递质之外,多聚唾液酸化神经细胞黏附分子(polysialylated-neural cell adhesion molecule,PSA-NCAM)也对 SCN 神经元谱系的发生有影响。在背侧 SCN 中阻断 PSA-NCAM 会导致小鼠腹外侧 SCN 增大,且 VIP 神经元数量是正常小鼠的 3 倍(Shen et al.,1997)。因此,单胺类神经递质和 PSA-NCAM 对 SCN 特定的谱系发生有调节作用。另一种可能性则是在 SCN 成熟过程中神经元的命运决定是有一定可塑性的,可以被一些外因所影响。例如,直到成年期 P90,小鼠在非 24 h 光照导引下,其行为的昼夜节律仍具有极高的可塑性(Aton et al.,2004),也同样说明 SCN 在成熟过程中甚至是成熟后仍具有一定程度的可塑性。

7.2.4　SCN 中胶质细胞的发生

　　在整个中枢神经系统中,神经发生阶段完成后都会有胶质细胞的发生(Rowitch et al.,

2010)。在发育成熟的 SCN 中除了神经元外,还包含非神经元的支持细胞,主要包括放射状胶质细胞(radial glial cell)和星形胶质细胞(astrocyte)等。神经细胞和胶质细胞的发生时序反映了发育早期和晚期所产生的祖细胞库不一样,其中早期的祖细胞库会生成神经元,而晚期的祖细胞库则会产生胶质细胞(Tabata,2015)。在此过程中,早期出生的神经细胞会通过向胞外释放细胞因子或 Notch 配体等来影响晚期细胞的分化。

在 SCN 发育过程中,胶质细胞的发生遵循一定的时序性(Antle et al.,2005b)。仓鼠的 SCN 中放射状胶质细胞从 E8 就开始发育,到 E13 时呈现高密度的分布,但到仓鼠出生(P0)时,放射状胶质细胞的数量开始急剧减少,到出生后第五天(P5)时大多数都被神经元所取代。在大鼠中,放射状胶质细胞在 E17 时就存在,但其他时间点的研究未有详细报道。星形胶质细胞在 SCN 中的生成紧跟神经发生过程。在仓鼠中,星形胶质细胞在 E15 开始形成,这一过程持续至 P21(Botchkina et al.,1995)。在大鼠中,星形胶质细胞在 E20 首次出现,此后快速增加并在 P20～P25 最终成熟,略晚于 SCN 神经网络达到成年状态的时间(Munekawa et al.,2000)。成熟的星形胶质细胞网络可以进一步稳定 SCN。SCN 中的胶质细胞与神经元之间存在着密切的信号交流,甚至胶质细胞本身也有内在节律,这些将在后续的内容中进一步详细描述。

7.3 哺乳动物近日节律振荡器的解剖结构

7.3.1 SCN 的结构特点

SCN 位于下丘脑前腹侧,呈双侧对称,经双眼视神经交叉点的背侧延伸至视交叉区。SCN 起源于腹侧间脑的生发上皮,是脑室周细胞群中的一部分(Altman et al.,1986)。小鼠和大鼠的 SCN 从头部到尾部约为 600 μm(Van den Pol,1980;Abrahamson et al.,2001),仓鼠中约为 650 μm(Card et al.,1984)。成熟啮齿类动物的 SCN 包含约 20 000 个神经元,而人类则为 100 000 个左右(Abrahamson et al.,2001;Hofman et al.,2002)。SCN 神经元的体积较小,直径仅为 8～10 μm,且紧密堆积(Welsh et al.,1995)。SCN 核团整体的形态学特点在不同物种中有一定差别,仓鼠和小鼠的 SCN 是一个竖直的,大致呈泪滴状的核团(在仓鼠中略显椭圆形),但是在大鼠中,是扁圆形的。因此,与小鼠和仓鼠相比,大鼠 SCN 中视网膜受体区域的内外侧轴要比背腹侧轴更长,这一变化与其 VIP 神经元的分布相关,从主要在背内侧变为了覆盖更腹侧、有密集视网膜受体分布的区域(Morin et al.,2006)。

7.3.2 SCN 的分区

根据神经肽的表达情况,可以将 SCN 神经元分为不同的类别。这些神经肽包括:AVP、VIP、GRP、P 物质(substance P,SP)、神经降压素(neurotensin,NT)、脑啡肽(enkephalin,ENK)、生长抑素(somatostatin,SS)和胆囊收缩素(cholecystokinin,CCK)等。与此同时,SCN 不同区域中几乎所有神经元都含有 γ 氨基丁酸(γ-aminobutyric Acid,GABA)(Moore et al.,1993)。在大多数哺乳动物的 SCN 中,AVP 和 VIP 神经元是普遍存在的,而其他神经肽的存在和位置则随物种不同而各有差异,有的还缺乏研究。

进一步根据神经元的细胞结构特征、神经化学性质以及输入-输出的神经连接等方面的差异,经典的 SCN 分区方法是将其分为腹外侧 SCN"核心"(ventrolateral SCN,vlSCN)和背内侧 SCN"外壳"(dorsomedial,dmSCN)。在小鼠中,神经节在 SCN 中并非均匀分布,在 SCN 的腹外侧(vlSCN)较为富集,腹外侧核心区的神经元体积相对较大,有大量树突状的分支结构,同时表达 VIP、GRP、SP、NT、neuropeptide Y(NPY)和 calbindin 等神经多肽。背内侧外壳区的神经元则体积相对较小,缺乏树突状分支,表达 AVP 和 NT 等多肽(Moore et al.,2002)。对于大鼠、小鼠和仓鼠而言,SCN 中还存在一个共同的关键特征是中央亚核(central SCN subnucleus,SCNce)的存在,可以根据 GRP 神经元的分布边界来判定。VIP、GRP 和 AVP 神经元在 SCN 核心和外壳中的分布方式在多种哺乳动物的 SCN 中都比较一致,提示了这些神经肽对于维持近日节律的重要性。

7.3.3 SCN 的神经连接

哺乳动物的 SCN 通过视网膜下丘脑束(retinohypothalamic tract,RHT)接收从视网膜自主感光神经节细胞(intrinsically photosensitive ganglion cell,ipRGC)传来的光照信息。ipRGC 由 $Opn4$ 基因表达感光色素视黑素(melanopsin),其光信号输入对 SCN 的光导引非常重要,但不影响其近日时钟功能。

SCN 还和大脑其他区域有非常复杂的连接。从输入信号来说,丘脑膝状体间小叶(thalamic intergeniculate leaflet,IGL)会传递信号给 SCN(Pickard et al.,1987;Hastings et al.,1997;Hattar et al.,2002);而脑干中缝核(raphe nucleus)则会和 IGL 交互作用于 SCN,甚至两者之间还会形成轴突之间的突触连接(Migliarini et al.,2013)。SCN 的其他输入信号来源于嗅球、边缘系统、室周器官、许多下丘脑核团以及其他区域(Krout et al.,2002)。有些投射到 SCN 的侧间隔的脑区在非哺乳类动物中是具有感光功能的,提示这些神经连接在较为原始的 SCN 中可能用于传递光信号。

SCN 能输出信号至多个下丘脑核团,包括大多数能够反向投射到 SCN 的核团,这些输出信号涉及不同类型行为的近日节律调节。SCN 输出信号的主要对象包括视叶前核(preoptic nucleus)、室旁核(paraventricular nucleus,PVN)、室旁下核(subparaventricular zone,SPZ)、视交叉后区(retrochiasmatic area,RCA)和背内侧核(dorsomedial hypothalamic nucleus,DMH)。除此之外,丘脑中隔和前丘脑室周也有较多来自 SCN 的投射(Watts et al.,1987;Watts et al.,1987;Morin et al.,1994)。SCN 神经输出对象以及所调节的行为节律如表 7.1 所示。

表 7.1 SCN 神经输出和调控对象

核 团	调 控 对 象
背侧室旁下核(dorsal SPZ)	体温
腹侧室旁下核(ventral SPZ)	运动、睡觉/觉醒周期
背内侧核(DMH)	运动、睡眠、饮食和应激激素释放

为了实现这样复杂的调控,SCN 内不同类型神经元的输入和输出连接差异极大。腹外侧 SCN(vlSCN)中的 VIP 神经元主要受 ipRGC 的神经支配,反映了它们在光导引过程中的

重要作用,而丘脑中隔神经元则主要投射到 SCN 中的 AVP 神经元。SCN 内部的连接同样是非常复杂且异质的,在某些情况下甚至是有争议的。但总的来说,在 SCN 异质性和功能成熟的过程中,SCN 内部以及上下游连接的精确控制可能与神经肽的准确表达一样重要(Abrahamson et al.,2001;Yamazaki et al.,2002a)。

7.3.4　SCN 的异质性

SCN 由表达不同神经肽的多种神经元组成,与此同时,很多 SCN 神经元还会同时表达多种神经肽,例如在小鼠和大鼠中存在 VIP/GRP 神经元(Okamura et al.,1986),在小鼠中还存在 VIP/NMS 和 AVP/NMS 神经元(Albers et al.,1991)。随着分析技术的发展,对 SCN 异质性的解析也在进一步深入。例如,使用时空单细胞测序分析将 SCN 细胞分为 8 类,不同类型神经元的空间分布和节律性基因表达都具有异质性(Wen et al.,2020)。

基于 SCN 的异质性,SCN 腹外侧/背内侧、核心/外壳区域的划分实际上也存在质疑,尤其是有些 SCN 神经元的分布与设想的区域划分不一致。例如,仓鼠、小鼠和大鼠的 SCN 所特有的、表达 *Fox*-3(以前也被命名为 *NeuN*)的神经元,占据的是 SCN 外侧的大部分区域,包括 SCN 亚核及其侧面和背面的区域(Geoghegan et al.,2008;Morin et al.,2011)。同样地,表达 *Magel*2 或含有 Neuroglobin 的神经元在 SCN 核心和外壳两个部分都有分布(Kozlov et al.,2007;Hundahl et al.,2010)。

基于神经肽多样性而展现出来的神经元的异质性,加上与常规 SCN 分区不一致的"新型"神经元的存在,无不凸显 SCN 在神经解剖结构上的复杂性。这一复杂性与核团内细胞间的分子交流以及所展现出的生理功能相一致,而 SCN 正是基于这种复杂的神经元网络实现了对近日节律的稳定调控。

7.4　哺乳动物近日节律振荡器的神经化学特性

SCN 细胞之间的信号交流是近日时钟研究领域的主要关注点之一,但实际上到目前为止对 SCN 细胞如何同步并协调的作用所知甚少。体外培养的 SCN 组织会呈现出同步化的节律,而分散培养的单个 SCN 细胞却趋向于呈现出不同的周期。但是,当分散培养的 SCN 细胞以较高密度培养时,就会以协调好的方式释放不同的神经肽,包括 AVP 和 VIP 等。收集分散培养的 SCN 细胞移植回 SCN 损毁的动物,也能够帮助动物恢复节律。这表明 SCN 细胞之间会释放或接收不同的信号分子来进行协调实现同步化(Slat et al.,2013)。

研究人员对 SCN 进行分泌蛋白和膜定位蛋白相关的基因表达分析,发现了 100 多个多肽,包括生长因子、细胞因子、趋化因子、神经肽前体以及裂解后能发挥信号功能的跨膜蛋白(Kramer et al.,2001)。而对体外培养的 SCN 所释放的物质进行系统性的筛选,则发现 SCN 会利用至少 27 种蛋白前体合成并释放 100 多种不同的神经肽,另外还会释放多种细胞因子、小分子神经递质(例如 GABA)、一氧化氮和其他分子(Lee et al.,2010)。除了这些突触或突触外的释放物,SCN 细胞可能还会释放一些经由间隙连接或半间隙连接起作用的信号分子。

虽然对 SCN 神经肽单个分子的认识已经在快速进步,并且对一部分信号分子的作用已经有了比较深入的了解,但对于多肽分子之间的交互作用的了解还很少。最简单的是不同分子之间存在协同作用,例如在体外培养的 *Vip* 缺失的 SCN 组织切片中,AVP 和 GRP 都会部分代替 VIP 的功能,使组织的近日时钟同步化(Brown et al.,2005;Maywood et al.,2006;Maywood et al.,2011b)。但是,在 SCN 神经肽网络被破坏时,研究人员发现某些神经肽的作用会变得非常不同。例如单一的 GRP 脉冲刺激在正常情况下不会干扰 SCN 或行为节律,但是在神经肽网络被破坏的情况下却会使行为节律稳性变差。同样地,Prok2 脉冲刺激也会剧烈地改变活动节律的相位和周期(Bedont et al.,2014)。此外,研究发现 SCN 细胞节律的协调一致依赖于 VIP 和 GABA 两类分子的浓度。VIP 分子浓度越高,细胞节律的噪声越大,而 GABA 分子则相反,浓度越高反而噪声越小(Aton et al.,2006)。总体上来说,细胞间通信信号减少会导致杂乱无章的细胞节律,进而降低 SCN 近日时钟的振幅,但同时也会提高其对重置信号的敏感性(entrainability,可牵引性)(Buhr et al.,2010)。想要彻底理解 SCN 细胞之间的信号分子交互,还需要更细致和深入地探索研究。下面将着重介绍 SCN 中几个关键的神经肽。

(1) 血管活性肠肽(VIP)

在 SCN 所释放的各种信号分子之中,VIP 是位于顶端的。VIP 属于促分泌素(secretin)家族的成员,能够以高亲和力与 VPAC1/2 受体(由 *Vipr*1/2 编码)结合(Couvineau et al.,2012)。SCN 中 10%~22% 的神经元表达 VIP(Abrahamson et al.,2001;Atkins et al.,2010),其受体 *Vipr*2 的 mRNA 在整个 SCN 都有表达,但 VIP 究竟是作用于所有 SCN 细胞还是某个特定类型细胞,目前还没有确切的认识。表达 VIP 的神经元主要位于腹外侧 SCN(vlSCN),受到大量来自视网膜的神经支配(Harmar et al.,2002;Hattar et al.,2002)。在体外培养的 SCN 组织中 VIP 的表达有近日节律(Shinohara et al.,1995),但在体内是否有同样的节律目前有不同的研究结论(Laemle et al.,1995;Francl et al.,2010)。

VIP 最主要的功能就是响应光暗周期对 SCN 细胞的节律进行同步化,这一功能主要通过诱导钙离子流和改变神经元放电频率来实现(Irwin et al.,2010;Reed et al.,2001),VIP 还能通过并行地提高腺苷酸环化酶(adenylate cyclase,AC)和磷脂酶 C(phospholipase C)的活性来使 SCN 近日节律的相位发生偏移(An et al.,2011)。同时,VIP 的作用与时间高度相关,在主观白天或主观夜晚的早期,VIP 会使 SCN 的近日节律延迟,这一作用在主观黄昏时间最为明显;相反地,在主观夜晚后期或清晨,VIP 会使 SCN 的近日节律发生一定程度的提前(Reed et al.,2001;An et al.,2011)。以小鼠为实验模型,当 SCN 缺失 *Vip* 或 *Vipr*2 时,小鼠会呈现最严重的近日节律表型,表现为行为和激素分泌的节律受损,在光暗周期下活动开始时间会提前 8 h,并且细胞水平的同步化大幅降低(Brown et al.,2007;Maywood et al.,2006;Maywood et al.,2011b;Aton et al.,2005;Colwell et al.,2003;Harmar et al.,2002)。

在发育过程中,*Vip* 的 mRNA 一般在 SCN 神经发生之后能够被检测到。小鼠的 SCN 中 *Vip* 的 mRNA 最早出现于 E18.5 神经发生完成后,而 VIP 蛋白在出生后才可被检测到(VanDunk et al.,2011)。大鼠的 SCN 中的 *Vip* mRNA 的表达不晚于 E20,更早的胚胎期未有研究(Laemle,1988)。仓鼠的 SCN 在 E13~E14 神经发生完成后能够检测到 VIP 神经元,其表达持续至 P10(Romero et al.,1990)。人的 SCN 中的 VIP 神经元最早在妊娠期第 31 周能观察到,其后数量逐渐增加至 3 周岁,而 VIP 神经元在空间上的重新组织在青春期一直持续进行(Swaab et al.,1994)。

（2）胃泌素释放肽(GRP)

GRP 在 4%～10% 的 SCN 神经元中有表达(Abrahamson et al.,2001；Aida et al.,2002；Atkins et al.,2010)，这些神经元在 SCN 中的位置与 Vip 神经元有很大程度的重叠，但整体分布更偏向于后外侧和背侧核心区域(Wen et al.,2020)。GRP 神经元的主要功能是响应夜间光照，同样也是通过接收视网膜的信号输入来增加 $c\text{-}fos$ 和 Per 等基因的转录(Bryant et al.,2000)，但光照是否直接刺激 GRP 的表达仍不清楚。与 VIP 作用方式类似，GRP 信号也能增加 cAMP，并会同步化 SCN 神经元的近日节律(Gamble et al.,2007)。

在体外或体内给予额外的 GRP 刺激，会使 SCN 的近日节律产生相位改变(Antle et al.,2005a；Gamble et al.,2007)，也能够在 VPAC2R 缺失的 SCN 中诱导出协调的近日节律(Brown et al.,2005)。反之，若是阻断 GRP 受体(BBR2)的信号，虽不会消除 SCN 的节律，但会阻止正常的 SCN 促进共培养的 Vip 敲除的 SCN 恢复节律。因此，GRP 是比 VIP 要弱一些的信号，但在 SCN 近日节律的导引中仍起到重要作用。

除此之外，GRP 介导背侧 SCN 信号到腹侧的传递，SCN 神经元间近日节律的同步需要这种信号，以控制其对环境光的敏感性(Drouyer et al.,2010；Antle et al.,2007；Aida et al.,2002)。

（3）精氨酸血管加压素(AVP)

AVP 由 20%～37% 的 SCN 神经元表达(Abrahamson et al.,2001；Moore,2013)，是在 SCN 中发现的第一个神经肽。合成 AVP 的 SCN 神经元主要集中在背内侧 SCN (dmSCN)，也有部分分布在 SCN 侧面。AVP 的信号主要通过 V1a 受体介导，而 V1a 受体在 SCN 中广泛表达(Li et al.,2009)。大部分 SCN 神经元在 AVP 的刺激下会增加放电，但这一响应是直接的还是通过信号网络交互实现的目前还不完全清楚。

AVP 的释放受转录、翻译以及神经兴奋性等方面的调节，呈现出近日节律。例如在脑脊液中，AVP 的峰值在早晨，其水平约是晚上的 5 倍(Abrahamson et al.,2001；Moore et al.,2002)。在分离出的 SCN 组织中，AVP 的表达仍有节律，并且受到转录和聚腺苷酸化水平的节律性调控，而 Avp 的转录节律又依赖于神经元放电以及 VIP、cAMP 和 Ca^{2+} 信号。

AVP 的主要功能是调节 SCN 和室旁核的近日节律，以及激素分泌和行为节律的振幅(Tousson et al.,2004；Jansen et al.,2007)。AVP 以及其受体 V1a 缺陷的动物能够维持正常的近日节律周期，但振幅明显被削弱，此节律振幅的削弱体现在活动、睡眠觉醒周期、体温、血浆褪黑素水平、SCN 电活动，甚至是基因表达水平上(Li et al.,2009)。此外，与 GRP 类似，在体外的 SCN 共培养体系中，阻滞 AVP 的信号也会阻碍正常 SCN 恢复 Vip 缺失的 SCN 的节律(Maywood et al.,2011a)。这说明，AVP 是 SCN 节律振幅的主要控制者，但在某些情况下也能作为一个较弱的同步化信号来协调节律。

在发育过程中，小鼠 Avp 的 mRNA 在 E17.5 才能被检测到，而 AVP 蛋白只在出生后才能被检测到(VanDunk et al.,2011)。仓鼠的 SCN 中表达 AVP 的细胞最早在出生当天出现(Romero et al.,1990)。人的 SCN 在妊娠期第 27 周时能够在下丘脑检测到 AVP 蛋白(Swaab et al.,1990)，此后 AVP 的水平逐渐提高直至出生后 1～1.5 年，这一变化也伴随个体近日时钟的建立。

（4）γ 氨基丁酸（GABA）

大多数 SCN 神经元都有一个共同的功能——合成 γ 氨基丁酸（GABA）。$GABA_A$ 和 $GABA_B$ 的受体在 SCN 以及投射到 SCN 的神经末梢中广泛表达。因此，GABA 被认为是 SCN 的输入信号之一，并能够直接作用于 SCN 神经元。关于 GABA 能够激活还是抑制 SCN 神经元，目前认为不同 SCN 区域分泌的 GABA 有着不同的效应（Belenky et al.，2008）。来自腹侧 SCN 的 GABA 信号能够激活背侧 SCN，而相反地，来自背侧 SCN 的 GABA 信号则会抑制腹侧 SCN，这种相互的、远距离的快速突触交流，可以帮助协调 SCN 不同区域的节律。长期阻断内源性 GABA 信号会导致白天电活动的峰值进一步升高，但对于夜间较低的电活动则几乎没有影响。因此，GABA 被认为是在控制电活动峰值以及对去极化的敏感性中发挥重要作用（Aton et al.，2006）。GABA 及其受体激动剂能够在体内调节光照引起的相位改变，在体外培养系统中也能调控视神经信号输入引起的 SCN 场电位变化（Ehlen et al.，2008；Gannon et al.，1995）。如果在体外培养的 SCN 神经元中每天给与 GABA 刺激，能够使神经元电近日节律同步化（Liu et al.，2000），但在体内，GABA 信号对于 SCN 神经元之间的同步化却不是必需的（Aton et al.，2006）。

（5）小 SAAS

小 SAAS 是使用质谱分析从体外培养的 SCN 分泌物中鉴定出的一种神经肽。大约 16% 的 SCN 神经元表达小 SAAS（Maywood et al.，2011b），这些神经元主要分布在 SCN 中部，部分神经元同时也表达其他神经肽，例如 VIP 或 GRP（Hatcher et al.，2008）。

小 SAAS 有与 VIP 和 GRP 类似的功能，表达小 SAAS 的神经元能够接收来自视网膜的输入信号，响应夜间的光照（Lee et al.，2010）。目前没有明确的证据表明小 SAAS 的释放是否受光照影响，但来自视神经的电信号能够增加小 SAAS 的释放（Fricker et al.，2000）。在体外实验中，小 SAAS 的抗体能够阻断谷氨酰胺诱导的节律延迟，同时小 SAAS 处理能够改变 SCN 节律的相位，并且这一作用不依赖 VIP 或 GRP（Hatcher et al.，2008；Atkins et al.，2010）。因此，目前关于小 SAAS 功能的推测是它能够平行于或独立于 VIP 和 GRP 介导 SCN 对光的反应。

（6）其他信号分子

除了上述提到的这些主要的信号分子外，在 SCN 中还有众多以神经肽和细胞因子为主的信号分子，包括心肌营养素样细胞因子（Cardiotrophin-like Cytokine，CLC）、Prok2、NMS、神经调节肽 U（Neuromedin U）、甲硫氨酸脑啡肽（Metenkephalin）、血管紧张素 Ⅱ（Angiotensin Ⅱ）、SS 和 SP 等。CLC 由约 1% 的 SCN 神经元合成。在体外实验中，加入 CLC 能够降低跑轮活动强度，而抑制 CLC 的亚基 GP130 则会增加跑轮活动，但不影响近日节律的相位和周期（Kraves et al.，2006）。Prok2 也有类似的功能，这两者可能作为体液因素调节活动（Zhou et al.，2005）。这些信号分子在 SCN 中的具体功能及机制还需要进一步探索。

7.5 哺乳动物近日节律振荡器的电生理特性

无论是在体外或在体记录 SCN 的放电频率，都能够观察到类似正弦曲线的波形，且该曲线在主观白天出现峰值而在主观夜晚则相对较低（Inouye et al.，1979；Shibata et al.，

1982)。在夜行性动物中,SCN 神经放电的波谷对应动物行为的活跃期(Brown et al.,2007;Colwell,2011);而在昼行性动物中,SCN 神经放电活动的波峰对应动物行为的活跃期(Challet,2007)。在自由活动的小鼠中记录 SCN 神经放电活动提示放电活动与行为层面的活动密切相关,尤其是行为上由静息转为活动状态时,一般对应神经放电活动下降曲线的终点,而行为上由活动转为静息状态时则相反(Houben et al.,2009)。在大鼠中使用配对全细胞记录也发现,SCN 中的电突触有助于同步其放电活动,而这种同步性是近日节律所必需的(Long et al.,2005)。

部分 SCN 神经元(大鼠 32%,仓鼠 38%)的放电活动能够被光照影响。在低光强下(大鼠 0.1 lx,豚鼠 1 lx),光照会抑制神经放电活动,而在高光强下光照会增强神经放电活动,且呈现强度依赖的特点(Meijer et al.,1986;Jiang et al.,1997;Aggelopoulos et al.,2000)。在体外或体内使用电刺激处理 SCN 神经元细胞,可以使其近日时钟相位改变,包括基因表达节律和行为节律的相位改变(Jones et al.,2015),并且这样的导引作用是依赖于 VIP 神经元放电和神经肽释放的(Mazuski et al.,2018)。与此同时,有研究发现根据神经放电特性的不同还可以将 VIP 神经元划分为两个功能不同的亚类(Mazuski et al.,2018)。

在主观白天,近日时钟 Per 基因的表达较高,SCN 神经元的自发放电也较活跃;而在主观夜晚,SCN 神经元的自发放电较少,大多数神经元都被超极化而处于静息状态。这一周期性变化与神经元内 Ca^{2+} 浓度、细胞膜电位以及胞内的 cAMP 浓度的节律变化相匹配。

在 SCN 切片体外培养体系中,使用遗传改造的 Ca^{2+} 探针(GCaMP6s17)监测细胞内的 Ca^{2+} 水平,用生物发光报告基因记录 PER2(PER2∷LUC)的表达,并通过多电极阵列(multielectrode array,MEA)记录神经元的自主放电活动可以发现:在 SCN 的所有区域都能够检测到 Ca^{2+}、PER2 表达和神经放电活动的近日节律。Ca^{2+} 节律的峰值相对于 PER2 节律的峰值提前约 6 h,而神经放电活动的相位则相对于 PER2 提前了约 2.2 h,位于 Ca^{2+} 和 PER2 节律峰值发生时间之间(Enoki et al.,2017)。

Per mRNA 的峰值时间和高频率神经放电活动发生在主观白天开始后 6 h(CT6)(Gillette et al.,1995;Field et al.,2000)。探针监测表明胞质 Ca^{2+} 和放电活动是同时达到峰值的。当动作电位被河豚毒素(tetrodotoxin,TTX)阻断时,胞质内 Ca^{2+} 的节律也被消除,同时 Per 的节律也会消除(Enoki et al.,2012;Brancaccio et al.,2013)。Per 基因的调控元件中具有钙响应元件(calcium-response element,CaRE),可以介导 Ca^{2+} 对 Per 转录的影响(Travnickova-Bendova et al.,2002)。CaRE 依赖的基因表达在 Ca^{2+} 激增和 Per1 表达峰值之前达到峰值。这些观察结果表明,Ca^{2+} 信号传导在连接电信号和分子时钟转录翻译反馈环路(transcriptional-translational feedback loop,TTFL)的过程中发挥着关键作用。

在近日节律研究领域,基因表达节律、钙信号以及细胞膜电位之间的关系仍然是研究的主要对象。三者之间可能存在相互的反馈关系,神经元的自发放电通过 Ca^{2+} 和 cAMP 与 TTFL 相耦合,而 TTFL 反过来也会调节离子通道及其他相关基因表达的节律来维持电生理节律,神经元放电与转录过程的相互耦合的机制可能有助于维持 SCN 近日时钟机制的稳定性。而三者在时间尺度上的差异(膜电位变化-ms,Ca^{2+}-min,基因表达-h)则使得研究三者之间的关系变得更加复杂。

7.6　哺乳动物近日节律振荡器的细胞基础

7.6.1　SCN 神经元的时空组织模式

哺乳动物的 SCN 不是众多神经元细胞的简单集合,而是由多个功能区域组成的异质性结构。在单个神经元呈现自主节律的基础上,SCN 表现出由特定机制介导的耦联模式,能够将分散的节律性振荡协调一致,最终输出稳定的振荡。SCN 中近日时钟基因表达的拓扑特异性和多相振荡是其固有属性,而 SCN 整体节律的稳健性则取决于它的时空组织模式。

SCN 外壳部分 $Per1$、$Per2$ 和 $Per3$ 基因在 mRNA 表达水平上呈现出节律,但是 SCN 核心区这些 mRNA 的表达水平却没有表现出高振幅的节律。核心区存在光刺激诱导的 $Per1$、$Per2$ 表达和高浓度、无节律的 $Per3$ 表达(Hamada et al.,2001)。虽然此区域 mRNA 层面的节律不明显,此区域损毁却会导致活动、饮水、体温和激素分泌等方面的近日节律完全消失,即便是在大量保留 SCN 外壳细胞的情况下(LeSauter et al.,1999)。使用 SCN 组织切片培养的实验也进一步证明,当 SCN 核心和外壳分离时,外壳失去节律但核心仍然保有节律(Yamaguchi et al.,2003),说明了 SCN 核心中虽然没有时钟基因表达的高振幅振荡,但在协调整个网络的振荡过程中是起关键作用的,并且这个协调过程需要细胞或组织间的相互连接。

小鼠中的研究发现体外培养的 SCN 神经元中能够表达稳定节律的比例与细胞培养密度及结构有关(Herzog et al.,2004)。大鼠 SCN 切片在体外培养时,有节律的神经元比例也显著高于分散培养。同时,两种培养体系中神经元的节律周期均呈正态分布,平均周期没有统计学差异,但根据单个神经元周期长度的分布可以看出,切片培养体系中神经元之间的同步化程度更高,周期长度较为一致。与此同时,两种培养体系神经元的平均周期均与动物的行为节律周期接近,说明 SCN 神经元细胞水平的周期同步化之后的节律信号主宰了行为节律(Honma et al.,2004)。这些结果也进一步说明,稳健的 SCN 节律输出需要细胞之间相互连接的网络来维持。

针对 PER2::LUC 信号进行延迟摄影,并使用特殊的算法分析,可以发现在小鼠 SCN 中,存在 3~5 个特定时空组织模式的细胞簇(Foley et al.,2011)。近日时钟基因突变体 $Cry1^{-/-}/Cry2^{-/-}$ 小鼠的 SCN 细胞虽然仍有稳定的空间组织,但时间组织模式很差,而在 $Vipr2^{-/-}$ 小鼠中则相反,其 SCN 细胞虽然保持了时间组织模式上的稳定,但缺少空间组织(Pauls et al.,2014)。总体来说,分泌性的信号分子和电信号在连接和传递节律信息、协调整体节律的过程中发挥重要的作用。

SCN 神经元个体节律周期的异质性,包括相位的不稳定性和可塑性,是 SCN 适应环境变化的重要基础。相位不稳定性表现为节律周期不同的神经元相位不一致,短周期的神经元趋向于呈现出较早的相位,长周期的神经元则呈现出较晚的相位。相位可塑性则表现为在不同长度的光周期(即白昼长度)下,SCN 神经元节律振荡的波形分布不同。在较短的光周期下,波形分布窄而振幅较高;在长光周期下,则波形分布宽而振幅较低。单个 SCN 神经元的内在节律不鲁棒,细胞间的耦合才是输出强健节律的关键。与此同时,SCN 细胞网络不仅能够整合分散的单个细胞的节律,还能提供强大的抵抗环境干扰的能力。例如,光照输入对野生型 SCN 节律相位的导引被认为是弱导引。当某些基因突变导致 SCN 分子水平振荡幅度下降之后,SCN 对光的导引会更加敏感,呈现出强导引模式。此外,SCN 和外周细胞的近日时钟在单细胞水平都对周期性的温度导引敏感,但在 SCN 整体水平上这一导引作用就被削弱了(Herzog et al.,2003)。关于导引相关内容将在后续章节进行更为详细的介绍。

7.6.2 SCN 中胶质细胞对近日节律的影响

大多数生理、行为的节律来源于 SCN 中的神经元,但大脑其他细胞如胶质细胞在体内外也呈现出近日节律。胶质细胞在脑中能够调节能量代谢和电化学性质的稳态,非常适合感应 SCN 中相邻神经元细胞代谢与电化学的同步化状态,所以可能在 SCN 的节律发生过程中也扮演重要的角色。在星形胶质细胞中敲除时钟基因 *Bmal*1 会改变小鼠的活动节律(Barca-Mayo et al.,2017;Tso et al.,2017)。在大鼠中用 Fluorocitrate 抑制星形胶质细胞的三羧酸循环,会导致大鼠出现无节律的表型(Prosser et al.,1994)。

SCN 中胶质细胞标志蛋白 GFAP(glial fibrillary acidic protein)的分布呈现出很强的昼夜节律(Lavialle et al.,1993)。这一节律在持续黑暗环境中也能保持,说明胶质细胞的近日节律是内源的,而非由环境中的光暗变化所驱动。*GFAP* 敲除小鼠呈现出活动节律周期的延长,且在持续光照条件下无节律的表型更加明显(Moriya et al.,2000)。

在 SCN 组织切片体外培养体系中,胶质细胞也呈现出近日节律。目前认为 SCN 神经元通过 VIP 来协调胶质细胞的节律。在体外培养的星形胶质细胞中,加入 nmol 级浓度的 VIP 就能够刺激近日时钟基因表达并使细胞释放 ATP,而每天使用 VIP 刺激可以维持并导引星形胶质细胞中 *Per*2 的表达节律。如果抑制 SCN 中 VIP 的表达,会阻滞包裹 GnRH 神经元的星形胶质细胞表面积的节律性变化。在体外培养的 SCN 切片中使用药物抑制星形胶质细胞的有丝分裂,会改变 VIP 和 AVP 分泌的相位关系(Shinohara et al.,1995)。

胶质细胞会释放一些神经递质与邻近的神经元进行交互,这一过程被称为胶质传输(gliotransmission),依赖于胞质钙离子浓度变化以及小泡释放。胶质细胞释放的神经递质包括:ATP、D-Serine 和谷氨酸等。在 SCN 中,胶质细胞向其他细胞传递节律信号仅有间接证据。例如,SCN 中胞外的 ATP 浓度呈现出昼夜变化,在大鼠中夜晚(或主观夜晚)的中期 ATP 浓度最高。SCN 中 ATP 的昼夜变化主要来源于星形胶质细胞,因此,胶质细胞可能通过 ATP 来调节 SCN 的神经活动(Womac et al.,2009)。ATP 能够直接作用于嘌呤能受体,也能够被降解为具有生物活性的 ADP 或腺苷。腺苷对 SCN 神经活动有很强的抑制作用。星形胶质细胞还可能释放谷氨酸,节律性地调节胞外谷氨酸的浓度,但这一观点尚存在争议,需要进一步验证。此外,星形胶质细胞也能够响应光信号,呈现出光诱导的 *c-fos* 基因表达的升高(Bennett et al.,1994)。这说明星形胶质细胞也有可能参与对光的响应,甚至参与光对节律的导引(Slat et al.,2013)。

7.7 哺乳动物近日节律振荡器的分子基础

7.7.1 转录翻译反馈环

近几十年,得益于分子生物学、生物化学和细胞生物学等各种研究技术的进步,研究人员对近日时钟在分子层面的运作机制的理解已经有了突破性的进展。从小鼠 *Clock* 基因的分子克隆开始，已经鉴定出多个基因作为哺乳动物的核心时钟基因，包括 *Clock*、*Per1*、*Per2*、*Per3*、*Cry1*、*Cry2* 和 *Bmal1*。在单个细胞内，近日时钟振荡是由多个基因在分子水平和细胞水平的多种因素决定的，其中分子水平包括转录、翻译、降解、复合体的形成等多环节调控，而细胞水平则包括亚细胞定位、胞内信号转导等因素。这些基因通过相互作用，构成控制近日节律的分子网络，参与近日时钟周期、相位和振幅的调控。这一分子网络被称为 TTFL。

哺乳动物的 TTFL 的主环路包含了两个主要的转录激活因子：CLOCK 和 BMAL1，两者形成复合物 CLOCK:BMAL1，并结合到调控元件 E-Box 上激活靶基因的表达。核心时钟基因 *Per1*、*Per2*、*Per3* 以及 *Cry1* 和 *Cry2* 的转录调控区域都存在 E-Box 元件。CLOCK:BMAL1 通过 E-Box 激活 *Per* 和 *Cry* 基因的转录。PER 和 CRY 在细胞质中积累，并与酪蛋白激酶 1δ（Casein Kinase 1δ，CK1δ）和酪蛋白激酶 1ε（CK1ε）形成复合物，进入细胞和 CLOCK:BMAL1 结合并抑制其转录激活功能，从而产生负反馈调控。随着抑制的进行，*Per* 和 *Cry* 基因的转录减弱。PER 和 CRY 经 CK1 等激酶磷酸化后会被特异性的 E3 泛素连接酶识别，通过蛋白酶体途径降解。PER 和 CRY 的降解使得负反馈调控作用逐渐减弱，CLOCK:BMAL1 复合物重新发挥转录激活作用，开始新的循环。

除了 *Per* 和 *Cry* 基因外，CLOCK:BMAL1 还会激活核受体 *Rev-erbα/β* 和 *Rorα/β/γ* 基因的表达。REV-ERBα/β 会和 RORα/β/γ 在 RRE 调控元件上竞争性结合，调控靶基因的表达。在 *Rev-erbα/β* 和 *Rorα/β/γ* 敲除的情况下，动物的节律表型没有上述主环路被破坏时严重，因此这一调控环路被称为辅环路。除此之外，TTFL 的转录调控还存在第三个反馈环，包括 DBP、TEF、HLF 等转录因子。这些蛋白和由 RRE 调控的 NFIL3 都结合转录调控元件 D-box，调控靶基因如 *Per1* 等的表达。

这些调控环路相互耦合形成了分子层面的近日时钟，使得各个核心时钟基因呈现出节律性的表达。根据不同基因所含转录调控元件的不同（E-box、RRE、D-box）呈现出不同的相位。

7.7.2 SCN 分子振荡器的发育

如果用 PER2::LUC 来指征，体外培养的 E13.5～E15 的胚胎 SCN 就已经呈现出节律（Wreschnig et al.，2014；Landgraf et al.，2015）。而在体内，时钟基因和一些时钟调控的节律表达基因（钟控基因）在妊娠中后期已经呈现出稳定表达（仓鼠约在 E13，小鼠约在 E17，大鼠约在 E19）（Shearman et al.，1997；Sladek et al.，2004；Li et al.，2005）。SCN 的分子振荡器则在此之后开始出现并成熟。

研究表明，非核心时钟基因和一些钟控基因，例如 *Nr1d1*，*Vip*，*Avp*，*c-fos* 的 mRNA 表达水平在妊娠晚期开始有节律，大鼠约在 E19（Huang et al.，2010；Houdek et al.，2014），这与 SCN 代谢节律开始的时间基本同步。但这个时期 SCN 核心时钟基因还没有同步的节律（或振幅很低），推测胚胎 SCN 中的基因表达节律可能是受到来自母体的信号驱动。TTFL 的核心时钟基因的表达在此后开始有节律，具体哪个基因最早开始呈现出节律则有不同的研究结论。有些研究认为 *Per1/Per2* 是最早的一批基因，在大鼠中约 E20、小鼠中约 E17 开始有节律（Shearman et al.，1997；Shimomura et al.，2001）。也有研究认为在小鼠和仓鼠中，*Cry*1 是最早的有节律的核心时钟基因（Li et al.，2005；Huang et al.，2010）。*Clock* 和 *Bmal*1 最后有节律，其中以 *Clock* 最为典型，在小鼠和大鼠中一直到 P10 才开始呈现出节律性的表达（Sladek et al.，2004；Ansari et al.，2009）。总体来说，虽然各个基因节律性表达开始的时间不一致，但大多数时钟基因在妊娠期 90% 时已经有节律，而在出生后几天，这些基因全都呈现出节律表达。

此后，SCN 的分子振荡器通过不同方式很快成熟。首先是节律基因的表达水平的差异化，一般是更早开始有节律的基因表达上调，而较晚开始有节律的基因表达下调。同时，大多数核心时钟基因以及钟控基因（除了 *Clock* 和 *Vip*）的节律振幅逐渐增强，并在 P10 左右达到或接近成年水平。*Vip* 的表达水平在出生后升高，但节律性逐渐变弱，到 P20 左右时又降低至成年水平。此外，在成熟过程中，*Cry*1、*Nr1d*1、*Avp* 和 *Vip* 等基因表达节律的相位也发生显著的变化（Houdek et al.，2014；Sladek et al.，2004；Li et al.，2005；Ansari et al.，2009；Huang et al.，2010；Wreschnig et al.，2014）。

SCN 成熟过程中会分为不同的子区域，但对于发育过程中所产生的不同子区域之间相位和周期的差别目前还没有深入的研究。*Ror*α 等基因在胚胎与成年 SCN 中的表达存在显著差异（Shimogori et al.，2010；Hatori et al.，2014），提示时钟基因的表达方式可能在发育过程中发生时空重塑，因此需要进一步细分发育窗口来对其中的详细变化进行探索。

7.8　哺乳动物近日节律振荡器的输入和输出

7.8.1　SCN 的神经输入

SCN 有 3 个主要的输入途径，分别是视网膜下丘脑束（retinohypothalamic tract，RHT）、膝状核下丘脑束（geniculo-hypothalamic tract，GHT）和中缝核的输入。SCN 核心和外壳区域所接收的神经输入有很大区别。SCN 核心通过单突触 RHT 或间接通过 GHT 接收来自视网膜的光信号，同时通过来自中缝核背侧和中部的 5-HT 能神经元接收非光信号（Moore et al.，1972；Morin et al.，1992；Harrington，1997；Moga et al.，1997）。IGL 和背侧中缝核一起进行运动信息的交流，而 IGL 同时可能还传输代谢信息。不同于核心区域，SCN 外壳区域接收来自下丘脑和边缘区域（包括腹侧下托和边缘皮质）的密集信号（Janik et al.，1994；Kuroda et al.，1997；Saderi et al.，2013）。此外，来自中线丘脑室旁核的传入神经在整个 SCN 都有分布。

RHT 是从含视黑素的 ipRGC 细胞到 SCN 的单突触神经连接，主要传递视网膜所接收的光信息。RHT 的主要神经递质是谷氨酸，它主要作用于 SCN 神经元表达的离子型谷氨酸受体，能够使 SCN 神经元去极化并增加动作电位放电（Ebling，1996）。除此之外，垂体腺苷酸环化酶激活肽（pituitary adenylatecyclase-activating polypeptide，PACAP）与谷氨酸共定位于 SCN 的 RHT 末梢，起到调节谷氨酸的作用（Hannibal，2002）。

GHT 起源于视觉丘脑的 IGL 神经元。IGL 也受视网膜神经支配，因此也能通过 GHT 间接向 SCN 传递光信号。GHT 的特征性神经化学物质是神经肽 Y（Neuropeptide Y，NPY），主要作用是抑制 SCN 神经元（Brown et al.，2007）。从功能上说，激活 GHT 或向

SCN 中注入微量的 NPY,能够重置动物行为节律的相位(Albers et al.,1984)。除了 NPY 外,GHT 中还存在 GABA,从而增强了该途径的抑制作用。

中缝核的神经递质主要是 5-HT(Morin,2013)。SCN 区域存在突触前和突触后 5-HT 受体的表达。这一神经递质的主要作用是抑制 SCN 神经元的活性,从而增加其活动的复杂性。与 GHT 相似,中缝核的输入信号表征觉醒状态,而 5-HT 对节律的重置作用不如 NPY 显著。目前的证据表明,GHT 和中缝核对 SCN 的输入对于非光刺激产生的节律相位重置作用是必需的(Marchant et al.,1997)。

来自 RHT、GHT 和中缝核的神经末梢在 SCN 中有重叠,尤其是在腹侧区域。非光通路的激活可以限制光脉冲的效果,短暂的光照也可以减少或消除非光刺激诱导的相位改变(Mrosovsky,1996)。因此,SCN 神经元能够整合光和非光刺激信号,使近日时钟产生特定的相位。

7.8.2 SCN 神经输入的发育

ipRGC 发生的时间窗口要比 SCN 神经发生更宽,跨越 E11~E18。ipRGC 神经元轴突在 E17 时出现在小鼠视神经交叉中,其分子标记 $Opn4$ 的表达则大约起始于妊娠期 75% 阶段(小鼠约 E15,大鼠约 E18),基本上和神经发生结束的时间同步(Fahrenkrug et al.,2004;McNeill et al.,2011)。ipRGC 细胞在啮齿类动物胚胎发育的中晚期能被检测到(小鼠 E11.5,大鼠 E18),这保证其出生后就能对光照刺激做出反应,但这个阶段 ipRGC 细胞在视网膜是随机分布的。在出生后到成年的过程中,ipRGC 细胞在成熟过程中会发生明显的重组并同时减少约 65% 的细胞。在成熟过程中,ipRGC 从 P4 开始分散分布在内网状层的不同区域。ipRGC 的重组过程同时伴随着视黑素阳性细胞的显著减少,但同时其光敏性反而有 10 倍的增加(Sekaran et al.,2005;Tu et al.,2005),这部分归因于视网膜中视黑素整体表达水平的提高。与此同时,视黑素基因 $Opn4$ 的表达水平在 P5 时首次呈现出近日节律,也标志了 ipRGC 的进一步成熟(Gonzalez-Menendez et al.,2009)。

ipRGC 对 SCN 神经支配的过程在不同物种间有比较大的差异。在小鼠和大鼠中,vlSCN 在出生前后才开始逐渐受到 ipRGC 的神经支配,一开始 ipRGC 仅支配同侧的 vlSCN,对侧 vlSCN 的神经投射在 P4 前开始出现,在 P7 前开始与同侧投射相混合。在此过程中,ipRGC 和 SCN 之间的神经突触的多样性显著增加。在仓鼠中,这一过程基本相似,但发生略晚,ipRGC 对 vlSCN 的神经支配大约开始于 P3。在出生后大约 2 周(小鼠、大鼠约 P10,仓鼠约 P15)(Moore et al.,1989;Speh et al.,1993;Hannibal et al.,2004;Sekaran et al.,2005;McNeill et al.,2011),ipRGC 向 SCN 的神经投射已经基本成熟,其投射密度、轴突形态以及对光的响应都与成年个体中类似,后续的成熟过程仍将持续至青年时期。在 ipRGC 神经投射成熟的同时或稍晚时间,啮齿类动物的视锥和视杆光感受体也发育成熟。

中缝核对 SCN 的神经投射形成开始的时间与 ipRGC 类似(小鼠约 P0,仓鼠约 P3)(Botchkina et al.,1993;Migliarini et al.,2013),发育成熟所需的时间周期也类似,两者在成年 SCN 中经常有会聚。

IGL 对 SCN 的神经投射的发育目前只有很少的认识,其标记基因 Npy 的表达在出生后 1 周左右就能在 SCN 中检测到(仓鼠约 P7,大鼠约 P10)(Romero et al.,1990;Takatsuji et al.,1995),提示 IGL 神经投射已经存在。到 P20 时,大鼠 SCN 中 IGL 的神经投射基本成熟(Takatsuji et al.,1995),从这点上来说,IGL 的神经投射比 ipRGC 和中缝核要晚很多,但基于它在中缝核神经支配中的作用,实际上它的神经投射可能在 *Npy* 表达之前就存在。

7.8.3　SCN 的内分泌输入信号

大多数研究都关注于 SCN 的神经输入信号,实际上激素信号对于 SCN 整合体内外的时间信号也非常重要,其中研究最多的是雄性激素。雄性性腺切除会导致节律明显改变,包括活动节律周期变长、活动起始时间不稳定和傍晚活动峰的消失。雄性激素受体(androgen receptor,AR)主要分布于 SCN 核心(Karatsoreos et al.,2007),GRP 阳性细胞表达 AR 并且在光刺激后表达 *c-fos*(Butler et al.,2012)。在细胞层面,雄性性腺切除会增强光照强度对节律周期的影响,并减少光脉冲诱导的 *c-fos* 表达,同时会增加 GFAP 的表达,抑制突触相关蛋白的表达(Karatsoreos et al.,2011)。

7.8.4　SCN 的输出

SCN 神经输出主要投射到附近的下丘脑区域。SCN 外壳对脑室下核(SPZ)、视前区(preoptic area,POA)、纹状体终末床核(bed nucleus of the stria terminalis,BNST)、侧中隔(lateral septum,LS)、视交叉后区(RCA)、弓形核(arcuate nucleus,ARC)和 背内侧核(DMH)有密集的神经连接;而 SCN 核心主要向外侧 SPZ 区域形成投射(Watts et al.,1987;Watts et al.,1987;Leak et al.,2001)。此外,前脑、丘脑中线、IGL 和导水管周围的灰质也有 SCN 的少量投射。这些直接的 SCN 投射区域进而向其他大脑区核团产生投射,使得大部分脑区核团都能获得节律信号输入并且呈现出节律(Morin,2013)。SCN 也会通过交感神经、副交感神经以及激素的昼夜波动向外周组织传递节律信号(Ota et al.,2012)。

除了神经投射外,一些可扩散的信号分子在 SCN 信号输出过程中也扮演重要角色,包括 Prok2、TGF-α 和 CLC 等,其中部分因子的分泌水平存在节律变化。关于这些可扩散性信号分子的作用范围目前还没有定论,有些研究认为这些信号能够传输至远处的脑区甚至作用于肠道。当然,如前所述,这些信号分子除了能够帮助 SCN 与或远或近的其他组织进行交流,在 SCN 内部也发挥重要作用(Cheng et al.,2002;Kramer et al.,2001;Kraves et al.,2006)。

7.9　哺乳动物近日节律振荡器的衰老

在人类和其他哺乳动物中,随着年龄的增长,一般能够观察到近日节律的变化。组织器官的衰老以及各种慢性疾病的存在会影响机体对光信号或其他授时因子的敏感度,并可能进一步对分子、细胞层面的近日时钟的结构与功能产生有害影响。给年老的仓鼠移植新生的 SCN 组织可以恢复正常的节律,并延长其寿命(Hurd et al.,1998),提示近日节律可能还和寿命相关。

在老年的哺乳动物中,近日节律的基本参数会发生一些改变,包括周期长度的变化、振幅下降和相位改变等(Watanabe et al.,1995;Satinoff et al.,1993)。研究表明,近日节律振荡器的特性存在年龄相关的变化,在年老的动物中,近日节律的起搏器比年幼动物振荡的速度更快,振幅更低(Satinoff et al.,1993)。在啮齿类动物上的众多研究表明,衰老相关的 SCN 起搏器功能衰减发生在分子水平上,与构成 TTFL 的几个基因(包括 *Clock* 和 *Bmal*1)的表达水平下降相关。在仓鼠中,年龄会改变 SCN 中 *Clock* 和 *Bmal*1 基因在一天中的表达模式,但是对 *Per*1 和 *Per*2 的表达模式却几乎没有影响(Kolker et al.,2003)。大鼠和小鼠中的实验也获得了类似的结果,年龄增长不会削弱 *Per*1-*Luc* 在大鼠 SCN 中的节律性(Yamazaki et al.,2002b),老年小鼠 *Per*1 和 *Per*2 的表达仍然具有节律性,但 *Per*2 的峰值表达量对比年轻小鼠有显著降低(Weinert et al.,2001)。此外,时钟基因在外周组织(包括肝脏和心脏)中的表达也受到衰老的影响(Claustrat et al.,2005)。老年大鼠的肝脏中夜间 *Per* 表达水平明显降低,心脏中 *Per* 和 *Bmal*1 的夜间表达水平也有降低的倾向。总之,在衰老过程中核心时钟基因表达的节律性或振幅被削弱,多方面因素综合起来使得近日时钟的整体功能受到影响。

在人类中,已经有研究报道激素、体温、睡眠-觉醒周期等方面的节律随年龄变化而改变。许多老年人表现出夜间觉醒时间和白天午睡时间的增加,这也是近日节律紊乱的体现,类似于实验中观察到的 SCN 损伤后的部分表型(Eastman et al.,1984)。实际上,衰老过程中出现的近日节律紊乱最先出现的表型是睡眠-觉醒周期的病理性改变。近日节律的破坏和睡眠障碍发生率的增加被归因于衰老过程中 SCN 形态以及神经化学相关的改变,这些变化会导致 SCN 光输入信号和神经肽的减少(Hofman,2000;Swaab et al.,1996;Swaab et al.,1985)。尸检研究表明,衰老过程中 SCN 会发生神经退行性变化(Hofman et al.,2006;Zhou et al.,1999)。然而,在实验动物中,关于衰老过程中 SCN 神经元变化的研究结果在不同物种中是有区别的。在大鼠中,衰老影响了光刺激诱导的分子层面的变化(Sutin et al.,1993)。老年雌性恒河猴中 SCN 神经元数目减少(Roberts et al.,2012)。在老年雌性狨猴中,使用 NeuN 等神经元的分子标记对 SCN 进行染色也发现 SCN 神经元数目显著下降,同时胶质细胞数目明显增加(Engelberth et al.,2014)。

此外,人的 SCN 中表达 AVP 的神经元的数量在年轻人(小于 50 岁)中表现出明显的昼夜变化,而在老年人(大于 50 岁)中则没有。年轻人夜间的 AVP 神经元数量较低,而在清晨数量达到峰值。在老年人中这一变化的振幅降低(Hofman et al.,1994)。由于 AVP 神经元的数量可能反映了神经肽能细胞的活性,因此这一表型可能意味着老年人的 SCN 神经活性降低。然而,基于免疫染色的结果表明,SCN 退行性变化发生在更晚的阶段,而不是在此节律明显改变的时候。在 50～60 岁的受试者中已经发现了更频繁、更长的觉醒和更短的睡眠时间,但 SCN 体积和 AVP 神经元数量的减少到 80 岁才开始出现。

总的来说,在衰老过程中近日节律的变化可能与 SCN 的一些退行性改变有关,这使得老年人的近日节律失调更为频繁。光照等授时因子对近日时钟的导引作用可能在衰老过程中被削弱,从而对各种生理活动和行为产生影响。

7.10　哺乳动物近日节律振荡器的研究手段

7.10.1　基因改造动物模型

随着遗传学和分子生物学技术的发展,基因改造动物模型的构建变得便利,这些模型的开发和应用极大地推进了人类对基因功能的理解,包括近日时钟相关基因。TTFL 中的各种组分、SCN 各种神经肽的功能和调控以及 SCN 发育过程中不同转录因子的作用等重要内容的深入研究,很多都依赖于基因改造动物模型的应用。

带荧光蛋白或荧光素酶标记的报告基因小鼠模型在近日时钟调控机制的研究中也起到了极大的推进作用。例如 PER2∷LUC 小鼠模型,在 PER2 蛋白后融合了荧光素酶报告基因(Yoo et al.,2004)。类似的小鼠模型还有 *Per*1-Luc 等 (Nishide et al.,2006;Wilsbacher et al.,2002)。以这类报告基因小鼠为基础,将其 SCN 或其他组织在体外培养进行观察,或直接进行在体成像记录(Hamada et al.,2016),就可以利用生物发光的强度来研究其节律振荡。近期,J. Takahashi 团队又开发了基于 Cre 重组酶的可变颜色的荧光素酶报告基因小鼠,可以进一步应用于精确定位特定类型的细胞或脑区核团(Shan et al.,2020)。

7.10.2　脑立体定位技术

脑立体定位技术是神经生物学中常用的一类技术手段,可以用于研究特定脑区核团的功能,这在 SCN 的相关研究中同样适用,例如最早确定 SCN 在维持近日节律中的作用就是通过脑立体定位技术损毁该区域来实现的。除了损毁相关的实验外,应用脑立体定位技术还可以对 SCN 进行电生理相关研究,也可以进行光遗传学、化学遗传学操纵,或者注射特定的药物或基因表达载体,进一步研究 SCN 的功能以及调控机制。

7.10.3　SCN 切片体外培养

在特定的培养条件下,SCN 切片在体外能够维持正常的电生理活性,神经肽的分泌以及基因表达等的近日节律可持续长达数周甚至更久,这种切片培养能够分析 SCN 内的细胞网络和区域特异性。结合携带报告基因的小鼠模型,使用 SCN 切片培养可以进行多方面的实验。例如使用带荧光素酶报告基因小鼠(PER2∷LUC 或 *Per*1-Luc 等)的 SCN 切片培养,可以根据生物发光强度对 SCN 不同区域细胞的节律进行细化分析;又如使用 Ca^{2+} 探针监测细胞内的 Ca^{2+} 水平,用 PER2∷LUC 生物发光指示 *Per*2 的表达,同时记录神经元的自主放电活动,就可以详细研究 SCN 神经元内 Ca^{2+}、时钟基因以及电活动之间的耦联关系。除此之外,SCN 的切片培养还可以在研究过程中加入外界刺激(如药物处理),或者用病毒等载体进行基因操作,从而研究特定分子对 SCN 的功能的影响。

7.10.4　SCN 单细胞测序分析

单细胞测序技术能够在单细胞水平对基因组或转录组进行高通量测序,可以揭示单个细胞的基因结构和基因表达水平,这对深入理解 SCN 的异质性非常有帮助。已经有多个团队使用单细胞测序技术对 SCN 的神经元亚群进行了分析:有研究建立了包含不同神经元亚群空间分布和基因表达的标准化 SCN 图谱(Wen et al.,2020);也有研究构建了不同神经元的网络拓扑,提出 Prok2-ProkR2 神经元亚群能够启动近日节律振荡,是整个网络的核心控制者(Morris et al.,2021);还有研究结合不同分析方法确定了 SCN 中对光刺激有反应的神经元亚群,并发现 NPAS4 是响应光刺激过程中必需的蛋白(Xu et al.,2021)。在这些研究的基础上,随着相关测序分析技术的进一步发展,研究人员对于 SCN 异质性的理解将会越来越深入。

周飞、徐璎　审稿:张珞颖

参考文献

ABRAHAMSON E E,MOORE R Y,2001. Suprachiasmatic nucleus in the mouse:retinal innervation, intrinsic organization and efferent projections [J]. Brain Research,916:172-191.

AGGELOPOULOS N C,MEISSL H,2000. Responses of neurones of the rat suprachiasmatic nucleus to retinal illumination under photopic and scotopic conditions [J]. Journal of Physiology,523(Pt 1): 211-222.

AHERN T H,KRUG S,CARR A V,et al.,2013. Cell death atlas of the postnatal mouse ventral forebrain and hypothalamus:effects of age and sex [J]. Journal of Comparative Neurology,521:2551-2569.

AIDA R,MORIYA T,ARAKI M,et al.,2002. Gastrin-releasing peptide mediates photic entrainable signals to dorsal subsets of suprachiasmatic nucleus via induction of period gene in mice [J]. Molecular Pharmacology,61:26-34.

ALBERS H E,FERRIS C F,1984. Neuropeptide Y:role in light-dark cycle entrainment of hamster circadian rhythms [J]. Neuroscience Letters,50:163-168.

ALBERS H E,LIOU S Y,STOPA E G,et al.,1991. Interaction of colocalized neuropeptides:functional significance in the circadian timing system [J]. Journal of Neuroscience,11:846-851.

ALTMAN J,BAYER S A,1978. Development of the diencephalon in the rat. II. Correlation of the embryonic development of the hypothalamus with the time of origin of its neurons [J]. Journal of Comparative Neurology,182:973-993.

ALTMAN J,BAYER S A,1986. The development of the rat hypothalamus [J]. Advances in Anatomy, Embryology and Cell Biology,100:1-178.

AN S,IRWIN R P,ALLEN C N,et al.,2011. Vasoactive intestinal polypeptide requires parallel changes in adenylate cyclase and phospholipase C to entrain circadian rhythms to a predictable phase [J]. Journal of Neurophysiology,105:2289-2296.

ANSARI N,AGATHAGELIDIS M,LEE C,et al.,2009. Differential maturation of circadian rhythms in clock gene proteins in the suprachiasmatic nucleus and the pars tuberalis during mouse ontogeny [J]. European Journal of Neuroscience,29:477-489.

ANTLE M C,FOLEY N C,FOLEY D K,et al.,2007. Gates and oscillators II:zeitgebers and the network model of the brain clock [J]. Journal of Biological Rhythms,22:14-25.

ANTLE M C,KRIEGSFELD L J,SILVER R,2005a. Signaling within the master clock of the brain: Localized activation of mitogen-activated protein kinase by gastrin-releasing peptide [J]. Journal of Neuroscience,25:2447-2454.

ANTLE M C,LESAUTER J,SILVER R,2005b. Neurogenesis and ontogeny of specific cell phenotypes within the hamster suprachiasmatic nucleus [J]. Developmental Brain Research,157：8-18.

ATKINS N J R,MITCHELL J W,ROMANOVA E V,et al.,2010. Circadian integration of glutamatergic signals by little SAAS in novel suprachiasmatic circuits [J]. PloS One,5：e12612.

ATON S J,BLOCK G D,TEI H,et al.,2004. Plasticity of circadian behavior and the suprachiasmatic nucleus following exposure to non-24-hour light cycles [J]. Journal of Biological Rhythms,19：198-207.

ATON S J,COLWELL C S,HARMAR A J,et al.,2005. Vasoactive intestinal polypeptide mediates circadian rhythmicity and synchrony in mammalian clock neurons [J]. Nature Neuroscience,8：476-483.

ATON S J,HUETTNER J E,STRAUME M,et al.,2006. GABA and Gi/o differentially control circadian rhythms and synchrony in clock neurons [J]. Proceedings of the National Academy of Sciences of the United States of America,103：19188-19193.

BARCA-MAYO O,PONS-ESPINAL M,FOLLERT P,et al.,2017. Astrocyte deletion of Bmal1 alters daily locomotor activity and cognitive functions via GABA signalling [J]. Nature Communications,8.

BEDONT J L,BLACKSHAW S,2015. Constructing the suprachiasmatic nucleus：a watchmaker's perspective on the central clockworks [J]. Frontiers in Systems Neuroscience,9：74.

BEDONT J L,LEGATES T A,SLAT E A,et al.,2014. Lhx1 controls terminal differentiation and circadian function of the suprachiasmatic nucleus [J]. Cell Reports,7：609-622.

BELENKY M A,YAROM Y,PICKARD G E,2008. Heterogeneous expression of gamma-aminobutyric acid and gamma-aminobutyric acid-associated receptors and transporters in the rat suprachiasmatic nucleus [J]. Journal of Comparative Neurology,506：708-732.

BENNETT M R,SCHWARTZ W J,1994. Astrocytes in circadian rhythm generation and regulation [J]. Neuroreport,5：1697.

BOTCHKINA G I,MORIN L P,1993. Development of the hamster serotoninergic system：cell groups and diencephalic projections [J]. Journal of Comparative Neurology,338：405-431.

BOTCHKINA G I,MORIN L P,1995. Ontogeny of radial glia,astrocytes and vasoactive intestinal peptide immunoreactive neurons in hamster suprachiasmatic nucleus [J]. Brain Research：Developmental Brain Research,86：48-56.

BRANCACCIO M,MAYWOOD E S,CHESHAM J E,et al.,2013. A Gq-Ca^{2+} axis controls circuit-level encoding of circadian time in the suprachiasmatic nucleus [J]. Neuron,78：714-728.

BROWN T M,COLWELL C S,WASCHEK J A,et al.,2007. Disrupted neuronal activity rhythms in the suprachiasmatic nuclei of vasoactive intestinal polypeptide-deficient mice [J]. Journal of Neurophysiology,97：2553-2558.

BROWN T M,HUGHES A T,PIGGINS H D,2005. Gastrin-releasing peptide promotes suprachiasmatic nuclei cellular rhythmicity in the absence of vasoactive intestinal polypeptide-VPAC（2）receptor signaling [J]. Journal of Neuroscience,25：11155-11164.

BROWN T M,PIGGINS H D,2007. Electrophysiology of the suprachiasmatic circadian clock [J]. Progress in Neurobiology,82：229-255.

BRYANT D N,LESAUTER J,SILVER R,et al.,2000. Retinal innervation of calbindin-D28K cells in the hamster suprachiasmatic nucleus：ultrastructural characterization [J]. Journal of Biological Rhythms,15：103-111.

BUHR E D,YOO S H,TAKAHASHI J S,2010. Temperature as a universal resetting cue for mammalian circadian oscillators [J]. Science,330：379-385.

BUTLER M P,KARATSOREOS I N,LESAUTER J,et al.,2012. Dose-dependent effects of androgens on the circadian timing system and its response to light [J]. Endocrinology,153：2344-2352.

CARD J P,MOORE R Y,1984. The suprachiasmatic nucleus of the golden hamster: immunohistochemical analysis of cell and fiber distribution [J]. Neuroscience,13: 415-431.

CHALLET E,2007. Minireview: Entrainment of the suprachiasmatic clockwork in diurnal and nocturnal mammals [J]. Endocrinology,148: 5648-5655.

CHENG M Y,BULLOCK C M,LI C,et al. ,2002. Prokineticin 2 transmits the behavioural circadian rhythm of the suprachiasmatic nucleus [J]. Nature,417: 405-410.

CLARK D D, GORMAN M R, HATORI M, et al. , 2013. Aberrant development of the suprachiasmatic nucleus and circadian rhythms in mice lacking the homeodomain protein six6 [J]. Journal of Biological Rhythms,28: 15-25.

CLAUSTRAT F,FOURNIER I,GEELEN G,et al. ,2005. Aging and circadian clock gene expression in peripheral tissues in rats [J]. Pathologie Biologie,53: 257-260.

COLWELL C S,2011. Linking neural activity and molecular oscillations in the SCN [J]. Nature Reviews: Neuroscience,12: 553-569.

COLWELL C S,MICHEL S,ITRI J,et al. ,2003. Disrupted circadian rhythms in VIP- and PHI-deficient mice [J]. American Journal of Physiology-Regulatory Integrative and Comparative Physiology,285: R939-R949.

COUVINEAU A, LABURTHE M, 2012. VPAC receptors: structure, molecular pharmacology and interaction with accessory proteins [J]. British Journal of Pharmacology,166: 42-50.

CROSSLAND W J,UCHWAT C J,1982. Neurogenesis in the central visual pathways of the golden hamster [J]. Brain Research,281: 99-103.

DAVIS F C, BOADA R, LEDEAUX J, 1990. Neurogenesis of the hamster suprachiasmatic nucleus [J]. Brain Research,519: 192-199.

DROUYER E,LESAUTER J,HERNANDEZ A L,et al. ,2010. Specializations of gastrin-releasing peptide cells of the mouse suprachiasmatic nucleus [J]. Journal of Comparative Neurology,518: 1249-1263.

EASTMAN C I, MISTLBERGER R E, RECHTSCHAFFEN A, 1984. Suprachiasmatic nuclei lesions eliminate circadian temperature and sleep rhythms in the rat [J]. Physiology and Behavior,32: 357-368.

EBLING F J, 1996. The role of glutamate in the photic regulation of the suprachiasmatic nucleus [J]. Progress in Neurobiology,50: 109-132.

EHLEN J C,NOVAK C M,KAROM M C,et al. ,2008. Interactions of GABA A receptor activation and light on period mRNA expression in the suprachiasmatic nucleus [J]. Journal of Biological Rhythms, 23: 16-25.

ENGELBERTH R C,SILVA K D,AZEVEDO C V,et al. ,2014. Morphological changes in the suprachiasmatic nucleus of aging female marmosets (*Callithrix jacchus*) [J]. Biomed Research International, 2014: 243825.

ENOKI R, KURODA S, ONO D, et al. , 2012. Topological specificity and hierarchical network of the circadian calcium rhythm in the suprachiasmatic nucleus [J]. Proceedings of the National Academy of Sciences of the United States of America,109: 21498-21503.

ENOKI R,ONO D,KURODA S,et al. ,2017. Dual origins of the intracellular circadian calcium rhythm in the suprachiasmatic nucleus [J]. Scientific Reports,7: 41733.

FAHRENKRUG J,NIELSEN H S,HANNIBAL J,2004. Expression of melanopsin during development of the rat retina [J]. Neuroreport,15: 781-784.

FIELD M D, MAYWOOD E S, O'BRIEN J A, et al. , 2000. Analysis of clock proteins in mouse SCN demonstrates phylogenetic divergence of the circadian clockwork and resetting mechanisms [J]. Neuron,25: 437-447.

FOLEY N C,TONG T Y,FOLEY D,et al. ,2011. Characterization of orderly spatiotemporal patterns of clock gene activation in mammalian suprachiasmatic nucleus [J]. European Journal of Neuroscience, 33：1851-1865.

FRANCL J M,KAUR G,GLASS J D,2010. Regulation of vasoactive intestinal polypeptide release in the suprachiasmatic nucleus circadian clock [J]. Neuroreport,21：1055-1059.

FRICKER L D,MCKINZIE A A,SUN J,et al. ,2000. Identification and characterization of proSAAS,a granin-like neuroendocrine peptide precursor that inhibits prohormone processing [J]. Journal of Neuroscience,20：639-648.

GAMBLE K L,ALLEN G C,ZHOU T,et al. ,2007. Gastrin-releasing peptide mediates light-like resetting of the Suprachiasmatic nucleus circadian pacemaker through cAMP response element-binding protein and Per1 activation [J]. Journal of Neuroscience,27：12078-12087.

GANNON R L,CATO M J,KELLEY K H,et al. ,1995. GABAergic modulation of optic nerve-evoked field potentials in the rat suprachiasmatic nucleus [J]. Brain Research,694：264-270.

GEOGHEGAN D,CARTER D A,2008. A novel site of adult doublecortin expression：neuropeptide neurons within the suprachiasmatic nucleus circadian clock [J]. BMC Neuroscience,9：2.

GILLETTE M U, MEDANIC M, MCARTHUR A J, et al. , 1995. Intrinsic neuronal rhythms in the suprachiasmatic nuclei and their adjustment [J]. Ciba Foundation Symposium, 183：134-144；discussion 144-153.

GONZALEZ-MENENDEZ I,CONTRERAS F,CERNUDA-CERNUDA R,et al. ,2009. Daily rhythm of melanopsin-expressing cells in the mouse retina [J]. Frontiers in Cellular Neuroscience,3：3.

HAMADA T, LESAUTER J, VENUTI J M, et al. , 2001. Expression of Period genes：rhythmic and nonrhythmic compartments of the suprachiasmatic nucleus pacemaker [J]. Journal of Neuroscience, 21：7742-7750.

HAMADA T,SUTHERLAND K,ISHIKAWA M,et al. ,2016. In vivo imaging of clock gene expression in multiple tissues of freely moving mice [J]. Nature Communications,7：11705.

HANNIBAL J,2002. Neurotransmitters of the retino-hypothalamic tract [J]. Cell and Tissue Research, 309：73-88.

HANNIBAL J,FAHRENKRUG J,2004. Melanopsin containing retinal ganglion cells are light responsive from birth [J]. Neuroreport,15：2317-2320.

HARMAR A J,MARSTON H M,SHEN S B,et al. ,2002. The VPAC(2) receptor is essential for circadian function in the mouse suprachiasmatic nuclei [J]. Cell,109：497-508.

HARRINGTON M E, 1997. The ventral lateral geniculate nucleus and the intergeniculate leaflet：interrelated structures in the visual and circadian systems [J]. Neuroscience and Biobehavioral Reviews,21：705-727.

HASTINGS M H,DUFFIELD G E,EBLING F J,et al. ,1997. Non-photic signalling in the suprachiasmatic nucleus [J]. Biologie Cellulaire,89：495-503.

HATCHER N G,ATKINS N,JR. ,ANNANGUDI S P,et al. ,2008. Mass spectrometry-based discovery of circadian peptides [J]. Proceedings of the National Academy of Sciences of the United States of America,105：12527-12532.

HATORI M, GILL S, MURE L S, et al. , 2014. Lhx1 maintains synchrony among circadian oscillator neurons of the SCN [J]. Elife,3：e03357.

HATTAR S, LIAO H W, TAKAO M, et al. , 2002. Melanopsin-containing retinal ganglion cells：architecture,projections,and intrinsic photosensitivity [J]. Science,295：1065-1070.

HERZOG E D, ATON S J, NUMANO R,et al. ,2004. Temporal precision in the mammalian circadian system：a reliable clock from less reliable neurons [J]. Journal of Biological Rhythms,19：35-46.

HERZOG E D, HUCKFELDT R M, 2003. Circadian entrainment to temperature, but not light, in the isolated suprachiasmatic nucleus [J]. Journal of Neurophysiology, 90: 763-770.

HOFMAN M A, 2000. The human circadian clock and aging [J]. Chronobiology International, 17: 245-259.

HOFMAN M A, SWAAB D F, 1994. Alterations in circadian rhythmicity of the vasopressin-producing neurons of the human suprachiasmatic nucleus (SCN) with aging [J]. Brain Research, 651: 134-142.

HOFMAN M A, SWAAB D F, 2002. Progress in brain research, A brain for all seasons: cellular and molecular mechanisms of photoperiodic plasticity[M]. Elsevier: 255-280.

HOFMAN M A, SWAAB D F, 2006. Living by the clock: the circadian pacemaker in older people [J]. Ageing Research Reviews, 5: 33-51.

HONMA S, NAKAMURA W, SHIRAKAWA T, et al., 2004. Diversity in the circadian periods of single neurons of the rat suprachiasmatic nucleus depends on nuclear structure and intrinsic period [J]. Neuroscience Letters, 358: 173-176.

HOUBEN T, DEBOER T, VAN OOSTERHOUT F, et al., 2009. Correlation with behavioral activity and rest implies circadian regulation by SCN neuronal activity levels [J]. Journal of Biological Rhythms, 24: 477-487.

HOUDEK P, SUMOVA A, 2014. In vivo initiation of clock gene expression rhythmicity in fetal rat suprachiasmatic nuclei [J]. PloS One, 9: e107360.

HUANG J, LU C, CHEN S, et al., 2010. Postnatal ontogenesis of clock genes in mouse suprachiasmatic nucleus and heart [J]. Lipids in Health and Disease, 9: 22.

HUNDAHL C A, HANNIBAL J, FAHRENKRUG J, et al., 2010. Neuroglobin expression in the rat suprachiasmatic nucleus: colocalization, innervation, and response to light[J]. Journal of Comparative Neurology, 518: 1556-1569.

HURD M W, RALPH M R, 1998. The significance of circadian organization for longevity in the golden hamster [J]. Journal of Biological Rhythms, 13: 430-436.

INOUYE S T, KAWAMURA H, 1979. Persistence of circadian rhythmicity in a mammalian hypothalamic "island" containing the suprachiasmatic nucleus [J]. Proceedings of the National Academy of Sciences of the United States of America, 76: 5962-5966.

IRWIN R P, ALLEN C N, 2010. Neuropeptide-mediated calcium signaling in the suprachiasmatic nucleus network [J]. European Journal of Neuroscience, 32: 1497-1506.

JANIK D, MROSOVSKY N, 1994. Intergeniculate leaflet lesions and behaviorally-induced shifts of circadian rhythms [J]. Brain Research, 651: 174-182.

JANSEN K, VAN DER ZEE E A, GERKEMA M P, 2007. Vasopressin immunoreactivity, but not vasoactive intestinal polypeptide, correlates with expression of circadian rhythmicity in the suprachiasmatic nucleus of voles [J]. Neuropeptides, 41: 207-216.

JIANG Z G, YANG Y, LIU Z P, et al., 1997. Membrane properties and synaptic inputs of suprachiasmatic nucleus neurons in rat brain slices [J]. Journal of Physiology, 499(Pt1): 141-159.

JONES J R, TACKENBERG M C, MCMAHON D G, 2015. Manipulating circadian clock neuron firing rate resets molecular circadian rhythms and behavior [J]. Nature Neuroscience, 18: 373-375.

KABRITA C S, DAVIS F C, 2008. Development of the mouse suprachiasmatic nucleus: determination of time of cell origin and spatial arrangements within the nucleus [J]. Brain Research, 1195: 20-27.

KARATSOREOS I N, BUTLER M P, LESAUTER J, et al., 2011. Androgens modulate structure and function of the suprachiasmatic nucleus brain clock [J]. Endocrinology, 152: 1970-1978.

KARATSOREOS I N, SILVER R, 2007. Minireview: The neuroendocrinology of the suprachiasmatic nucleus as a conductor of body time in mammals [J]. Endocrinology, 148: 5640-5647.

KOLKER D E, FUKUYAMA H, HUANG D S, et al., 2003. Aging alters circadian and light-induced expression of clock genes in golden hamsters [J]. Journal of Biological Rhythms,18：159-169.

KOZLOV S V,BOGENPOHL J W,HOWELL M P,et al.,2007. The imprinted gene Magel2 regulates normal circadian output [J]. Nature Genetics,39：1266-1272.

KRAMER A,YANG F C,SNODGRASS P,et al.,2001. Regulation of daily locomotor activity and sleep by hypothalamic EGF receptor signaling [J]. Science,294：2511-2515.

KRAVES S,WEITZ C J,2006. A role for cardiotrophin-like cytokine in the circadian control of mammalian locomotor activity [J]. Nature Neuroscience,9：212-219.

KROUT K E, KAWANO J, METTENLEITER T C, et al.,2002. CNS inputs to the suprachiasmatic nucleus of the rat [J]. Neuroscience,110：73-92.

KURODA H,FUKUSHIMA M,NAKAI M,et al.,1997. Daily wheel running activity modifies the period of free-running rhythm in rats via intergeniculate leaflet [J]. Physiology and Behavior,61：633-637.

LAEMLE L K,1988. Vasoactive intestinal polypeptide(VIP)-like immunoreactivity in the suprachiasmatic nucleus of the perinatal rat [J]. Developmental Brain Research,41：308-312.

LAEMLE L K, OTTENWELLER J E, FUGARO C, 1995. Diurnal variations in vasoactive intestinal polypeptide-like immunoreactivity in the suprachiasmatic nucleus of congenitally anophthalmic mice [J]. Brain Research,688：203-208.

LAEMLE L K,REPKE K B,HAWKES R,et al.,1991. Synaptogenesis in the rat suprachiasmatic nucleus：a light microscopic immunocytochemical survey [J]. Brain Research,544：108-117.

LAGUTIN O V,ZHU C Q C,KOBAYASHI D,et al.,2003. Six3 repression of Wnt signaling in the anterior neuroectoderm is essential for vertebrate forebrain development [J]. Genes and Development,17：368-379.

LANDGRAF D, ACHTEN C, DALLMANN F, et al., 2015. Embryonic development and maternal regulation of murine circadian clock function [J]. Chronobiology International,32：416-427.

LANDGRAF D, KOCH C E, OSTER H, 2014. Embryonic development of circadian clocks in the mammalian suprachiasmatic nuclei [J]. Frontiers in Neuroanatomy,8：143.

LAVIALLE M,SERVIERE J,1993. Circadian fluctuations in GFAP distribution in the Syrian hamster suprachiasmatic nucleus [J]. Neuroreport,4：1243-1246.

LEAK R K,MOORE R Y,2001. Topographic organization of suprachiasmatic nucleus projection neurons [J]. Journal of Comparative Neurology,433：312-334.

LEE J E, ATKINS N, HATCHER N G, et al.,2010. Endogenous peptide discovery of the rat circadian clock：a focused study of the suprachiasmatic nucleus by ultrahigh performance tandem mass spectrometry [J]. Molecular & Cellular Proteomics,9：285-297.

LESAUTER J,SILVER R,1999. Localization of a suprachiasmatic nucleus subregion regulating locomotor rhythmicity [J]. Journal of Neuroscience,19：5574-5585.

LI J D,BURTON K J,ZHANG C,et al.,2009. Vasopressin receptor V1a regulates circadian rhythms of locomotor activity and expression of clock-controlled genes in the suprachiasmatic nuclei [J]. American Journal of Physiology：Regulatory,Integrative and Comparative Physiology,296：824-830.

LI X D, DAVIS F C, 2005. Developmental expression of clock genes in the Syrian hamster [J]. Developmental Brain Research,158：31-40.

LIU C,REPPERT S M,2000. GABA synchronizes clock cells within the suprachiasmatic circadian clock [J]. Neuron,25：123-128.

LIU C,WANG Y,SMALLWOOD P M,et al.,2008. An essential role for Frizzled5 in neuronal survival in the parafascicular nucleus of the thalamus [J]. Journal of Neuroscience,28：5641-5653.

LONG M A,JUTRAS M J,CONNORS B W,et al.,2005. Electrical synapses coordinate activity in the suprachiasmatic nucleus [J]. Nature Neuroscience,8：61-66.

LU F,KAR D,GRUENIG N,et al.,2013. Rax is a selector gene for mediobasal hypothalamic cell types [J]. Journal of Neuroscience,33: 259-272.

MARCHANT E G,WATSON N V,MISTLBERGER R E,1997. Both neuropeptide Y and serotonin are necessary for entrainment of circadian rhythms in mice by daily treadmill running schedules [J]. Journal of Neuroscience,17: 7974-7987.

MAYWOOD E S,CHESHAM J E,MENG Q J,et al.,2011a. Tuning the period of the mammalian circadian clock: additive and independent effects of CK1epsilonTau and Fbxl3Afh mutations on mouse circadian behavior and molecular pacemaking [J]. Journal of Neuroscience,31: 1539-1544.

MAYWOOD E S,CHESHAM J E,O'BRIEN J A,et al.,2011b. A diversity of paracrine signals sustains molecular circadian cycling in suprachiasmatic nucleus circuits [J]. Proceedings of the National Academy of Sciences of the United States of America,108: 14306-14311.

MAYWOOD E S, REDDY A B, WONG G K Y, et al.,2006. Synchronization and maintenance of timekeeping in suprachiasmatic circadian clock cells by neuropeptidergic signaling [J]. Current Biology,16: 599-605.

MAZUSKI C,ABEL J H,CHEN S P,et al.,2018. Entrainment of circadian rhythms depends on firing rates and neuropeptide release of VIP SCN neurons [J]. Neuron,99: 555-563.

MCNEILL D S, SHEELY C J, ECKER J L, et al.,2011. Development of melanopsin-based irradiance detecting circuitry [J]. Neural Development,6: 8.

MEIJER J H, GROOS G A, RUSAK B,1986. Luminance coding in a circadian pacemaker: the suprachiasmatic nucleus of the rat and the hamster [J]. Brain Research,382: 109-118.

MIGLIARINI S,PACINI G,PELOSI B,et al.,2013. Lack of brain serotonin affects postnatal development and serotonergic neuronal circuitry formation [J]. Molecular Psychiatry,18: 1106-1118.

MIROCHNIK V, BOSLER O, TILLET Y, et al.,2005. Long-lasting effects of serotonin deficiency on differentiating peptidergic neurons in the rat suprachiasmatic nucleus [J]. International Journal of Developmental Neuroscience,23: 85-91.

MOGA M M,MOORE R Y,1997. Organization of neural inputs to the suprachiasmatic nucleus in the rat [J]. Journal of Comparative Neurology,389: 508-534.

MOORE R Y,2013. The suprachiasmatic nucleus and the circadian timing system [J]. Progress in Molecular Biology and Translational Science,119: 1-28.

MOORE R Y,BERNSTEIN M E,1989. Synaptogenesis in the rat suprachiasmatic nucleus demonstrated by electron microscopy and synapsin I immunoreactivity [J]. Journal of Neuroscience,9: 2151-2162.

MOORE R Y,LENN N J,1972. A retinohypothalamic projection in the rat [J]. Journal of Comparative Neurology,146: 1-14.

MOORE R Y, SPEH J C,1993. GABA is the principal neurotransmitter of the circadian system [J]. Neuroscience Letters,150: 112-116.

MOORE R Y, SPEH J C, LEAK R K,2002. Suprachiasmatic nucleus organization [J]. Cell and Tissue Research,309: 89-98.

MORIN L P,2013. Neuroanatomy of the extended circadian rhythm system [J]. Experimental Neurology, 243: 4-20.

MORIN L P, BLANCHARD J, MOORE R Y, 1992. Intergeniculate leaflet and suprachiasmatic nucleus organization and connections in the golden hamster [J]. Visual Neuroscience,8: 219-230.

MORIN L P,GOODLESS-SANCHEZ N,SMALE L,et al.,1994. Projections of the suprachiasmatic nuclei, subparaventricular zone and retrochiasmatic area in the golden hamster [J]. Neuroscience, 61: 391-410.

MORIN L P,HEFTON S,STUDHOLME K M,2011. Neurons identified by NeuN/Fox-3 immunoreactivity have a novel distribution in the hamster and mouse suprachiasmatic nucleus [J]. Brain Research, 1421: 44-51.

MORIN L P, SHIVERS K Y, BLANCHARD J H, et al., 2006. Complex organization of mouse and rat suprachiasmatic nucleus [J]. Neuroscience, 137: 1285-1297.

MORIYA T, YOSHINOBU Y, KOUZU Y, et al., 2000. Involvement of glial fibrillary acidic protein (GFAP) expressed in astroglial cells in circadian rhythm under constant lighting conditions in mice [J]. Journal of Neuroscience Research, 60: 212-218.

MORRIS E L, PATTON A P, CHESHAM J E, et al., 2021. Single-cell transcriptomics of suprachiasmatic nuclei reveal a Prokineticin-driven circadian network [J]. EMBO Journal, 40: e108614.

MROSOVSKY N, 1996. Locomotor activity and non-photic influences on circadian clocks [J]. Biological Reviews of the Cambridge Philosophical Society, 71: 343-372.

MULLER C, TORREALBA F, 1998. Postnatal development of neuron number and connections in the suprachiasmatic nucleus of the hamster [J]. Developmental Brain Research, 110: 203-213.

MUNEKAWA K, TAMADA Y, IIJIMA N, et al., 2000. Development of astroglial elements in the suprachiasmatic nucleus of the rat: with special reference to the involvement of the optic nerve [J]. Experimental Neurology, 166: 44-51.

NEWMANN E A, KIM D W, WAN J, et al., 2018. Foxd1 is required for terminal differentiation of anterior hypothalamic neuronal subtypes [J]. Developmental Biology, 439: 102-111.

NISHIDE S Y, HONMA S, NAKAJIMA Y, et al., 2006. New reporter system for Per1 and Bmal1 expressions revealed self-sustained circadian rhythms in peripheral tissues [J]. Genes to Cells, 11: 1173-1182.

OKAMURA H, MURAKAMI S, UDA K, et al., 1986. Coexistence of vasoactive intestinal peptide (VIP)-, peptide histidine isoleucine amide(PHI)-, and gastrin releasing peptide(GRP)-like immunoreactivity in neurons of the rat suprachiasmatic nucleus [J]. Biomedical Research-Tokyo, 7: 295-299.

OTA T, FUSTIN J M, YAMADA H, et al., 2012. Circadian clock signals in the adrenal cortex [J]. Molecular and Cellular Endocrinology, 349: 30-37.

PAULS S, FOLEY N C, FOLEY D K, et al., 2014. Differential contributions of intra-cellular and inter-cellular mechanisms to the spatial and temporal architecture of the suprachiasmatic nucleus circadian circuitry in wild-type, cryptochrome-null and vasoactive intestinal peptide receptor 2-null mutant mice [J]. European Journal of Neuroscience, 40: 2528-2540.

PICKARD G E, RALPH M R, MENAKER M, 1987. The intergeniculate leaflet partially mediates effects of light on circadian rhythms [J]. Journal of Biological Rhythms, 2: 35-56.

PROSSER R A, EDGAR D M, HELLER H C, et al., 1994. A possible glial role in the mammalian circadian clock [J]. Brain Research, 643: 296-301.

REED H E, MEYER-SPASCHE A, CUTLER D J, et al., 2001. Vasoactive intestinal polypeptide (VIP) phase-shifts the rat suprachiasmatic nucleus clock in vitro [J]. European Journal of Neuroscience, 13: 839-843.

RIVKEES S A, 2007. The development of circadian rhythms: from animals to humans [J]. Sleep Medicine Clinics, 2: 331-341.

ROBERTS D E, KILLIANY R J, ROSENE D L, 2012. Neuron numbers in the hypothalamus of the normal aging rhesus monkey: stability across the adult lifespan and between the sexes [J]. Journal of Comparative Neurology, 520: 1181-1197.

ROMERO M T, SILVER R, 1990. Time course of peptidergic expression in fetal suprachiasmatic nucleus transplanted into adult hamster [J]. Developmental Brain Research, 57: 1-6.

ROWITCH D H, KRIEGSTEIN A R, 2010. Developmental genetics of vertebrate glial-cell specification [J].

Nature,468: 214-222.

ROY A,DE MELO J,CHATURVEDI D,et al.,2013. LHX2 is necessary for the maintenance of optic identity and for the progression of optic morphogenesis [J]. Journal of Neuroscience,33: 6877-6884.

SADERI N,CAZAREZ-MARQUEZ F,BUIJS F N,et al.,2013. The NPY intergeniculate leaflet projections to the suprachiasmatic nucleus transmit metabolic conditions [J]. Neuroscience,246: 291-300.

SATINOFF E,LI H,TCHENG T K,et al.,1993. Do the suprachiasmatic nuclei oscillate in old rats as they do in young ones [J]. American Journal of Physiology,265: R1216-1222.

SEKARAN S,LUPI D,JONES S L,et al.,2005. Melanopsin-dependent photoreception provides earliest light detection in the mammalian retina [J]. Current Biology,15: 1099-1107.

SERON-FERRE M,VALENZUELA G J,TORRES-FARFAN C,2007. Circadian clocks during embryonic and fetal development [J]. Birth Defects Research,81: 204-214.

SHAN Y,ABEL J H,LI Y,et al.,2020. Dual-color single-cell imaging of the suprachiasmatic nucleus reveals a circadian role in network synchrony [J]. Neuron,108:164.

SHEARMAN L P,ZYLKA M J,WEAVER D R,et al.,1997. Two period homologs: circadian expression and photic regulation in the suprachiasmatic nuclei [J]. Neuron,19: 1261-1269.

SHEN H,WATANABE M,TOMASIEWICZ H,et al.,1997. Role of neural cell adhesion molecule and polysialic acid in mouse circadian clock function [J]. Journal of Neuroscience,17: 5221-5229.

SHIBATA S,OOMURA Y,KITA H,et al.,1982. Circadian rhythmic changes of neuronal activity in the suprachiasmatic nucleus of the rat hypothalamic slice [J]. Brain Research,247: 154-158.

SHIMOGORI T,LEE D A,MIRANDA-ANGULO A,et al.,2010. A genomic atlas of mouse hypothalamic development [J]. Nature Neuroscience,13: 767-U153.

SHIMOMURA H,MORIYA T,SUDO M,et al.,2001. Differential daily expression of Per1 and Per2 mRNA in the suprachiasmatic nucleus of fetal and early postnatal mice [J]. European Journal of Neuroscience,13: 687-693.

SHINOHARA K, HONMA S, KATSUNO Y, et al., 1995. Two distinct oscillators in the rat suprachiasmatic nucleus in vitro [J]. Proceedings of the National Academy of Sciences of the United States of America,92: 7396-7400.

SILVER R,LESAUTER J,TRESCO P A,et al.,1996. A diffusible coupling signal from the transplanted suprachiasmatic nucleus controlling circadian locomotor rhythms [J]. Nature,382: 810-813.

SLADEK M,SUMOVA A,KOVACIKOVA Z,et al.,2004. Insight into molecular core clock mechanism of embryonic and early postnatal rat suprachiasmatic nucleus [J]. Proceedings of the National Academy of Sciences of the United States of America,101: 6231-6236.

SLAT E,FREEMAN G M,HERZOG E D,2013. The clock in the brain: neurons,glia,and networks in daily rhythms [J]. Handbook of Experimental Pharmacology: 105-123.

SPEH J C,MOORE R Y,1993. Retinohypothalamic tract development in the hamster and rat [J]. Developmental Brain Research,76: 171-181.

STEPHAN F K,ZUCKER I,1972. Circadian rhythms in drinking behavior and locomotor activity of rats are eliminated by hypothalamic lesions [J]. Proceedings of the National Academy of Sciences of the United States of America,69: 1583-1586.

SUTIN E L, DEMENT W C, HELLER H C, et al., 1993. Light-induced gene expression in the suprachiasmatic nucleus of young and aging rats [J]. Neurobiology of Aging,14: 441-446.

SWAAB D F,FLIERS E,PARTIMAN T S,1985. The suprachiasmatic nucleus of the human brain in relation to sex,age and senile dementia [J]. Brain Research,342: 37-44.

SWAAB D F,HOFMAN M A,HONNEBIER M B,1990. Development of vasopressin neurons in the human suprachiasmatic nucleus in relation to birth [J]. Brain Research: Developmental Brain Research,52:

289-293.

SWAAB D F, VAN SOMEREN E J W, ZHOU J N, et al. , 1996. Progress in brain research, chapter 23 biological rhythms in the human life cycle and their relationship to functional changes in the suprachiasmatic nucleus[M]. Elsevier:349-368.

SWAAB D F, ZHOU J N, EHLHART T, et al. , 1994. Development of vasoactive intestinal polypeptide neurons in the human suprachiasmatic nucleus in relation to birth and sex [J]. Brain Research: Developmental Brain Research,79: 249-259.

TABATA H, 2015. Diverse subtypes of astrocytes and their development during corticogenesis [J]. Frontiers in Neuroscience,9.

TAKATSUJI K, OYAMADA H, TOHYAMA M, 1995. Postnatal development of the substance P-, neuropeptide Y- and serotonin-containing fibers in the rat suprachiasmatic nucleus in relation to development of the retino-hypothalamic projection [J]. Brain Research: Developmental Brain Research,84: 261-270.

TOUSSON E, MEISSL H, 2004. Suprachiasmatic nuclei grafts restore the circadian rhythm in the paraventricular nucleus of the hypothalamus [J]. Journal of Neuroscience,24: 2983-2988.

TRAVNICKOVA-BENDOVA Z, CERMAKIAN N, REPPERT S M, et al. , 2002. Bimodal regulation of mPeriod promoters by CREB-dependent signaling and CLOCK/BMAL1 activity [J]. Proceedings of the National Academy of Sciences of the United States of America,99: 7728-7733.

TSO C F, SIMON T, GREENLAW A C, et al. , 2017. Astrocytes regulate daily rhythms in the suprachiasmatic nucleus and behavior [J]. Current Biology,27: 1055-1061.

TU D C, ZHANG D, DEMAS J, et al. , 2005. Physiologic diversity and development of intrinsically photosensitive retinal ganglion cells [J]. Neuron,48: 987-999.

VACHER C M, FRETIER P, CREMINON C, et al. , 2003. Monoaminergic control of vasopressin and VIP expression in the mouse suprachiasmatic nucleus [J]. Journal of Neuroscience Research,71: 791-801.

VAN DEN POL A N, 1980. The hypothalamic suprachiasmatic nucleus of rat: intrinsic anatomy [J]. Journal of Comparative Neurology,191: 661-702.

VANDUNK C, HUNTER L A, GRAY P A, 2011. Development, maturation, and necessity of transcription factors in the mouse suprachiasmatic nucleus [J]. Journal of Neuroscience,31: 6457-6467.

WATANABE A, SHIBATA S, WATANABE S, 1995. Circadian rhythm of spontaneous neuronal activity in the suprachiasmatic nucleus of old hamster in vitro [J]. Brain Research,695: 237-239.

WATTS A G, SWANSON L W, 1987. Efferent projections of the suprachiasmatic nucleus: II. Studies using retrograde transport of fluorescent dyes and simultaneous peptide immunohistochemistry in the rat [J]. Journal of Comparative Neurology,258: 230-252.

WATTS A G, SWANSON L W, SANCHEZ-WATTS G, 1987. Efferent projections of the suprachiasmatic nucleus: I. Studies using anterograde transport of Phaseolus vulgaris leucoagglutinin in the rat [J]. Journal of Comparative Neurology,258: 204-229.

WEINERT H, WEINERT D, SCHUROV I, et al. , 2001. Impaired expression of the mPer2 circadian clock gene in the suprachiasmatic nuclei of aging mice [J]. Chronobiology International,18: 559-565.

WELSH D K, LOGOTHETIS D E, MEISTER M, et al. , 1995. Individual neurons dissociated from rat suprachiasmatic nucleus express independently phased circadian firing rhythms [J]. Neuron,14: 697-706.

WEN S, MA D, ZHAO M, et al. , 2020. Spatiotemporal single-cell analysis of gene expression in the mouse suprachiasmatic nucleus [J]. Nature Neuroscience,23: 456-467.

WILSBACHER L D, YAMAZAKI S, HERZOG E D, et al. , 2002. Photic and circadian expression of luciferase in mPeriod1-luc transgenic mice invivo [J]. Proceedings of the National Academy of

Sciences of the United States of America,99：489-494.

WOMAC A D,BURKEEN J F,NEUENDORFF N,et al. ,2009. Circadian rhythms of extracellular ATP accumulation in suprachiasmatic nucleus cells and cultured astrocytes ［J］. European Journal of Neuroscience,30：869-876.

WRESCHNIG D,DOLATSHAD H,DAVIS F C,2014. Embryonic development of circadian oscillations in the mouse hypothalamus ［J］. Journal of Biological Rhythms,29：299-310.

XU P, BERTO S, KULKARNI A, et al. , 2021. NPAS4 regulates the transcriptional response of the suprachiasmatic nucleus to light and circadian behavior ［J］. Neuron,109：3268-3282.

YAMAGUCHI S, ISEJIMA H, MATSUO T, et al. , 2003. Synchronization of cellular clocks in the suprachiasmatic nucleus ［J］. Science,302：1408-1412.

YAMAZAKI S, ALONES V, MENAKER M, 2002a. Interaction of the retina with suprachiasmatic pacemakers in the control of circadian behavior ［J］. Journal of Biological Rhythms,17：315-329.

YAMAZAKI S,STRAUME M,TEI H,et al. ,2002b. Effects of aging on central and peripheral mammalian clocks ［J］. Proceedings of the National Academy of Sciences of the United States of America,99：10801-10806.

YOO S H,YAMAZAKI S,LOWREY P L,et al. ,2004. PERIOD2：：LUCIFERASE real-time reporting of circadian dynamics reveals persistent circadian oscillations in mouse peripheral tissues ［J］. Proceedings of the National Academy of Sciences of the United States of America,101：5339-5346.

ZHOU J N,SWAAB D F,1999. Activation and degeneration during aging：a morphometric study of the human hypothalamus ［J］. Microscopy Research and Technique,44：36-48.

ZHOU Q Y, CHENG M Y, 2005. Prokineticin 2 and circadian clock output ［J］. FEBS Journal, 272：5703-5709.

第8章

分 子 振 荡

前言

2017 年的诺贝尔生理学或医学奖授予了三位美国科学家,杰弗里·霍尔(Jeffery Hall)、迈克尔·罗斯巴什(Michael Rosbash)和迈克尔·杨(Michael Young),以表彰他们利用果蝇对理解和阐明近日节律的分子机理做出的卓越贡献。消息一经公布,很多科学家认为实至名归,但也有不少科学家认为相较近年大热的研究,如光遗传学、癌症的免疫疗法(2019 年获奖)等,生物钟的获奖稍显冷门。进入 21 世纪以来,诺贝尔生理学或医学奖似乎有更看重疾病与应用的趋势,如 2005 年的幽门螺杆菌与胃炎,2008 年的艾滋病及人乳头状瘤病毒,以及人们所熟知的线虫寄生虫和疟疾新疗法(2015 年),甚至大隅良典的细胞自噬机制(2016 年)也跟各种疾病关系极为密切。但熟悉生物科学史的人多数都会认为生物钟领域获奖是水到渠成的。

果蝇作为生物学研究的优秀模式生物,以其基因组低冗余、遗传操作简单、生活周期短、体型较小、易饲养等优点备受生物学家的喜爱。除此之外果蝇中多数基因与哺乳动物高度保守,据统计有超过 65% 的人类疾病相关基因在果蝇里有同源基因(Ugur et al., 2016),研究果蝇能够为了解人类本身提供重要的科学价值。据统计包括生物钟在内,目前有五项诺贝尔奖的研究以果蝇为模式生物。提起果蝇遗传学,除了 20 世纪早期的摩尔根(Thomas Morgan)、穆勒(Hermann Muller)等之外,还有一个人至关重要,那就是西摩·本哲(Seymour Benzer)。本哲虽然本人未获得诺贝尔奖,但他对生物学的发展做出了不可磨灭的贡献,几乎是凭借一己之力推动了果蝇行为遗传学的极大发展(Tanouye,2008)。本哲之前,很多生物学家不敢想象复杂行为是可以受单个基因所调控的,20 世纪 60 年代以后本哲和他实验室的博士后、研究生们一起,利用果蝇遗传学,对学习与记忆、生物节律等都做出了开创性的研究,篇幅有限,这里只简单介绍本哲对生物节律的贡献。

在本哲加州理工学院的实验室里,博士生罗纳德·科诺普卡(Ronald Konopka)对果蝇的生物节律研究非常感兴趣,他说服本哲用果蝇筛选调控近日节律的突变。果蝇成虫从蛹里蜕皮而出,称为羽化,之前的研究认为羽化多数发生在清晨。科诺普卡决定利用化学试剂 EMS 诱导果蝇突变,进一步来筛选羽化节律突变的果蝇,来寻找近日节律的突变体,这在当时是一个非常大胆的设计。在筛选了约 2000 个品系后他们获得了三个显著影响果蝇羽化节律的突变体,更神奇的是这三个突变体影响的都是同一个果蝇基因(*period*),进一步证实了这个基因对近日节律的重要性(Konopka et al.,1971)。接下来通过检测果蝇的昼夜运动节律,科诺普卡发现一个突变使得果蝇丧失运动节律,于是命名为 per^0(per zero),而另外一个突变体果蝇的节律由 24 h 缩短至约 19 h(per^s,per short),第三个突变体果蝇的近日节律延长到约 28 h(per^l,per long),也正是这三个果蝇的近日节律突变体,奠定了日后近日时钟分子机制研究的基础。筛选到突变体之后,接下来的重要一步便是克隆基因,因为只有当基因被克隆,才有可能进一步研究其功能,理解其作用机制,而在当时分子生物学刚刚发轫,通过克隆基因来研究功能并非易事。虽然科诺普卡筛选发现了第一个近日节律的突变体,但让人遗憾的是由于各种原因,他自己的实验室后来对近日节律的贡献日渐式微。经过十多年的时间,终于在 1984 年由三个独立的课题组,也就是后来的诺贝尔生理学或医学奖获得者布兰迪斯大学的杰弗里·霍尔和迈克尔·罗斯巴什以及洛克菲勒大学的迈克尔·杨分别克隆了果蝇的 *period* 基因,相应的突变也被逐渐克隆鉴定出来(Bargiello et al.,1984;Reddy et al.,1984;Zehring et al.,1984)。第一个节律基因 *per* 被克隆出来之后,科学家们陆续发现了 PER 蛋白及其 mRNA 都存在 24 h 的节律性振荡(Siwicki et al.,1988;Saez et al.,1988;James et al.,1986;Liu et al.,1988;Liu et al.,1992;Zerr et al.,1990)。在此基础上,罗斯巴什实验室的博士后保罗·哈丁(Paul Hardin)创造性地提出了近日时钟的分子振荡器可能是一个以 *per* 为核心的负反馈环路假说,认为 *per* 存在周期性转录,而 PER 蛋白又能抑制自身的转录,从而维持 24 h 节律(Hardin et al.,1990)。

尽管早在 19 世纪 70 年代动物里第一个近日节律的突变体已在果蝇里发现,但果蝇里第二个近日时钟突变 *Andante* 却直到约 20 年后才被科诺普卡发现(Konopka et al.,1991),虽然日后其他实验室证实 *Andante* 编码了蛋白激酶 Casein Kinase 2(CK2)的一个亚基(Akten et al.,2003),而且 CK2 在不同物种里都被证实调控生物节律(见 8.3 节),但遗憾的是科诺普卡这个发现在当时并未引起太多关注。经过一段时间的相对沉寂,果蝇近日时钟领域的下一个重要的突变体才由迈克尔·杨实验室的阿米塔·希高(Amita Seghal)发现,并被命名为 *timeless*(时间缺失)(Sehgal et al.,1994)。随着 *tim* 的鉴定克隆及功能研究,科学家发现 TIM 蛋白能够与 PER 存在节律性的相互作用并调节 PER/TIM 复合物出核(Vosshall et al.,1994;Myers et al.,1995;Sehgal et al.,1995;Suri et al.,1999),至此虽然其作用机制尚未确定,但近日时钟分子振荡器的负性调控元件相对清晰。

虽然哺乳动物在寻找近日时钟负性调控因子方面起步落后,直到 1997 年小鼠 *Per* 才被克隆(Sun et al.,1997),但在分子振荡器的正调控元件方面,小鼠研究却走到了前面,这一切主要归功于当时在美国西北大学的约瑟夫·高桥(Joseph Takahashi)实验室进行的小鼠生物节律突变体筛选。1994 年高桥实验室的 King 等报道了第一个哺乳动物里的生物钟突变体 *Clock*,并在随后成功克隆出 *Clock* 基因(Vitaterna et al.,1994;King et al.,1997;Antoch et al.,1997)。几年后,果蝇里的 *Clock* 突变体和基因才被发现和克隆(Allada et al.,1998;Darlington et al.,1998;Rutila et al.,1998)。跟 PER 蛋白不同,CLK 蛋白具有很多转录因子的显著结构域(结合 DNA 的 bHLH),因此可调控激活基因转录。在果蝇的 Clk^{jrk} 突变体中,*per* 和 *tim* 的 mRNA 表达量非常低,暗示 CLK 是 *per* 和 *tim* 的正调控因子,事实证明,果蝇里的 CLK 蛋白的确能够激活 *per* 和 *tim* 启动子区报告基因的表达转录,正如当时史蒂夫·凯(Steve Kay)实验室的文章所写"闭环生物钟：CLOCK 诱导自身抑制因子 *per* 和 *tim* 的转录"(Darlington et al.，1998)，近日时钟分子振荡器得以闭环，而这也完美地验证了当时哈丁的负反馈环路假说(Hardin et al.，1990)。此外，迈克尔·杨实验室的杰弗里·普赖斯(Jeffery Price)通过突变体筛选，发现了近日时钟调控的另一个重要基因 *doubletime*，它通过调控 PER 蛋白的磷酸化，从而影响其稳定性，有趣的是 *doubletime* 的不同突变也能分别加速、减缓甚至丧失果蝇的近日节律(Price et al.，1998)。随后哺乳动物的 *doubletime* 的同源基因酪蛋白激酶 ε(CKIε)也被克隆(Lowrey et al.，2000)。至此激酶在近日时钟调控中的重要作用被慢慢揭开，近日时钟的分子机制也逐渐明了。接下来将重点讲述近日时钟分子振荡器的基本元件和功能原理。

8.1 正性调控

近日时钟的核心是由一个转录和翻译后修饰的负反馈环路所组成(图 8.1)。近日时钟分子振荡器的正性调控主要由两个蛋白进行，分别是果蝇中的 *Clock*(*Clk*)和 *Cycle*(*Cyc*)，对应哺乳动物的 *Clock* 和 *Bmal*1(Hardin，2011，Patke et al.，2020)。之前对 *per* 的分析发现其启动子区的 E-box 对 *per* 的节律性表达至关重要，而 E-box 正是很多具有 bHLH (basic-helix-loop-helix)和 PAS (PER-ARNT-SIM)结构域的转录因子的经典结合区，因此当小鼠中带有 bHLH/PAS 结构域的 *Clock* 基因克隆之后，科学家自然而然地假想果蝇中的 CLK 也能结合 *per* 的 E-box，激活其节律性转录。而事实正是如此，作为转录因子，CLK 和 CYC 能够结合形成异源二聚体，通过 bHLH DNA 结合结构域，通过与下游基因的 E-box 区域(经典的 E-box 序列为 CACGTG)节律性结合，激活包括 *per* 和 *tim* 在内的几百个果蝇基因的节律性转录(图 8.2)。CLK 蛋白除了具有 bHLH/PAS 结构域外，还有多聚谷

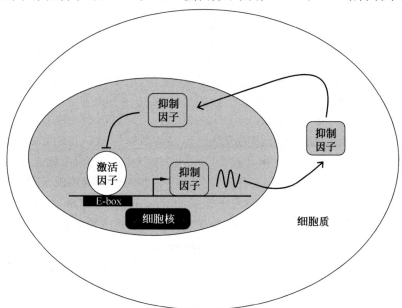

图 8.1 近日时钟负反馈环路构架

氨酰胺区域,而实验证明这个多聚谷氨酰胺结构域对 CLK/CYC 的转录激活至关重要。有趣的是,作为一个表达相对广泛的基因,虽然名字为 cycle(循环),但目前已知 cyc 的表达并不具有节律性,而且 CYC 没有转录激活结构域,因此这里主要以 CLK 为例,介绍近日时钟分子振荡的正性调控。

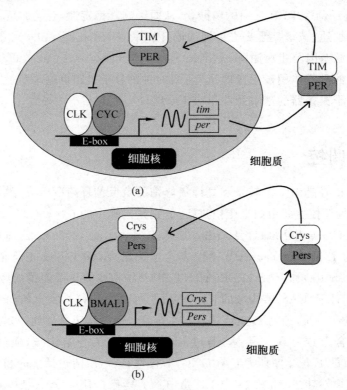

图 8.2 果蝇和小鼠近日时钟分子振荡器
(a) 果蝇;(b) 小鼠

通过染色质免疫共沉淀结合 DNA 芯片(ChIP-chip)实验,罗斯巴什实验室发现在果蝇头部,CLK 能够节律性地结合基因组约 800 个位点,其中最强的结合多数出现在上半夜(ZT14 占 60%,在标准的 12:12 光/暗中,ZT0 为开灯,ZT12 为关灯,ZT14 为关灯后约 2 h,下同)(Menet et al.,2010;Abruzzi et al.,2011)。当然仅仅 CLK/CYC 与靶基因的节律性地结合并不能直接驱动下游基因的表达呈现昼夜节律性,在 CLK/CYC 靶基因启动子或编码区中,约 30% 的存在 RNA 聚合酶 Ⅱ(Pol Ⅱ)的节律性结合,因此这些靶基因存在节律性转录。此外 CLK 和 CYC 作为近日时钟分子振荡器的正性调控因子,除了能够与下游靶基因启动子节律性地结合之外,其自身的表达也存在节律性。Clk 的基因表达在夜晚后半段和白昼开始达到高峰,随后逐渐下降,并在夜幕降临时进入低谷。Clk 自身基因的节律性表达主要是由除 per/tim 之外的另一个反馈环路所调控:CLK/CYC 调控 PAR-domain protein1(pdp1)和 vrille(vri)的节律性转录,而 pdp1 和 vri 蛋白又能分别通过与 Clk 启动子区的 V/P boxes 结合,激活或抑制 Clk 的自身转录,从而影响其节律性表达(Hardin,2011;Blau et al.,1999;Glossop et al.,1999;Glossop et al.,2003;Cyran et al.,2003)。

CLK 作为近日时钟正性调控的关键转录因子,其稳定性和转录活性对近日节律的维持起着至关重要的作用,而这两种特性主要通过翻译后修饰的调控来实现(Hardin,2011;Patke et al.,2020)。作为近日时钟负反馈环路的关键抑制因子,PER 对 CLK 转录活性的抑制非常关键,这一点将在 8.2 节生物节律的负性调控里展开论述。这里重点讨论 CLK 的磷酸化和泛素化,实际上 CLK 的这两种翻译后修饰也都存在显著的节律性变化(Hardin,2011;Lee et al.,1998)。已有研究报道 CLK/CYC 的转录活性被抑制主要发生在 CLK 磷酸化水平升高之后,这也暗示了磷酸化与 CLK 活性的密切关系。CLK 的磷酸化最高点出现在早晨,而这被认为主要受 PER/DBT 的促进,但有趣的是,DBT 的激酶活性对 CLK 的磷酸化影响微弱,因此 PER/DBT 很可能主要通过招募其他激酶到 CLK,起到桥梁的作用(Menet et al.,2010;Yu et al.,2006;Kim et al.,2006;Yu et al.,2009;Szabó et al.,2013)。一个重要的磷酸激酶 CK2α 能够同时对 CLK 的稳定性和转录活性发挥相反的调控作用:CK2α 对 CLK 的磷酸化使得 CLK 更稳定,但同时却降低了 CLK 的活性(Szabó et al.,2013)。与之相反,另一个重要的激酶 NEMO 则能够通过磷酸化降解 CLK(Yu et al.,2011)。通过体外磷酸化蛋白组学的方法,科学家们在 CLK 蛋白中鉴定了至少 15 个磷酸化的位点,将这 15 个位点全部突变使之不能被磷酸化时,CLK 蛋白的水平升高(更稳定),而且其转录活性也更高,与之对应的,果蝇的节律周期变短(Lee et al.,2014)。与磷酸化相反,果蝇 CLK 蛋白的泛素化高峰出现在 CLK 转录活性最强的时候,暗示了泛素化修饰能够增强 CLK 的活性。在果蝇中下调一个去泛素化蛋白酶 USP8 能够增强 CLK 蛋白的泛素化水平及转录活性,而且 *usp*8 的转录受 CLK 调控,也具有节律性,因此 USP8 在这里与其他负性调控因子 PER/TIM 一样,抑制自身的转录(Luo et al.,2012)。除了磷酸化和泛素化外,糖基化修饰对于生物节律调控也非常重要,目前已知 PER 和 CLK 都受到糖基化的紧密调控,由于糖基化与代谢的紧密联系,因此糖基化修饰可能是将代谢作为生物节律的重要输入与近日时钟的分子振荡器紧密联系的重要步骤(Kim et al.,2012;Kaasik et al.,2013)。

值得一提的是,尽管 CLK/CYC 与小鼠中的 CLOCK/BMAL1 在调控近日时钟功能上高度同源,但两个复合物对基因表达的调控机制却略有不同。近年研究显示小鼠的 CLOCK 蛋白还具有组蛋白乙酰转移酶的活性,小鼠的 CLOCK 与组蛋白乙酰转移酶 SRC 家族的蛋白具有序列相似性,而且 BMAL1 与 CLOCK 的结合能够增强后者的乙酰转移酶活性,进一步研究发现 CLOCK 蛋白的乙酰转移酶活性对于其近日时钟的调控功能是必须的,基因组水平研究证实 CLOCK 的许多下游基因区域都存在着染色质的节律性修饰(Doi et al.,2006;Aguilar-Arnal et al.,2015;Takahashi,2017)。CLOCK 蛋白不但自身具有组蛋白的乙酰转移酶活性,而且还能够与其他组蛋白乙酰转移酶像如 p300 或 CREB 结合蛋白(CREB binding protein,CBP)等结合,间接调控染色质结构。罗斯巴什团队研究发现,CLOCK/BMAL1 能够通过影响核小体中组蛋白亚基 H2A.Z 的节律性替换等来影响染色质重塑及节律性开放,从而对其他转录因子的节律性结合创造条件,产生类似转录先行者(pioneer-like transcription factor)的作用(Menet et al.,2014)。除了零星的 CLK 与 nejire/CBP、染色质重塑复合物 Brahma、DOMINO 等蛋白相互作用外,果蝇中目前尚无明确的关于 CLK/CYC 复合物直接调控染色质结构的研究报道,但不排除随着研究的进展,也能发现 CLK/CYC 存在类似 CLOCK/BMAL1 的染色质调控功能(Hung et al.,2007;Kwok et al.,2015;Liu et al.,2019)。

8.2 负性调控

　　果蝇近日时钟分子振荡器的一个重要调控机制便是负反馈,这主要是由负性调控因子所决定。最重要的负性调控因子为 PER/TIM 蛋白复合物,因为 TIM 更多的是保护 PER 不被降解,以及调控 PER 的入核,这里着重讨论 PER 的负性调控,并简单涉及其他几个在近日时钟的反馈环路里起负调控作用的分子,如 VRI 和 CLOCKWORKORANGE (CWO),关于 TIM 的部分将在后面近日时钟的环境输入部分加以阐述。近日时钟分子振荡器是一个以 PER 为核心的负反馈环路,这个假说由哈丁提出,主要基于三个基本观察:第一,per 的 mRNA 和 PER 蛋白存在明显的节律性;第二,per mRNA 的节律周期分别与早期科诺普卡发现的三个 per 节律突变体一致;第三,per mRNA 的节律主要由节律性转录所决定(Hardin et al.,1990)。假说提出后,科学家们也陆续发现 PER 在转录、蛋白水平、核定位以及磷酸化等不同步骤都存在着显著的节律,也证实了 PER 作为近日时钟负反馈环路的核心变量受到不同层面严格地节律性调控(Hardin,2011)。近日时钟的负调控元件 per 和 tim 的转录在 CLK/CYC 复合物激活下,在夜晚前半段达到高峰,而随着夜晚 PER/TIM 蛋白在细胞质中的逐渐积累,PER/TIM 蛋白受到一系列包括 DBT 在内的磷酸激酶与酯酶的调控,而这些磷酸化的调节不但影响 PER/TIM 蛋白的稳定性,同样调控 PER/TIM 复合物的入核,如激酶 CK2 和 SGG 可以通过分别磷酸化 PER 和 TIM 来促进后两者的入核(Akten et al.,2003;Martinek et al.,2001;Lin et al.,2002)。夜晚后半段入核后,PER/DBT/TIM 蛋白复合物便能够与 CLK 结合,使后者磷酸化,并从 E-box 上解离出来,从而抑制 CLK/CYC 对 per/tim 自身的转录作用。而白天的光照使得 TIM 被降解,失去 TIM 保护后的 PER 在核内被 DBT 等磷酸化,直到被泛素连接酶 SLIMB 降解。随着 PER/TIM 复合物的降解,CLK/CYC 的抑制得以解除,于是新的一轮节律性转录拉开帷幕,而这一个循环正好约为 24 h(图 8.2)。

　　这里重点关注作为负调控因子的 PER 如何抑制 CLK 的转录。具有 PAS 结构域的蛋白多数能够形成同源或异源二聚体,由于 PER 蛋白与 CLK/CYC 一样也具有 PAS 结构域,因此不能假设 PER 能够与 CLK 结合,从而抑制其转录活性。然而转录报告基因的体外实验表明,PER 的转录抑制作用主要是由其 C 末端的一段区域所决定,因此这段区域也被称为 CCID(CLK/CYC inhibitory domain),而另外一项研究也表明至少在体外,PAS 结构域对于 PER 的转录抑制作用并非必需(Chang et al.,2003;Kim et al.,2007;Nawathean et al.,2007)。因此推测 PAS 结构域可能对于 PER 与 TIM 相互作用,或者 PER 自身形成同源二聚体发挥作用。那么 PER 到底如何抑制 CLK 的转录活性呢?目前推测 PER 对 CLK 的抑制主要通过两种可能的机理,一是通过与 CLK 竞争 E-box 位点,从而将 CLK 排斥;二是 PER 能够作为桥梁将抑制因子结合到 CLK,从而影响其活性。早期艾萨克·爱德里 (Issac Edery)实验室通过体外研究发现,当 PER/TIM 存在时,CLK/CYC 对于 E-box 的结合能力被显著下调(Lee et al.,1999),证实了第一种机理的可能性;随后利用染色质免疫沉淀技术,哈丁实验室发现 CLK/CYC 对于 per E-box 的结合作用的确存在节律性振荡,而且当 PER 进入细胞核发挥转录抑制作用时,CLK/CYC 从 per E-box 解离(Yu et al.,2006)。

而最近的另外一项研究则证实了两种机制同时存在的可能性：利用 ChIP-chip 技术，科学家发现 PER 对 CLK 的抑制存在两个不同阶段，首先在转录抑制开始时，PER 能够通过与节律基因启动子结合直接抑制 CLK 的转录活性，其次 PER 能够将被磷酸化的 CLK 从 E-box 区域"排挤走"（Menet et al.，2010）。

近日时钟负反馈环路的转录抑制主要由 PER 来实现，TIM 作为一个重要的时钟蛋白，其主要作用体现在系环境输入（如光导引）与核心分子振荡器，此外 TIM 还能够通过与 PER 相互作用，调控 PER 的稳定性，保护其不被降解，以及促进 PER 进入细胞核发挥转录抑制作用，因此目前多数认为 TIM 作为负反馈环路的一员，主要起到辅助作用（Hardin，2011）。在 tim^0 突变体中，不但 per/tim 的 mRNA 节律表达消失，仅有的少量 PER 也被限制在细胞质中（Sehgal et al.，1994；Vosshall et al.，1994；Myers et al.，1995），而当 TIM 不存在时，翻译出来的 PER 在细胞质中被 DBT 磷酸化，进而被降解，因此 TIM 对 PER 的保护作用主要是通过降低 DBT 对 PER 的磷酸化实现（Kloss et al.，2001）。

果蝇里最新的一个重要负性调控因子——CLOCKWORKORANGE（CWO）于 2007 年被三个研究组同时报道（Kadener et al.，2007；Matsumoto et al.，2007；Lim et al.，2007）。当科学家利用基因芯片技术鉴定果蝇基因组中存在节律性振荡的基因时，其中一个编号 CG17100 的节律性表达基因最早被发现（Claridge-Chang et al.，2001；McDonald et al.，2001；Ceriani et al.，2002）。此后研究证实 CG17100 启动子区具有类似 per/tim 的 E-box 区域，而且受 CLK 的转录调控（Claridge-Chang et al.，2001）。因为其具有一个 bHLH-Orange 结构域，而后者是很多具有抑制作用的转录因子共同的特征结构，因此称为 CLOCKWORKORANGE（CWO）（Kadener et al.，2007；Matsumoto et al.，2007），体外 S2 细胞（一种果蝇细胞）实验表明 CWO 能够结合 E-box 区域，并抑制 CLK 介导的对 per/tim 等报告基因的转录激活，与之对应的在 cwo 的突变体里，cwo 的表达量也明显升高，因此 CWO 可以作为负性调控因子发挥作用。然而在 cwo 的突变体里，果蝇的其他几个主要的 CLK 靶基因 per/tim，Pdp1/vri 的表达都被抑制，这些结果也暗示 CWO 可以作为这些节律基因的正调控因子（Richier et al.，2008）。关于 CWO 抑制 CLK 转录的机理，最近的一篇研究发现，CWO 以与 CLK 正好相反的时相和 E-box 区域节律性结合（高峰结合分别出现在 ZT2 或 ZT14），从而以拮抗的方式促进 PER 依赖的 CLK/CYC 从 E-box 解离（Zhou et al.，2016），有意思的是，在哺乳动物里 DEC1/DEC2 同样能够结合 CLOCK/BMAL1 的靶基因并抑制转录（Patke et al.，2020；Takahashi，2017；Honma et al.，2002），发挥与果蝇中 CWO 相似的功能。至于同样是 CLK 的靶基因，对 CWO 的作用出现不同的敏感性，甚至完全相反的结果，现在仍然是未解之谜。

8.3 激酶与磷酸酶

近日时钟的核心机制是一个物种间保守的转录及翻译后修饰的负反馈环路。8.1 节和 8.2 节着重从节律性转录的调节，讨论了分子振荡器的正性和负性调控，本节将以激酶和磷酸酶为例，讨论翻译后修饰对近日时钟的影响。磷酸化修饰作为近日时钟最重要的翻译后调控，对时钟蛋白的稳定性、入核及活性等方面都起着关键作用，从而有条不紊地调控着近日时钟的节律(图 8.2)。本节将按照发现的时间顺序,对调控生物节律的激酶与磷酸酶进行介绍。

通过对 PER 蛋白的研究,科研人员发现不仅 PER 的蛋白量,其分子量也存在明显的昼夜节律,PER 分子量的变化主要由磷酸化水平的变化所致,无独有偶,TIM 也具有类似的磷酸化节律调节,因此推测磷酸化可能是近日时钟调控的重要机制(Edery et al.,1994;Zeng et al.,1994)。随着果蝇近日时钟的第一个激酶 DBT 由普赖斯在迈克尔·杨实验室发现,磷酸化调控在近日时钟领域的研究也正式拉开了帷幕(Price et al.,1998)。在 *dbt* 突变体果蝇(*dbt*[p])中,PER 蛋白磷酸化水平较低,而且较野生型果蝇更为稳定。DBT 主要与 PER 的第 750~800 个氨基酸之间的区域结合(Kim et al.,2006;Nawathean et al.,2007),当这段区域被删除后,突变的 PER 不能够使 *per*[0] 保持节律,并且以去磷酸化的形式高度稳定存在,这与 *dbt*[p] 非常相似。PER 的第 47 位丝氨酸(S47)是 DBT 极为重要的磷酸化位点,对于 PER 的降解非常重要,只有当 S47 被磷酸化后,PER 才能形成一个可以被 F-box 蛋白 SLIMB 所识别的位点,从而被 SLIMB 降解。在 *per*[0] 中表达模拟持续磷酸化的 S47D PER 时,果蝇的生物节律周期显著缩短,而不能被磷酸化的 S47A PER 则使得果蝇的生物节律周期延长,这也证实了 DBT 介导的 PER 蛋白磷酸化对生物节律的重要影响。质谱实验发现 DBT 在 PER 上可能存在多个磷酸化位点,比如除 S47 外,DBT 在 PER 蛋白上的其他丝氨酸位点 S151、S153 和 S589 等对于 PER 的功能也至关重要。只有当 S589 被去磷酸化后,PER 的其他位点的磷酸化、入核及转录抑制活性才能顺利进行和表达(Kivimäe et al.,2008)。

除了 PER 之外,研究发现 CLK 也是 DBT 的一个重要靶点,DBT 对于 CLK 的磷酸化及稳定性也非常重要。与 PER 相似,CLK 需要被磷酸化才能启动降解,但 DBT 对于 CLK 的作用更为复杂。当抑制 DBT 的激酶活性时,PER 的磷酸化水平骤减,显示 DBT 是 PER 的主要激酶,但对 CLK 的磷酸化水平影响甚微,因此推测 DBT 的激酶活性对 CLK 的磷酸化并非必需(Yu et al.,2009)。CLK 的降解却又依赖 DBT 和 PER 的存在,推测 DBT 在这里主要起到了桥梁的作用,通过招募未知激酶到 CLK,导致 CLK 的磷酸化及降解。CLK 的磷酸化高峰出现在 CLK 与 DNA 结合结束时,因此推测 DBT 通过招募激酶间接调控 CLK 的磷酸化及其转录活性(Menet et al.,2010;Yu et al.,2006)。综上所述,经过近 20 年的研究,目前认为 DBT 对近日时钟的调控主要体现在两个方面:首先通过磷酸化 PER,调控 PER 的入核时间及稳定性和降解;其次招募其他激酶将 CLK 磷酸化,从而影响其转录活性。

DBT 发现后,磷酸化修饰很快成为近日时钟分子机制的研究热点,通过突变体或过表达等筛选策略,另外两个与近日时钟相关的重要激酶也相继被发现。CK2 是一个由两个催化亚基 α 和两个调节亚基 β 组成的激酶。科诺普卡发现的果蝇里第二个近日时钟突变基因 *Andante* 编码了 CK2 的一个 β 亚基,而由拉维·阿拉达(Ravi Allada)实验室发现的另外一个突变基因 *timekeeper*(*Tik*)则是 CK2α 的一个编码基因(Konopka et al.,1991;Lin et al.,2002)。两个突变体都能导致近日节律周期延长,与之对应的节律神经元里 PER 的入核也被显著延迟(Akten et al.,2003;Lin et al.,2002),这也显示 CK2 与 PER 的细胞定位关系密切,而且体外研究也发现 CK2 能够像 DBT 一样促进 PER 的转录抑制活性(Nawathean et al.,2007)。CK2 可能主要通过磷酸化 PER 蛋白的丝氨酸 S151 和 S153 来发挥作用（Lin et al.，2005），如前面所述，这两个位点也是 DBT 的潜在位点。除了 PER 之外，CK2 可能也调控 TIM 的磷酸化及进入细胞核。当将 TIM 蛋白含有 CK2 的四个磷酸化位点的一段区域删除时，突变 TIM 蛋白更稳定，而且磷酸化被抑制，这也导致突变体果蝇的近日节律周期延长（Ousley et al.，1998；Meissner et al.，2008）。有趣的是，最新的一项研究显示 CK2 能够在另外一个激酶 SHAGGY（SGG）磷酸化 TIM 之后，进一步磷酸化 TIM，从而促进 TIM 的入核，而这一现象是核心节律神经元所特有的（Top et al.，2016）。

　　SGG 是由迈克尔·杨实验室在一个针对生物节律的过表达筛选中发现，当在具有近日时钟的细胞中过表达 sgg 时，果蝇出现了短达 21 h 的节律，而果蝇钟神经元中的 PER/TIM 入核也显著提前，证实了近日时钟的加快（Martinek et al.，2001）。目前尚无充分证据证实 SGG 在近日时钟的确切靶点。研究显示 SGG 可能调控 PER 的磷酸化，通过体外质谱实验发现 PER 的 S657 位点是 SGG 的可能作用位点，而 S657 的磷酸化依赖于另外一个先导位点 S661 的磷酸化（Ko et al.，2010），但由于携带 S657 非磷酸化的突变果蝇的周期只存在微弱延长（0.5~1 h），并不足以解释 sgg 突变体的长周期（约 2.5 h）。因此 SGG 除了可能磷酸化 PER 的其他位点外，不能排除 SGG 的影响可以通过磷酸化 TIM 等其他近日时钟蛋白实现。近年来研究发现 PER 的磷酸化是一个非常复杂精密的级联反应，新发现的一个近日时钟激酶 NEMO 能够率先磷酸化 per^s 对应区域的 S596，从而激活了 DBT 依赖的 S589 和 S585 的磷酸化，而在 per^s 对应区域的磷酸化则延迟了 DBT 对 PER 的其他位点的磷酸化，包括前面提到的 S47，这也间接延迟了 SLIMB 导致的 PER 的降解，从而使近日节律维持在 24 h 左右（Chiu et al.，2011）。

　　磷酸酶与激酶的作用相反，主要是通过水解的方式将靶蛋白的磷酸基团去除，从而达到去磷酸化的目的。与激酶相比，近日时钟分子振荡器的磷酸酶相对较少，而且其作用机制也相对模糊，果蝇里目前研究较多的磷酸酶包括 PP2A 和 PP1。PP2A 由一个催化亚基和一个调节亚基组成，果蝇中 PP2A 的调节亚基由包括 tws 和 wdb 在内的四个基因所编码。值得一提的是，与多数没有节律的激酶相比，tws 和 wdb 的 mRNA 表达都具有节律性（Sathyanarayanan et al.，2004）。体外实验发现 PP2A 的 tws 和 wdb 这两个调节亚基能够使 PER 去磷酸化，并促进 PER 的稳定性。过表达 wdb 时，果蝇的周期出现微弱延长，而 tws 的过表达则使得果蝇丧失节律。在 tws 的突变体中，果蝇幼虫（成虫致死）的 PER 的积累和入核显著减缓，而在生物钟神经元中特异表达 PP2A 一个突变的催化亚基 mts 时，果蝇的生物节律周期延长，而且 PER 的水平显著下降（Sathyanarayanan et al.，2004）。为什么磷酸酶与激酶对 PER 的作用相反，但两者的突变都能导致相似的结果——周期的延长？一方面这可能说明 PP2A 并不能移除激酶引起的 PER 的多数磷酸化，而另外一个很大的可能性就是除了 PER 之外，PP2A 还有其他的时钟蛋白作为靶点。实际上至少在体外，PP2A 能够拮抗 DBT 引起的 CLK 的磷酸化（Kim et al.，2006）。CLK 的磷酸化对于其转录活性至关重要：早晨磷酸化的 CLK 转录功能失活，而随着磷酸化程度的降低，CLK 的转录活性又逐渐恢复、增强。最近的一项研究显示 PP2A 的另一个调节亚基 CKA 能够通过在白天时促进 CLK 蛋白的去磷酸化，从而调节 CLK 的转录活性（Andreazza et al.，2015），这也暗示了磷酸酶对节律调控的复杂性。另外一个研究相对较多的磷酸酶是 PP1，其主要近日时钟靶蛋白是 TIM，但不能排除 PP1 可以通过 TIM 间接影响 PER 的磷酸化（Fang et al.，2007）。由于 PP1 五个催化亚基的互补性，单独下调其中一个并不能产生表型，但在果蝇 S2

细胞中同时下调四个亚基时,TIM 的水平显著下降;当在果蝇节律神经元中过表达 PP1 的抑制子时,TIM 的水平也会下降,与此同时 PER/TIM 的入核时间被滞后,相应的果蝇周期也被延长(Fang et al.,2007)。本实验室最近的一项研究证实 PP1 的另外一个催化亚基 87B 也能够通过降低 PER 的磷酸化,从而增加其稳定性(Xue et al.,2019)。

综上所述,激酶和磷酸酶的作用相互平衡,共同维持着磷酸化这一近日时钟分子振荡器最重要的翻译后修饰。激酶和磷酸酶主要通过影响核心钟蛋白 PER/TIM 的稳定性、进入细胞核的时机以及 CLK 的转录活性等调控分子生物钟。与分子振荡器一样,激酶对近日时钟的调控在果蝇和小鼠等不同物种间高度保守。

8.4 新兴的转录后调控

如前面几节所述,近日时钟的分子振荡器是一个转录和翻译后修饰的负反馈环路,CLK/CYC 和 PER/TIM 对于近日时钟的转录调控,以及磷酸化等翻译后修饰对核心钟蛋白的多级调控都在生物钟的运行中发挥着关键作用(Hardin,2011)。近年来,随着近日时钟领域研究的不断深入,转录后翻译调控的作用也越来越被生物节律研究者们重视。本节将以钟基因的选择性剪切、翻译调控以及 microRNA(miRNA)调控为例,讨论新兴的转录后调控对维持近日时钟的意义。

选择性剪切是生物体基因表达调控的重要手段。选择性剪切可以通过影响 mRNA 的 5' 或 3' 非翻译区,从而调控 mRNA 的翻译、稳定性或细胞定位;或者通过引入或排斥编码外显子,利用同一个编码基因生产出不同的 mRNA 以及最后的功能蛋白。选择性剪切作为近日时钟调控的重要手段,早在 1987 年,当第一个生物钟基因 per 的基因组 DNA 被克隆后,罗斯巴什实验室就通过 cDNA 克隆发现 per 基因至少编码了三个不同的 mRNA,而其中两个都能够成功挽救 per[0] 突变体的节律缺失(Citri et al.,1987)。随后哈丁实验室发现 per 基因编码 A 和 B 两种转录本,唯一区别在于 A 包含了一个 3' 端非翻译区未剪切的 87 bp 长的内含子(dmpi8),虽然 A 和 B 转录本在分子振荡节律方面并无明显差异,但只有 A 表达时(含有 dmpi8),其翻译出的 PER 蛋白时相显著延迟,这也暗示了选择性剪切可能通过影响 mRNA 翻译来调控节律(Cheng et al.,1998)。爱德里实验室通过进一步研究发现 per 基因的这种选择性剪切对于果蝇近日时钟适应季节变化非常关键:低温使得果蝇更倾向于表达不带内含子的 B 型 per,此时 per 的转录迅速增加,导致晚间活动高峰前移(Majercak et al.,1999)。per 的选择性剪切不但受温度的调控,而且也受到光、近日时钟和磷脂酶 C(Phospholipase C)的调节(Majercak et al.,2004;Collins et al.,2004),已知一个剪切因子 B52 能够促进 dmpi8 内含子的剪切(Zhang et al.,2018)。有趣的是,爱德里实验室的另一项最新研究发现 per 的这种选择性剪切与果蝇下午的午休有关,低温诱导的 per 选择性剪切能够增加一个名为 daywake(dyw)的邻近基因的转录,而 Dyw 蛋白的增加抑制了果蝇在低温时候的午睡,从而使得其活动增加(Yang et al.,2019)。

除了 per 之外,研究发现 tim 的选择性剪切对于感受和介导温度变化引起的季节变化也有着非常重要的意义。低温(18℃)能够诱导 tim-cold 和 tim-short and cold(tim-sc)两种低温特异性的剪接形式的表达,从而导致普通 TIM 量的下调,而由 tim-sc 所翻译的

TIM-SC 蛋白较普通 TIM 短,能够与 PER 结合,但不能起到稳定 PER 的作用(Wijnen et al.,2006,Martin Anduaga et al.,2019)。而更低的温度(10℃)和短光照则能够促进 *tim-sc* 的表达,研究发现这可能与冬季环境下果蝇的卵巢滞育密切相关(Abrieux et al.,2020)。包括上面提到的 B52,已经鉴定的其他剪切因子的靶基因多数通过 *per* 来调控生物节律,比如 SRm60 能够通过促进 *per* 表达,调节生物节律的振幅(Beckwith et al.,2017)。帕特里克·埃默里(Patrick Emery)实验室通过对果蝇中的 RNA 结合蛋白筛选,鉴定了一个调控 *tim* 选择性剪切的剪切因子 PSI,常温下 PSI 能够抑制 *tim-cold* 和 *tim-sc* 的表达,PSI 下调的果蝇其节律周期缩短,并且在温度循环下,傍晚的活动高峰发生前移(Foley et al.,2019)。近年来随着高通量转录组测序(RNA-seq)技术的发展,大量节律神经元特异性的选择性剪切事件也被发现,包括大量如钾离子通道等调控神经元活性的基因,未来研究这些基因的选择性剪切对理解并阐明选择性剪切对生物节律的调控具有重要意义(Wang et al.,2018)。

作为分子振荡器的核心变量,PER 的量受到紧密调控,与选择性剪切类似,近日时钟的翻译调控也主要体现在 *per* 上面。ataxin2(ATX2)作为 RNA 结合蛋白,能够与一个新基因 TWENTYFOUR(TYF)蛋白形成复合物,相对特异性地结合 *per* mRNA 的 3'非翻译区(TYF 也能结合 *tim*),将其与 5'帽复合体和 poly-A 结合蛋白等翻译机器结合,可以促进 mRNA 环化的方式,激活 *per* 的翻译。*Tyf* 的突变体或下调 ATX2 导致生物钟神经元中 PER 蛋白的下降,并使得近日时钟显著延长。值得一提的是 ATX2 作为调控因子,之前的研究认为 ATX2 主要通过 miRNA 等通路起到翻译抑制的作用。此外 ATX2/TYF 复合物对 *per* 的翻译有促进作用,特异性地存在于果蝇生物节律核心节律神经元小腹外侧视经元(small ventral lateral neuron,sLNv)中(Zhang et al.,2013;Lim et al.,2013a;Lim et al.,2011),为什么 ATX2/TYF 能够特异性地在 sLNv 中调控 *per* 的翻译尚不清楚。通过筛选 RNA 翻译和代谢相关的分子,研究者发现一些非经典的翻译调控因子如 NAT1 也能以不依赖 5'帽复合物的形式特异性调控 *per* 的翻译(Bradley et al.,2012),这也显示了 *per* 的翻译调控机制的多样性。无独有偶,*Per* 的翻译调控在哺乳动物中也同样存在:节律性表达的一个 RNA 结合蛋白 LARK 能够与小鼠 *Per*1 的 3'非翻译区调控元件相结合,特异性地激活 *Per*1 的翻译(Kojima et al.,2007)。近年来翻译调控作为近日时钟分子振荡器的重要调节机制,尤其是翻译调控与光、取食等环境牵引,越来越多地受到生物节律研究领域的重视,感兴趣的读者可以参阅相应综述(Lim et al.,2013b;Castelo-Szekely et al.,2020)。

miRNA 是约 22 个碱基长度的非编码小 RNA,主要通过与目的 mRNA 的 3'非翻译区结合,诱导目的 mRNA 降解或发挥翻译抑制的作用。通过 miRNA 芯片,研究人员发现了若干在果蝇头部表达具有节律性的 miRNA,暗示这些 miRNA 可能调控生物节律(Yang et al.,2008)。而当 miRNA 的生物合成途径被抑制时,果蝇生物节律的振幅减弱,甚至丧失节律(Kadener et al.,2009;Zhang et al.,2013),随后影响生物节律的 miRNA 被相继鉴定。miRNA 作为翻译调控的重要因子,对果蝇生物节律的周期、时相等方面都起着不可或缺的作用。*bantam* 是果蝇体内表达量最高的 miRNA 之一,也是最早发现影响近日节律的 miRNA,在钟神经元中过表达 *bantam* 能够延长近日时钟周期,*bantam* 对近日节律的调控主要通过与 *Clk* 3'端非翻译区结合,抑制 *Clk* 来实现(Kadener et al.,2009)。*let-7* 是第一个被发现的 miRNA,也在调控近日时钟周期中发挥重要作用。*let-7* 在节律神经元中显著表达,其过表达时使得近日时钟周期延长,此外 *let-7* 突变体果蝇无法预测白天的来临而会提前活动,*let*-7 对近日时钟的调控主要通过抑制其靶基因 *cwo* 来实现(Chen et al.,2014)。除了周期,取食和活动时相也是 miRNA 调控生物节律的重要方面。果蝇头部脂肪体中高度表达的 *miR*959-964 簇受近日时钟和取食的分别调控,反过来又能调节果蝇取食及免疫应答的时相(Vodala et al.,2012)。*miR*-210 作为中枢神经系统特异性表达的 miRNA,当其突变时,果蝇关灯前的活动高峰(晚峰)前移两小时,而对近日时钟的分子振荡没有影响,进一步研究发现这主要是通过抑制靶基因 *Fas2* 实现,利用 CRISPR 将 *Fas2* 上 *miR*-210 的预测结合位点删除时,果蝇表现出与 *miR*-210 一致的表型(Niu et al.,2019)。除了文中举例,其他调控果蝇生物节律的 miRNA 及其作用机制可以参照相应文献(Xue et al.,2018)。

8.5 展望

随着地球自转产生的昼夜节律,地球上绝大多数生物所处的环境也发生显著的昼夜变化,以光照、温度为代表的环境因素的变化,牵引并改变着近日时钟。相对于光照的调控,温度影响近日节律的分子机制尚不清楚,因此环境输入与分子振荡的关系多数得益于光信号方面的研究。此外相对于温度,自然界中光周期的季节变化更具有规律性,光周期也是很多生物感知季节更替节律的重要参数。关于节律性光信号的感知,还需要从蓝光受体 cryptochrome(CRY)谈起。早在 20 世纪 70 年代,科学家们便发现相较其他波长的光,蓝光对于夜晚短光照所引起的果蝇节律的时相移动更为有效(Frank et al.,1969;Zimmerman et al.,1971)。与此同时即使视力缺失的突变果蝇也能够被光暗环境所牵引,暗示光照对近日时钟的影响可能是通过其他分子。CRY 作为蓝光受体,其在光对近日节律牵引中的作用终于被揭示(Emery et al.,1998;Stanewsky et al.,1998)。CRY 主要是通过介导光引起的 TIM 降解发挥作用。TIM 通过保护并影响 PER 的入核,对近日时钟的分子振荡发挥重要作用,而 CRY 作为光受体,与 TIM 一起成为链接环境输入(至少是光照)与近日节律的重要枢纽。当光照来临时,CRY 构象发生变化,从而与 TIM 的结合活性大大增加,而结合后的 CRY/TIM 复合物也能够与一个 F-box 蛋白 JETLAG (JET)结合,将 CRY/TIM 泛素化,并导致其被蛋白酶复合物降解(图 8.2)。TIM 一旦被降解,PER 也就失去了保护,很快也被 SLIMB 降解,随着 PER 的降解,PER 对 CLK 的转录抑制被解除,CLK 又开始了新一轮的转录(Hardin,2011)。当黑暗中的果蝇受到光刺激时,即便是短短几分钟的光照,也能够造成节律神经元中 TIM 的降解,从而使果蝇的节律时相被重置,而这同样依赖于 CRY/TIM/JET 的相互作用。在持续光照时,由于 TIM 被一直降解而得不到有效积累,野生型果蝇会丧失其内在节律,但 *cry* 突变体则能够继续维持节律(Emery et al.,1998;Stanewsky et al.,1998)。以上是光作为环境信号联系近日时钟的分子机制,在细胞机制方面,果蝇具有三套相对独立的感光系统:复眼、单眼(Oceli)以及表达 CRY 的神经元。这三者具备其一果蝇的生物节律便可以被光照所牵引,只有三者同时缺失,果蝇的生物节律才对外界光照不再敏感。果蝇中主要的节律神经元(如 sLNv)都表达 CRY,因此光可以直接通过上面提到的 CRY 介导的 TIM 降解来改变分子振荡器。而复眼和单眼可以通过与钟神经元的突触联系或神经信号传递,间接改变钟神经元的节律分子振荡(Yoshii et al.,2016)。温度对生物节律的作用相对光来说要复杂得多,一方面与其他生化反应一样,不同温度并不能加快或减慢生物钟的运行(温度补偿),另一方面近日节律又能被昼夜温度变化所牵引。尽管温度与生物钟的分子机制并不清楚,但在细胞层面,目前已知一些果蝇钟神经元(尤其是 CRY 阴性神经元)在感受温度变化等方面发挥重要作用。

近日节律主要有三个重要组成元件:周期性变化的环境因子作为节律的输入、近日时钟的分子振荡器以及功能性的节律输出。未来近日节律领域的主要研究方向也将继续围绕这三个方面,加深对其分子及细胞机制的认识。首先,昼夜环境因素如何传递并影响近日时钟?除了光以外,其他环境因素如温度、取食、社交等如何影响近日时钟的分子振荡?与代谢密切相关的糖基化等修饰,是否参与了取食节律对近日时钟的牵引?不同环境因子间的相互作用是如何整合的?不同因素是通过相互平行的机制影响近日时钟,还是像光一样,可能通过一个共同的节点(如 TIM)发挥作用?哪些神经环路参与了环境因素对近日时钟的影响?这些都是亟待解决的重要问题。其次,尽管经过几代节律科学家们的努力,现在对于近日节律的分子机制理解已经相对清楚,但仍然有很多细节需要进一步去研究。大的方面,如近日时钟是如何进行温度补偿的?是通过具体的分子还是更多因为分子环路?此外发现并研究更多调控分子振荡器的基因对了解生物钟的具体运行机制大有裨益。具体而言,PER 是如何抑制转录的,尚未完全清楚,而磷酸化对 CLK 的调控,尚不清楚具体哪个激酶主要发挥作用(对于 CLK 的磷酸化,DBT 只是起到桥梁的作用)。除了研究较多的磷酸化及泛素化外,还有没有其他翻译后修饰也能调控生物钟?此外,越来越多的证据表明核心钟神经元里生物钟的分子振荡与其他神经元及外周节律组织有所不同(如 ATX2/TYF 对 PER 的调控),哪些机制参与了核心钟神经元的调控?这几年随着单细胞转录组测序的完善和普及,研究不同钟神经元里的近日时钟调控越来越成为可能。最后,近日节律的研究重点也逐渐转移到其下游,主要问题是生物钟如何由分子振荡器转化成各种复杂的节律性输出。除了研究较多的活动节律之外,其他生物节律输出是如何受生物钟调控的?核心钟神经元是通过哪些神经环路影响特异性的节律输出?有哪些组织特异性的分子(如转录因子)参与了生物钟控制基因的节律性转录?以上列举的这些都是生物钟领域研究很少或尚未清楚的问题,而很多问题的解决也需要生物节律之外其他领域的学者加入,相信随着研究的逐渐深入,未来人们对于生物节律这一古老而有趣的生物学现象会有更为全面丰富的认识。

张勇 审稿:徐璎

参考文献

ABRIEUX A,XUE Y,CAI Y,et al.,2020. EYES ABSENT and TIMELESS integrate photoperiodic and temperature cues to regulate seasonal physiology in Drosophila [J]. Proceedings of the National Academy of Sciences of the United States of America,117:15293-15304.

ABRUZZI K C,RODRIGUEZ J,MENET J S,et al.,2011. Drosophila CLOCK target gene characterization:implications for circadian tissue-specific gene expression [J]. Genes & Development,25:2374-2386.

AGUILAR-ARNAL L,SASSONE-CORSI P,2015. Chromatin landscape and circadian dynamics:Spatial and temporal organization of clock transcription [J]. Proceedings of the National Academy of Sciences of the United States of America,112:6863-6870.

AKTEN B,JAUCH E,GENOVA G K,et al.,2003. A role for CK2 in the Drosophila circadian oscillator

[J]. Nature Neuroscience,6: 251-257.

ALLADA R,WHITE N E,SO W V,et al. ,1998. A mutant Drosophila homolog of mammalian clock disrupts circadian rhythms and transcription of period and timeless [J]. Cell,93: 791-804.

ANDREAZZA S,BOULEAU S,MARTIN B,et al. ,2015. Daytime clock dephosphorylation is controlled by stripak complexes in Drosophila [J]. Cell Reports,11: 1266-1279.

ANTOCH M P,SONG E J,CHANG A M,et al. ,1997. Functional identification of the mouse circadian clock gene by transgenic BAC rescue [J]. Cell,89: 655-667.

BARGIELLO T A,JACKSON F R,YOUNG M W,1984. Restoration of circadian behavioural rhythms by gene transfer in Drosophila [J]. Nature,312: 752-754.

BECKWITH E J,HERNANDO C E,POLCOWÑUK S,et al. ,2017. Rhythmic behavior is controlled by the SRm160 splicing factor in Drosophila melanogaster [J]. Genetics,207: 593-607.

BLAU J,YOUNG M W,1999. Cycling vrille expression is required for a functional Drosophila clock [J]. Cell,99: 661-671.

BRADLEY S,NARAYANAN S,ROSBASH M,2012. NAT1/DAP5/p97 and atypical translational control in the Drosophila Circadian Oscillator [J]. Genetics,192: 943-957.

CASTELO-SZEKELY V, GATFIELD D, 2020. Emerging roles of translational control in circadian timekeeping [J]. Journal of Molecular Biology,432: 3483-3497.

CERIANI M F, HOGENESCH J B, YANOVSKY M,et al. ,2002. Genome-wide expression analysis in Drosophila reveals genes controlling circadian behavior [J]. Journal of Neuroscience,22: 9305-9319.

CHANG D C,REPPERT S M,2003. A novel C-terminal domain of drosophila PERIOD inhibits dCLOCK: CYCLE-mediated transcription [J]. Current Biology,13: 758-762.

CHEN W, LIU Z, LI T, et al. , 2014. Regulation of Drosophila circadian rhythms by miRNA let-7 is mediated by a regulatory cycle [J]. Nature Communications,5: 5549.

CHENG Y, GVAKHARIA B, HARDIN P E, 1998. Two alternatively spliced transcripts from the Drosophila period gene rescue rhythms having different molecular and behavioral characteristics [J]. Molecular Cellular Biology,18: 6505-6514.

CHIU J C, KO H W, EDERY I, 2011. NEMO/NLK phosphorylates PERIOD to initiate a time-delay phosphorylation circuit that sets circadian clock speed [J]. Cell,145: 357-370.

CITRI Y,COLOT H V,JACQUIER A C,et al. ,1987. A family of unusually spliced biologically active transcripts encoded by a Drosophila clock gene [J]. Nature,326: 42-47.

CLARIDGE-CHANG A, WIJNEN H, NAEF F, et al. , 2001. Circadian regulation of gene expression systems in the Drosophila head [J]. Neuron,32: 657-671.

COLLINS B H,ROSATO E,KYRIACOU C P,2004. Seasonal behavior in Drosophila melanogaster requires the photoreceptors,the circadian clock,and phospholipase C [J]. Proceedings of the National Academy of Sciences of the United States of America,101: 1945-1950.

CYRAN S A,BUCHSBAUM A M,REDDY K L,et al. ,2003. vrille,Pdp1,and dClock form a second feedback loop in the Drosophila circadian clock [J]. Cell,112: 329-341.

DARLINGTON T K, WAGER-SMITH K, CERIANI M F,et al. ,1998. Closing the circadian loop: CLOCK-induced transcription of its own inhibitors per and tim [J]. Science,280: 1599-1603.

DOI M, HIRAYAMA J, SASSONE-CORSI P, 2006. Circadian regulator CLOCK is a histone acetyltransferase [J]. Cell,125: 497-508.

EDERY I,ZWIEBEL L J,DEMBINSKA M E,et al. ,1994. Temporal phosphorylation of the Drosophila period protein [J]. Proceedings of the National Academy of Sciences of the United States of America, 91: 2260-2264.

EMERY P,SO W V,KANEKO M,et al. ,1998. CRY,a Drosophila clock and light-regulated cryptochrome, is a major contributor to circadian rhythm resetting and photosensitivity [J]. Cell,95：669-679.

FANG Y,SATHYANARAYANAN S,SEHGAL A,2007. Post-translational regulation of the Drosophila circadian clock requires protein phosphatase 1(PP1) [J]. Genes & Development,21：1506-1518.

FOLEY L E,LING J,JOSHI R,et al. ,2019. Drosophila PSI controls circadian period and the phase of circadian behavior under temperature cycle via tim splicing [J]. Elife,8：e50063.

FRANK K D,ZIMMERMAN W F,1969. Action spectra for phase shifts of a circadian rhythm in Drosophila [J]. Science,163：688-689.

GLOSSOP N R,HOUL J H,ZHENG H,et al. ,2003. VRILLE feeds back to control circadian transcription of clock in the Drosophila circadian oscillator [J]. Neuron,37：249-261.

GLOSSOP N R, LYONS L C, HARDIN P E, 1999. Interlocked feedback loops within the Drosophila circadian oscillator [J]. Science,286：766-768.

HARDIN P E,2011. Molecular genetic analysis of circadian timekeeping in Drosophila [J]. Advances in Genetics,74：141-173.

HARDIN P E,HALL J C,ROSBASH M,1990. Feedback of the Drosophila period gene product on circadian cycling of its messenger RNA levels [J]. Nature,343：536-540.

HONMA S,KAWAMOTO T,TAKAGI Y,et al. ,2002. Dec1 and Dec2 are regulators of the mammalian molecular clock [J]. Nature,419：841-844.

HUNG H C,MAURER C,KAY S A,et al. ,2007. Circadian transcription depends on limiting amounts of the transcription co-activator nejire/CBP [J]. Journal of Biological Chemistry,282：31349-31357.

JAMES A A,EWER J,REDDY P,et al. ,1986. Embryonic expression of the period clock gene in the central nervous system of Drosophila melanogaster [J]. Embo Journal,5：2313-2320.

KAASIK K,KIVIMÄE S,ALLEN J J, et al. ,2013. Glucose sensor O-GlcNAcylation coordinates with phosphorylation to regulate circadian clock [J]. Cell Metabolism,17：291-302.

KADENER S,MENET J S,SUGINO K, et al. ,2009. A role for microRNAs in the Drosophila circadian clock [J]. Genes & Development,23：2179-2191.

KADENER S,STOLERU D,MCDONALD M,et al. ,2007. Clockwork Orange is a transcriptional repressor and a new Drosophila circadian pacemaker component [J]. Genes & Development,21：1675-1686.

KIM E Y,EDERY I,2006. Balance between DBT/CKIepsilon kinase and protein phosphatase activities regulate phosphorylation and stability of Drosophila CLOCK protein [J]. Proceedings of the National Academy of Sciences of the United States of America,103：6178-6183.

KIM E Y,JEONG E H,PARK S,et al. ,2012. A role for O-GlcNAcylation in setting circadian clock speed [J]. Genes & Development,26：490-502.

KIM E Y, KO H W, YU W, et al. , 2007. A DOUBLETIME kinase binding domain on the Drosophila PERIOD protein is essential for its hyperphosphorylation, transcriptional repression, and circadian clock function [J]. Molecular Cellular Biolology,27：5014-5028.

KING D P,ZHAO Y,SANGORAM A M,et al. ,1997. Positional cloning of the mouse circadian clock gene [J]. Cell,89：641-653.

KIVIMÄE S, SAEZ L, YOUNG M W, 2008. Activating PER repressor through a DBT-directed phosphorylation switch [J]. PLoS Biology,6：e183.

KLOSS B,ROTHENFLUH A,YOUNG M W,et al. ,2001. Phosphorylation of period is influenced by cycling physical associations of double-time,period,and timeless in the Drosophila clock [J]. Neuron, 30：699-706.

KO H W,KIM E Y,CHIU J,et al. ,2010. A hierarchical phosphorylation cascade that regulates the timing of PERIOD nuclear entry reveals novel roles for proline-directed kinases and GSK-3beta/SGG in circadian clocks [J]. Journal of Neuroscience,30：12664-12675.

KOJIMA S,MATSUMOTO K,HIROSE M,et al. ,2007. LARK activates posttranscriptional expression of an essential mammalian clock protein,PERIOD1 [J]. Proceedings of the National Academy of Sciences of the United States of America,104: 1859-1864.

KONOPKA R J,BENZER S, 1971. Clock mutants of Drosophila melanogaster [J]. Proceedings of the National Academy of Sciences of the United States of America,68: 2112-2116.

KONOPKA R J,SMITH R F,ORR D,1991. Characterization of Andante,a new Drosophila clock mutant, and its interactions with other clock mutants [J]. Journal of Neurogenetics,7: 103-114.

KWOK R S, LI Y H, LEI A J, et al. , 2015. The catalytic and non-catalytic functions of the brahma chromatin-remodeling protein collaborate to fine-tune circadian transcription in Drosophila [J]. PLoS Genetics,11: e1005307.

LEE C,BAE K,EDERY I,1998. The Drosophila CLOCK protein undergoes daily rhythms in abundance, phosphorylation,and interactions with the PER-TIM complex [J]. Neuron,21: 857-867.

LEE C,BAE K,EDERY I,1999. PER and TIM inhibit the DNA binding activity of a Drosophila CLOCK-CYC/dBMAL1 heterodimer without disrupting formation of the heterodimer: a basis for circadian transcription [J]. Molecular Cellular Biology,19: 5316-5325.

LEE E,JEONG E H,JEONG H J,et al. ,2014. Phosphorylation of a central clock transcription factor is required for thermal but not photic entrainment [J]. PLoS Genetics,10: e1004545.

LIM C, ALLADA R, 2013a. ATAXIN-2 activates PERIOD translation to sustain circadian rhythms in Drosophila [J]. Science,340: 875-879.

LIM C, ALLADA R, 2013b. Emerging roles for post-transcriptional regulation in circadian clocks [J]. Nature Neuroscience,16: 1544-1550.

LIM C,CHUNG B Y,PITMAN J L,et al. ,2007. Clockwork orange encodes a transcriptional repressor important for circadian-clock amplitude in Drosophila [J]. Current Biology,17: 1082-1089.

LIM C,LEE J,CHOI C,et al. ,2011. The novel gene twenty-four defines a critical translational step in the Drosophila clock [J]. Nature,470: 399-403.

LIN J M, KILMAN V L, KEEGAN K, et al. , 2002. A role for casein kinase 2alpha in the Drosophila circadian clock [J]. Nature,420: 816-820.

LIN J M,SCHROEDER A,ALLADA R,2005. In vivo circadian function of casein kinase 2 phosphorylation sites in Drosophila PERIOD [J]. Journal of Neuroscience,25: 11175-11183.

LIU X,LORENZ L,YU Q N,et al. ,1988. Spatial and temporal expression of the period gene in Drosophila melanogaster [J]. Genes & Development,2: 228-238.

LIU X,ZWIEBEL L J,HINTON D,et al. ,1992. The period gene encodes a predominantly nuclear protein in adult Drosophila [J]. Journal of Neuroscience,12: 2735-2744.

LIU Z,TABULOC C A,XUE Y,et al. ,2019. Splice variants of DOMINO control Drosophila circadian behavior and pacemaker neuron maintenance [J]. PLoS Genetics,15: e1008474.

LOWREY P L,SHIMOMURA K,ANTOCH M P,et al. ,2000. Positional syntenic cloning and functional characterization of the mammalian circadian mutation tau [J]. Science,288: 483-492.

LUO W,LI Y,TANG C H,et al. ,2012. CLOCK deubiquitylation by USP8 inhibits CLK/CYC transcription in Drosophila [J]. Genes & Development,26: 2536-2549.

MAJERCAK J,CHEN W F,EDERY I,2004. Splicing of the period gene 3'-terminal intron is regulated by light,circadian clock factors,and phospholipase C [J]. Molecular Cellular Biology,24: 3359-3372.

MAJERCAK J,SIDOTE D,HARDIN P E,et al. ,1999. How a circadian clock adapts to seasonal decreases in temperature and day length [J]. Neuron,24: 219-230.

MARTIN ANDUAGA A,EVANTAL N,PATOP I L,et al. ,2019. Thermosensitive alternative splicing senses and mediates temperature adaptation in Drosophila [J]. Elife,8: e44642.

MARTINEK S,INONOG S,MANOUKIAN A S,et al.,2001. A role for the segment polarity gene shaggy/ GSK-3 in the Drosophila circadian clock [J]. Cell,105：769-779.

MATSUMOTO A,UKAI-TADENUMA M,YAMADA R G,et al.,2007. A functional genomics strategy reveals clockwork orange as a transcriptional regulator in the Drosophila circadian clock [J]. Genes & Development,21：1687-1700.

MCDONALD M J,ROSBASH M,2001. Microarray analysis and organization of circadian gene expression in Drosophila [J]. Cell,107：567-578.

MEISSNER R A,KILMAN V L,LIN J M,et al.,2008. TIMELESS is an important mediator of CK2 effects on circadian clock function in vivo [J]. Journal of Neuroscience,28：9732-9740.

MENET J S,ABRUZZI K C,DESROCHERS J,et al.,2010. Dynamic PER repression mechanisms in the Drosophila circadian clock：from on-DNA to off-DNA [J]. Genes & Development,24：358-367.

MENET J S,PESCATORE S,ROSBASH M,2014. CLOCK：BMAL1 is a pioneer-like transcription factor [J]. Genes & Development,28：8-13.

MYERS M P,WAGER-SMITH K,WESLEY C S,et al.,1995. Positional cloning and sequence analysis of the Drosophila clock gene,timeless [J]. Science,270：805-808.

NAWATHEAN P,STOLERU D,ROSBASH M,2007. A small conserved domain of Drosophila PERIOD is important for circadian phosphorylation,nuclear localization,and transcriptional repressor activity [J]. Molecular Cellular Biology,27：5002-5013.

NIU Y,LIU Z,NIAN X,et al.,2019. miR-210 controls the evening phase of circadian locomotor rhythms through repression of Fasciclin 2 [J]. PLoS Genetics,15：e1007655.

OUSLEY A,ZAFARULLAH K,CHEN Y,et al.,1998. Conserved regions of the timeless (tim) clock gene in Drosophila analyzed through phylogenetic and functional studies [J]. Genetics,148：815-825.

PATKE A,YOUNG M W,AXELROD S,2020. Molecular mechanisms and physiological importance of circadian rhythms [J]. Nature Review Molecular Cell Biology,21：67-84.

PRICE J L,BLAU J,ROTHENFLUH A,et al.,1998. Double-time is a novel Drosophila clock gene that regulates PERIOD protein accumulation [J]. Cell,94：83-95.

REDDY P,ZEHRING W A,WHEELER D A,et al.,1984. Molecular analysis of the period locus in Drosophila melanogaster and identification of a transcript involved in biological rhythms [J]. Cell,38：701-710.

RICHIER B,MICHARD-VANHÉ E C,LAMOUROUX A,et al.,2008. The clockwork orange Drosophila protein functions as both an activator and a repressor of clock gene expression [J]. Journal of Biological Rhythms,23：103-116.

RUTILA J E,SURI V,LE M,et al.,1998. CYCLE is a second bHLH-PAS clock protein essential for circadian rhythmicity and transcription of Drosophila period and timeless [J]. Cell,93：805-814.

SAEZ L,YOUNG M W,1988. *In situ* localization of the per clock protein during development of Drosophila melanogaster [J]. Molecular Cellular Biology,8：5378-5385.

SATHYANARAYANAN S,ZHENG X,XIAO R,et al.,2004. Posttranslational regulation of Drosophila PERIOD protein by protein phosphatase 2A [J]. Cell,116：603-615.

SEHGAL A,PRICE J L,MAN B,et al.,1994. Loss of circadian behavioral rhythms and per RNA oscillations in the Drosophila mutant timeless [J]. Science,263：1603-1606.

SEHGAL A,ROTHENFLUH-HILFIKER A,HUNTER-ENSOR M,et al.,1995. Rhythmic expression of timeless：a basis for promoting circadian cycles in period gene autoregulation [J]. Science,270：808-810.

SIWICKI K K,EASTMAN C,PETERSEN G,et al.,1988. Antibodies to the period gene product of Drosophila reveal diverse tissue distribution and rhythmic changes in the visual system [J]. Neuron,1：

141-150.

STANEWSKY R,KANEKO M,EMERY P,et al. ,1998. The cryb mutation identifies cryptochrome as a circadian photoreceptor in Drosophila [J]. Cell,95：681-692.

SUN Z S,ALBRECHT U,ZHUCHENKO O,et al. ,1997. RIGUI,a putative mammalian ortholog of the Drosophila period gene [J]. Cell,90：1003-1011.

SURI V,LANJUIN A,ROSBASH M,1999. TIMELESS-dependent positive and negative autoregulation in the Drosophila circadian clock [J]. Embo Journal,18：675-686.

SZABÓ A,PAPIN C,ZORN D,et al. ,2013. The CK2 kinase stabilizes CLOCK and represses its activity in the Drosophila circadian oscillator [J]. PLoS Biology,11：e1001645.

TAKAHASHI J S,2017. Transcriptional architecture of the mammalian circadian clock[J]. Nature Reviews Genetics,18：164-179.

TANOUYE M A,2008. Seymour Benzer 1921—2007 [J]. Nature Genetics,40：121.

TOP D,HARMS E,SYED S,et al. ,2016. GSK-3 and CK2 kinases converge on timeless to regulate the master clock [J]. Cell Reports,16：357-367.

UGUR B,CHEN K,BELLEN H J,2016. Drosophila tools and assays for the study of human diseases [J]. Disease Models & Mechanisms,9：235-244.

VITATERNA M H,KING D P,CHANG A M,et al. ,1994. Mutagenesis and mapping of a mouse gene, Clock,essential for circadian behavior [J]. Science,264：719-725.

VODALA S,PESCATORE S,RODRIGUEZ J,et al. ,2012. The oscillating miRNA 959-964 cluster impacts Drosophila feeding time and other circadian outputs [J]. Cell Metabolism,16：601-612.

VOSSHALL L B,PRICE J L,SEHGAL A,et al. ,1994. Block in nuclear localization of period protein by a second clock mutation,timeless [J]. Science,263：1606-1609.

WANG Q,ABRUZZI K C,ROSBASH M,et al. ,2018. Striking circadian neuron diversity and cycling of Drosophila alternative splicing [J]. Elife,7.

WIJNEN H,NAEF F,BOOTHROYD C,et al. ,2006. Control of daily transcript oscillations in Drosophila by light and the circadian clock [J]. PLoS Genetics,2：e39.

XUE Y,CHIU J C,ZHANG Y,2019. SUR-8 interacts with PP1-87B to stabilize PERIOD and regulate circadian rhythms in Drosophila [J]. PLoS Genetics,15：e1008475.

XUE Y,ZHANG Y,2018. Emerging roles for microRNA in the regulation of Drosophila circadian clock [J]. BMC Neuroscience,19：1.

YANG M,LEE J E,PADGETT R W,et al. ,2008. Circadian regulation of a limited set of conserved microRNAs in Drosophila [J]. BMC Genomics,9：83.

YANG Y,EDERY I,2019. Daywake,an anti-siesta gene linked to a splicing-based thermostat from an adjoining clock gene [J]. Current Biology,29：1728-1734.

YOSHII T,HERMANN-LUIBL C,HELFRICH-FÖRSTER C,2016. Circadian light-input pathways in Drosophila [J]. Communicative & Integrative Biology,9：e1102805.

YU W,HOUL J H,HARDIN P E,2011. NEMO kinase contributes to core period determination by slowing the pace of the Drosophila circadian oscillator [J]. Current Biology,21：756-761.

YU W,ZHENG H,HOUL J H,et al. ,2006. PER-dependent rhythms in CLK phosphorylation and E-box binding regulate circadian transcription [J]. Genes & Development,20：723-733.

YU W,ZHENG H,PRICE J L,et al. ,2009. DOUBLETIME plays a noncatalytic role to mediate CLOCK phosphorylation and repress CLOCK-dependent transcription within the Drosophila circadian clock [J]. Molecular Cellular Biology,29：1452-1458.

ZEHRING W A,WHEELER D A,REDDY P,et al. ,1984. P-element transformation with period locus DNA restores rhythmicity to mutant,arrhythmic Drosophila melanogaster [J]. Cell,39：369-376.

ZENG H,HARDIN P E,ROSBASH M,1994. Constitutive overexpression of the Drosophila period protein inhibits period mRNA cycling [J]. Embo Journal,13：3590-3598.

ZERR D M,HALL J C,ROSBASH M,et al.,1990. Circadian fluctuations of period protein immunoreactivity in the CNS and the visual system of Drosophila [J]. Journal of Neuroscience,10：2749-2762.

ZHANG Y,EMERY P,2013. GW182 controls Drosophila circadian behavior and PDF-receptor signaling [J]. Neuron,78：152-165.

ZHANG Y,LING J,YUAN C,et al.,2013. A role for Drosophila ATX2 in activation of PER translation and circadian behavior [J]. Science,340：879-882.

ZHANG Z,CAO W,EDERY I,2018. The SR protein B52/SRp55 regulates splicing of the period thermosensitive intron and mid-day siesta in Drosophila [J]. Scientific Reports,8：1872.

ZHOU J,YU W,HARDIN P E,2016. Clockwork ORANGE enhances PERIOD mediated rhythms in transcriptional repression by antagonizing E-box binding by CLOCK-CYCLE [J]. PLoS Genetics,12：e1006430.

ZIMMERMAN W F,GOLDSMITH T H,1971. Photosensitivity of the circadian rhythm and of visual receptors in carotenoid-depleted Drosophila [J]. Science,171：1167-1169.

第9章

节律系统生物学

前言

系统生物学研究的范围取决于各个研究人员自己的定义。通常,系统生物学(systems biology)是指处理多个基因和途径的功能以及将这些数据组合成网络的学科,而不仅仅是对单个基因进行的操作。系统生物学方法的主题应至少涵盖三个主要领域:①使用全基因组技术进行大规模干预与成分鉴定;②数学建模,以集成多个级别的数据并生成预测和可检验的假设;③用于测试概念验证的综合方法。由于近日时钟(circadian clock)是由多个节律振荡器(circadian oscillator)组成的分层级网络结构,因此近日节律(circadian rhythms)近日时钟的研究特别适合使用系统生物学方法。将近日节律系统生物学(systems biology of circadian rhythms)定义为通过建模和仿真的应用对近日时钟网络行为进行的理解,而建模和模拟与实验分析紧密相关。当前,应用系统生物学工具的近日节律生物学家主要致力于网络的识别和验证、适当数据集的创建以及用于数据获取和软件的工具的开发。如本章所述,近日时钟表型是由多基因网络的行为(而不是单个时钟基因的操作)所决定的。因此即使要了解最简单的生物网络的动力学,也需要应用建模和仿真。以近日时钟为例,我们从自然界中了解到近日时钟的控制是分层的(layered)和分等级的(hierarchical),其调控网络既"鲁棒"(robust)又"脆弱"(fragile)。合成生物学是系统生物学的一项重要指标,它提供了理论和实验数据,可用于剖析、验证前文提及的建模机制。总之,未来近日时钟的研究必将受益于系统生物学的快速发展以及这两个领域的科学家之间的思想交流。

9.1 早期的基因芯片技术在近日时钟研究中的应用

基因芯片技术(gene chip)又称作微阵列(microarray)方法,是指固定在特殊玻璃或硅芯片载体上的高密度 DNA 微阵列。基因芯片技术具有过程连续化、集成化、自动化、高通量、高度平行性等特点,是进行基因组学研究和遗传学研究的最佳工具。基因芯片技术的使用促进了细胞和发育生物学的研究,同时该技术也被广泛应用于人类疾病的研究和诊断。近日时钟的分子生物学核心是一个依赖于转录翻译负反馈的调节环路（transcription-translation feedback loop，TTFL），由于基因芯片技术可对全基因组进行转录分析，其在近日时钟分子调控机制研究中起到了十分重要的作用。

基因芯片技术的核心原理是 DNA 杂交，即通过核酸互补配对，将被标记的目标序列结合载体上的探针序列，杂交完成后洗去非专一性的结合，通过比较探针序列点的信号强度，可以得知目标样品中与该点结合的目标序列的量。根据检测对象的不同，基因芯片技术又可以被分成基因组 DNA 微阵列、cDNA 微阵列、miRNA 微阵列等。

9.1.1 基因芯片技术的一般性应用

基因芯片技术的广泛用法是，在特定的时间点给予样品一个处理，然后利用基因芯片技术检测基因表达的变化。基因芯片技术被广泛应用于疾病的研究和诊断，尤其是在癌症治疗方面有重要的作用。

在 20 世纪末，研究人员就开始利用基因芯片技术来研究癌症病人样本中基因表达情况的变化，从而利用这些变化信息在临床上精确地诊断患者的癌症类型，同时这些基因表达的变化情况有助于针对不同的病人制定更加合理的诊疗方案（Golub et al.，1999）。更重要的是，癌症相关基因的检测能够用来预测各种癌症的发生，还有助于癌症的恢复和复发预测。例如，在 2002 年，研究人员利用基因芯片技术，发现了一组可以预测乳腺癌发生短期转移的标志基因，通过检测这组标志基因的表达，就能确定病人是否患有恶性肿瘤，从而制定合理的诊疗方案（van't Veer et al.，2002）。

9.1.2 基因芯片技术在近日时钟研究中的应用

从低等的单细胞生物（如粗糙链孢霉）到高等植物和动物（如人类），近日节律的分子生物学本质都是一个以转录为主导的负反馈近日时钟分子调控网络，所以分析全基因组转录信息的基因芯片技术在近日时钟研究中具有十分广泛的应用（Aronson et al.，1994；Gekakis et al.，1998；Ishiura et al.，1998；Alabadi et al.，2002）。

许多近日节律基因的发现都是依赖基因芯片技术实现的，这些节律性基因的发现，丰富了近日节律现象发生的分子机制。史蒂夫·凯（Steve A Kay）实验室通过基因芯片实验发现，在经典的植物模式生物拟南芥里，可检测到的 8000 个基因中大概有 6% 的基因是节律性表达的（Harmer et al.，2000）。植物中大部分参与光照相关生化过程的基因的表达大都具有节律性，例如参与光合作用的基因大部分都是在白天的表达丰度远高于晚上的表达丰度；而涉及晚上发生的生化过程的相关基因的表达也是节律性的，例如与抵御寒冷过程相关的基因在黄昏时分的表达量达到峰值（Claridge-Chang et al.，2001）。基因芯片实验表明，果蝇头部大概 1%～2% 的基因表达都是节律性的（McDonald et al.，2001）。其中许多基因的功能涉及免疫反应、蛋白水解等生化过程，而且与植物类似，果蝇头部与光感受相关基因的表达也是具有节律性的，这也解释了为什么果蝇眼部的视觉敏感性是具有近日节律的。玛丽亚·费尔南达·塞里亚尼（María Fernanda Ceriani）等还通过分析果蝇头部和身体中节律性基因的表达差异，发现外周近日时钟（peripheral clock）已经适应了每个特定组织的需要，说明外周近日时钟在接受中枢时钟（central clock）调控的同时还具有组织特异性,这一特性广泛存在于各个物种中(Ceriani et al.,2002)。在哺乳动物中,近日时钟调节中枢——下丘脑视交叉上核(suprachiasmatic nucleus,SCN)(Eastman et al.,1984;Ralph et al.,1990)和其他外周组织的节律性基因表达谱的鉴定也是通过基因芯片技术实现的。节律性基因为了适应不同组织的功能,表达的节律性通常具有组织特异性。例如,在 SCN 中,许多参与神经肽合成、加工和释放的基因是节律性表达的,而在外周肝脏组织中,参与糖异生、糖酵解胆固醇、氨基酸合成、氧化磷酸化和解毒等代谢过程的大部分基因都是节律性表达的(Panda et al.,2002;Ueda et al.,2002)。

基因芯片技术除了能够应用在检测节律性表达的基因外,还能够帮助确定近日时钟关键调节因子的潜在靶点。近日时钟的核心是一个转录翻译负反馈调节环路,将其中的关键调节因子进行突变,就会引起这些因子下游潜在靶点的表达异常,所以在寻找调节因子的潜在靶点时,实验人员一般用基因芯片技术来检测突变样本中的基因表达情况,从而筛选出可能的靶点基因。利用这种方法,罗斯巴什(Rosbash)团队对 clock 基因的突变体果蝇进行了检测,发现果蝇所有节律性基因的表达都受到 clock 基因的调控(McDonald et al.,2001);在应用基因芯片对植物近日时钟进行研究时,研究人员发现在一些节律性基因的启动子区域共同具有九个碱基对的特征序列(AAAATATCT),这些基因的表达量在主观时间的夜晚达到高峰期,因此将这一序列定义为"evening"元件,进一步研究表明,这一元件足够诱导基因的节律性表达(Michael et al.,2002);在哺乳动物中,Clock 突变小鼠的基因芯片实验发现,大部分受影响的基因都不是节律性表达的基因,这说明近日时钟元件在转录调控中还发挥了除维持正常近日节律外的其他作用(Panda et al.,2002)。

基因芯片技术能够检测样本中转录组的变化,经常和染色质免疫共沉淀技术(chromatin immunoprecipitation,ChIP)结合在一起使用。在近日时钟研究中,ChIP 实验确定了哺乳动物的近日时钟蛋白 CLOCK 和 BMAL1 能够通过结合基因启动子区域的 E-box 元件来激活基因的节律性表达(Lee et al.,2001)。如果将 ChIP 和基因芯片技术结合,在利用抗体结合目标蛋白后,分离出来的 DNA 片段通过与含有基因组序列的基因芯片杂交,就可以平行地还原样品中与基因芯片结合的 DNA 片段信息。

早期的基因芯片技术在很大程度上推动了近日时钟的研究,基于杂交原理的基因芯片技术因为通量比较高和成本低的优点被广泛使用,但是也有一定的局限性:基因芯片技术必须依赖现有的基因组序列知识,所以构建的芯片载体信息具有局限性;杂交产生的高本底问题会影响实验结果;信号的背景较高,而且信号容易饱和,所以基因芯片技术检测的动态范围是有限的;另外,利用基因芯片实验比较不同实验之间的表达水平比较困难,需要复杂的标准化方法。所以,基因芯片的局限性和实验设计的需求催生了高通量测序技术的发展。

9.2　高通量测序技术的应用

第二代测序技术是近年迅速发展起来的革命性生物技术,也被称为高通量测序技术,第二代测序技术是对一代测序技术的革新。一代测序技术是指一次只能针对一条核酸序列的 Sanger 测序技术,检测长度一般限制在 1500 bp 以内,而二代测序技术解决了一代测序技术一次只能检测一条序列的缺点,可以同时检测多条核酸序列,但只能检测长度在250~300 bp 的片段,所以测量之前要通过物理或化学的方法将核酸随机打断成小片段,然后通过序列的重叠区域进行计算拼接,最终得到大量的核酸序列信息(Sanger et al.,1975;Sanger et al.,1977;Margulies et al.,2005;Valouev et al.,2008)。

相比于早期的基因芯片技术,高通量测序技术具有较高的信噪比,检测范围比较广泛,测序结果更加精确等特点,被广泛地应用于各个领域。高通量测序技术目前应用比较广泛的主要是 RNA-seq、ChIP-seq 和单细胞基因表达测序等。这几种二代测序技术各有所长,推动了科研领域的发展,也大大丰富了近日时钟的研究成果。

9.2.1　RNA-seq 与近日时钟研究

RNA-seq 是 2008 年前后兴起的一项第二代测序技术,是基于第二代测序技术的转录组学研究方法,通过使用第二代测序,在给定时间点检测样品基因组中 RNA 的数量的一个快照技术(Nagalakshmi et al.,2008;Wilhelm et al.,2008)。

RNA-seq 的基本流程是,在提取样品总 RNA 后,富集样品中的 mRNA,再利用物理或化学方法将 mRNA 打碎成短片段,将这些 mRNA 片段作为模板,用六碱基随机引物合成cDNA,通过 PCR 扩增完成文库构建。RNA-seq 的优势主要体现在以下几个方面:较高的精确度和信噪比,精确度达到了单碱基分辨率,可以直接测定每个转录本片段序列;具有较高的灵敏度,能够检测到细胞中几个拷贝的稀有转录本;无须预先设计特异性探针,可以直接对任何物种进行转录组分析,可以检测位置基因,发现新的转录本,并精确识别可变剪切位点、单核苷酸多态性(single nucleotide polymorphism,SNP)和非翻译区域(untranslated region,UTR)(Nagalakshmi et al.,2008;Wilhelm et al.,2008)。

RNA-seq 在近日时钟研究中应用十分广泛。2014 年,约翰·霍格尼施(John Hogenesch)实验室通过 RNA-seq 方法对小鼠各个组织器官的节律性表达的基因进行了详细分析,他们发现,小鼠体内大概 43% 的蛋白编码基因的表达都是具有近日节律的,而且具有器官特异性;节律基因的基因组结构具有呈现聚集的状态、比无节律基因更长的特点,而且具有更多的剪接形式;超过 1000 个已知和未知的非编码 RNA(non-coding RNA)的表达是具有节律性的;最重要的是,他们发现由于多种临床药物的靶点基因表达呈现出近日节律性,因此许多药物的治疗作用都是有节律依赖性的,例如,在晚上服用少量的阿司匹林能够对心脏起到一定的保护作用等。他们的发现为临床用药、治疗提供了一个新的思路(Zhang et al.,2014)。除此之外,还有许多近日时钟方面的重要研究和发现都是通过 RNA-seq 技术实现的,从早期冈村均(Hitoshi Okamura)实验室利用 RNA-seq 技术确定 RNA 的甲基化对维持正常的近日时钟功能的必要性(Fustin et al.,2012),到现在深田吉孝(Yoshitaka Fukada)实验室确定 D-box 序列在近日时钟调节中的功能研究(Yoshitane et al.,2019),RNA-seq 技术都扮演了很重要的角色。

9.2.2　ChIP-seq 与近日时钟研究

染色质免疫共沉淀-测序技术(chromatin immunoprecipitation sequencing,ChIP-seq)是 2007 年理查德·迈尔斯(Richard Myers)和芭芭拉·沃尔德(Barbara Wold)实验室发明

的一种分析蛋白质和 DNA 相互作用的常用技术(Johnson et al.,2007)。在 ChIP-seq 使用之前,ChIP-基因芯片技术(ChIP-on-chip)是研究蛋白和 DNA 相互作用最常用的技术,但是基因芯片技术具有一定的局限性,所以催生了 ChIP-seq 这一新的技术(Ren et al.,2000)。该技术将染色质免疫共沉淀和大规模的第二代 DNA 测序技术结合起来,能够高效、精确、平行地检测蛋白质与 DNA 的相互作用,是目前研究转录因子、聚合酶和转录机制、结构蛋白质、蛋白修饰和 DNA 修饰的常用手段。

　　ChIP-seq 的基本步骤是,首先使用化学交联剂将 DNA 与周围蛋白质共价结合的状态固定,使其处于自然状态,然后使用超声波和核酸酶对细胞进行裂解,将核酸蛋白复合物打碎,在通过免疫沉淀目标蛋白后,洗去背景复合物,反交联,将 DNA 分离出来,最后对样品中的 DNA 片段建库测序(Takahashi et al.,2015)。

　　各种全基因组的分析方法大大革新了各个领域的研究成果,而近日时钟的转录翻译负反馈环路事实上就是各个近日时钟核心蛋白和基因相互作用的成果,所以 ChIP-seq 在近日时钟研究领域的应用非常广泛。例如,2012 年,约瑟夫·高桥(Joseph Takahashi)实验室通过对小鼠肝脏基因组的研究,发现了近日节律性转录调控的转录结构,包括时间依赖性的转录因子结合、RNA 聚合酶Ⅱ募集、RNA 表达和染色质状态变化。他们还发现了近日节律的三个不同阶段:①转录平衡状态;②从头转录的高峰期(CT15);③CLOCK/BMAL1 结合的抑制期(CT16-20)。这些重要的发现都是通过 ChIP-seq 实现的(Koike et al.,2012)。除此之外,米切尔·拉扎尔(Mitchell Lazar)实验室利用 ChIP-seq 发现组蛋白脱乙酰酶 3(Histone deacetylase 3,HDAC3)介导的近日节律对正常的肝脏脂类代谢具有重要意义,NR1D1(Nuclear Receptor Subfamily 1 Group D Member 1)和 NR1D2(Nuclear Receptor Subfamily 1 Group D Member 2)通过协同作用维持肝脏正常脂肪代谢,说明了近日节律在代谢调节方面也扮演着重要的角色(Feng et al.,2011;Bugge et al.,2012)。

9.2.3　单细胞基因表达测序与近日时钟研究

　　单细胞基因表达测序(single-cell RNA-sequencing,scRNA-seq)是一项利用第二代测序技术获取单个细胞遗传信息的高分辨率技术(Tang et al.,2009)。遗传信息的传统研究都是在多细胞水平进行的,得到的数据往往反映的是多个细胞的平均值,但是由于微环境的差异,同一个组织不同区域的细胞表达水平不尽相同,基因组和转录组等遗传信息自然也存在差异,即遗传信息具有异质性(Navin et al.,2011)。所以单细胞基因表达测序技术的发展,大大推动了生物学领域的研究进度,在肿瘤、发育生物学、微生物学、神经科学等领域发挥了重要的作用。2013 年,单细胞基因表达测序技术被评为 Nature Methods 年度技术。

　　单细胞基因表达测序主要包括分离组织或器官、获取单个细胞、细胞裂解、反转录、信号扩增、建库测序这几个步骤。目前该技术面临的挑战一方面是对材料要求比较严格,需要获取大量的单个细胞,另一方面是数据背景噪声会产生干扰(Potter,2018)。尽管如此,单细胞基因表达测序技术仍然推动了许多领域的发展。在近日时钟研究中,单细胞基因表达测序技术可以用来研究组织或器官的细胞异质性。例如,哺乳动物的中枢时钟 SCN 由多种异质神经元组成,即使是表达量较高的神经调节素 S(neuromedin S,NMS)能神经元也仅占 SCN 所有细胞的 40% 左右(Lee et al. ,2015),研究者对于组成 SCN 的所有细胞类型并不清楚,单细胞基因表达测序技术有助于对组成 SCN 的细胞类型进行系统性的研究。2020年,严军实验室对小鼠的 SCN 基因表达进行了时空单细胞测序分析,将 SCN 的细胞分成了八类,他们发现 SCN 中的五种神经元亚型的空间分布、近日节律和对光的反应各不相同,节律性基因表达也具有异质性(Wen et al. ,2020)。他们还对 SCN 进行了三维重建,这些信息有助于更深入地研究 SCN 的作用机制。2021 年,高桥实验室利用单细胞核基因表达测序技术,不仅将 SCN 的细胞进行了更加细致的分类,还探究了光刺激之后 SCN 细胞中基因的表达情况,确定了 NPAS4 蛋白在调节转录组以响应光刺激过程中的必需性(Xu et al. ,2021)。

测序技术在不断地发展,近两年又出现了新的测序技术,美国太平洋生物科学公司(Pacific Biosciences)的单分子实时测序和牛津纳米孔科技有限公司(Oxford Nanopore Technologies)的纳米孔单分子测序技术被称为第三代测序技术,其最大的特点就是测序读取长度的延伸,无须 PCR 延伸,真正做到了单分子测序(Bleidorn,2016)。测序技术的高速发展,大大推动了科研领域的进程,对近日时钟研究也具有十分重要的意义。

9.3 以质谱分析为基础的组学在近日时钟研究中的应用

9.3.1 蛋白质组学与修饰化的蛋白组学

蛋白质组学是一门大规模、高通量、系统化研究样品中所有蛋白质组成及其功能的学科(Anderson et al. ,1998)。虽然基因决定了蛋白质表达,实验中也通常会用 mRNA 表达水平来反映蛋白质表达水平,但是由于在基因表达过程中,存在三个层次的调控:转录水平、翻译水平和翻译后水平的调控,所以核酸含量检测并不能精确代表细胞内功能蛋白的水平。因此蛋白质组学是全面精确了解基因组表达水平的一种必不可少的手段,蛋白质组学在各个领域也得到了广泛的应用。近日时钟由多个转录翻译负反馈调节环路构成,转录后和翻译后机制在调节节律性基因表达方面起着重要作用,而且近日时钟作为一个内源性振荡器,驱动着大量基因的节律性表达,从而影响生命体的新陈代谢和生理功能。蛋白质组学在近日时钟研究领域具有巨大的潜力,该技术的大规模使用有助于理解近日时钟自身节律的维持和对下游节律性基因的控制。

蛋白质组学一般分为三类,第一类是表达蛋白质组学。表达蛋白质组学就是检测样品中蛋白质的相对含量,和基因组检测的目的类似,是为了检测基因的表达情况,但是蛋白质组学直接检测蛋白质含量,另一方面蛋白质是细胞中的功能单位,所以蛋白质组学比基因组检测更加精确。表达蛋白质组学主要依靠质谱分析技术来检测样品中蛋白质的种类和含量,其中两种常用的方法是同位素标记和非标记法(Bantscheff et al. ,2007)。同位素标记后的蛋白质很容易利用高分辨的质谱技术将不同质量的多肽分辨出来,标记的同位素主要通过化学或代谢标记的方法引入。蛋白质的定量也可以通过无标记的方法实现,利用液相色谱与串联质谱联用(liquid chromatography-tandem mass spectrometry,LC-MS/MS)技术对样品进行检测和序列比对后,可以通过比较不同序列间相同肽段的信号强度进行定量分析。无标记的定量比同位素标记的精度低,但是操作更加简单,适用于任何系统。

在近日时钟领域中,早期对基因组的研究主要是利用基因芯片技术等手段实现的,对大量近日时钟基因的表达研究提供了组织和器官的基础性转录调节信息。表达蛋白组学在近日时钟领域中主要用来鉴定各个组织蛋白表达的节律性。2009 年,迈克尔·黑斯廷斯(Michael Hastings)实验室对小鼠的 SCN 进行检测,发现 871 个蛋白点中,115 个蛋白点出现了昼夜变化,对其中的 53 个蛋白点进行液相色谱分析,最终鉴定出 34 个节律性表达的蛋白质,文中估计 6%~13% 的 SCN 可溶性蛋白表达具有近日节律性,这一比例明显高于之前发表的 SCN 基因组节律性基因的占比情况(5%)。此外,11%~38% 的蛋白在转录上也具有近日节律性,这也说明了转录后调节在近日时钟循环过程中起到了很重要的作用。蛋白质组学技术在研究鉴定其他组织特异性近日时钟蛋白方面也具有重要贡献(Deery et al.,2009)。

第二类蛋白质组学是互作蛋白质组学。这是一个研究蛋白质之间的相互作用和寻找新的蛋白质复合物的方法,其主要原理是先对"目标蛋白"进行亲和纯化,然后利用质谱技术对相互作用的蛋白质进行鉴定。这一方法对近日时钟研究领域贡献巨大,许多重要近日时钟调节因子的发现都依赖于互作蛋白质组学技术。在 2005 年,乌利·希布勒(Ueli Schibler)实验室对 PER1 进行互作蛋白质组学研究,他们发现了一个对哺乳动物和果蝇近日节律十分重要的 RNA 结合蛋白 NONO,以及参与 PER 复合物功能的一个组蛋白甲基转移酶 WDR5(Brown et al.,2005)。另外一个与 BMAL1 相互作用,参与抑制 BMAL1/CLOCK 活性的蛋白 RACK1 的发现也得益于互作蛋白质组学技术(Robles et al.,2010)。研究者通过互作蛋白质组学还发现了粗糙链胞霉中 Frequency(FRQ)蛋白磷酸化参与近日时钟循环的互作过程,对研究近日时钟循环机制具有重要的意义(Baker et al.,2009)。

第三类重要的蛋白质组学是翻译后修饰蛋白质组学。基因的翻译后调控主要包括磷酸化、甲基化、乙酰化、泛素化等过程,近日时钟蛋白最常见的翻译后调控是磷酸化,其作用主要是对时间和相位的调节(Vanselow et al.,2006),此外,乙酰化、泛素化和 SUMO(small ubiquitin-like modifier)化能够调节哺乳动物的近日时钟蛋白功能或稳定性(Robles et al.,2013)。大部分被报道的翻译后调控的一个共同特征就是节律性,所以在近日时钟领域,测量翻译后调控的时间变化是一个常用的手段。2009 年,杰伊·邓拉普(Jay Dunlap)实验室利用高分辨的质谱技术鉴定测量了粗糙链胞霉中 FRQ 的 75 个磷酸化位点,以及这些位点磷酸化的近日节律性,并阐述了这些节律性的磷酸化位点如何影响 FRQ 的稳定性。对于近日时钟蛋白来说,它们的磷酸化过程就像是一个计时器,决定了近日时钟蛋白在特定时间点的近日时钟功能(Baker et al.,2009)。对蛋白组磷酸化的普遍测量,能够更加准确地认识近日时钟蛋白或功能蛋白在近日节律维持中的作用。

近日时钟控制着细胞中基因表达的近日节律,从而控制细胞中蛋白质的丰度、修饰、活性和定位,所以蛋白质组学技术在近日时钟研究领域是必不可少的。表达蛋白质组学的应用和基因组学的比较将有助于更好地理解近日时钟基因转录和转录后调控的作用,以及近日时钟如何影响下游的新陈代谢和生理功能;互作蛋白质组学在近日时钟领域的应用,有利于探究近日时钟复合物的节律性变化,探索新的蛋白复合物的存在,完善已有的蛋白复合物的组成和功能;翻译后修饰蛋白质组学能够帮助掌握核心近日时钟蛋白的翻译后修饰的节律性变化情况,加速对近日时钟蛋白功能的研究探索。

9.3.2　代谢组学与近日时钟研究

代谢组学是利用核磁共振波谱法、质谱法等技术来研究代谢产物化学过程的研究,代谢产物是一个生物细胞、组织、器官或生物体内所有代谢物的集合,是生物体基因表达的最终产物(Hollywood et al.,2006)。当基因组检测和蛋白质组学的分析无法描述细胞内所有生理活动时,对代谢产物进行分析可以获取该细胞中生理状态的一个瞬间快照。

近日时钟调节生物体的新陈代谢和生理功能,对于人体来说,近日时钟紊乱会引起各种各样的病理性变化,包括癌症、代谢综合征、糖尿病等。高通量的代谢组学的出现通过揭示在整个昼夜周期中涉及的各个通路的代谢产物变化,有助于了解代谢产物的近日节律变化,将近日时钟紊乱和代谢性疾病联系起来,寻找特定的致病机制以及相关的小分子标志物,最终用于临床诊断治疗。例如,史蒂文·布朗(Steven Brown)实验室通过在不同时间对人体血浆和唾液的代谢组学筛选发现,人体的血浆和唾液中,有15%的代谢产物变化是具有近日节律的,最明显的是血浆中的脂肪酸和唾液中的氨基酸。他们的数据还说明了近日节律对睡眠或进食相关的代谢途径具有直接的调节作用,他们还发现了许多潜在的小分子生物标志物,这些小分子标志物可以用来反映人类的节律周期的睡眠压力(Dallmann et al.,2012)。

将转录组学、蛋白质组学和代谢组学的信息结合起来,不仅有助于更好地理解细胞生物学,而且探究这三种组学信息的一致性,以及它们是如何通过协同作用实现机体的代谢稳态,对于理解近日时钟如何调节下游新陈代谢和生理功能具有十分重要的作用,在近日时钟研究中是必不可少的(Eckel-Mahan et al.,2012)。

9.4　高通量、大规模筛选手段及其在节律研究中的应用

9.4.1　遗传筛选在近日时钟研究中的应用

遗传筛选手段在近日时钟研究中发挥了巨大的作用,最早的果蝇 *period* 基因突变就是通过正向遗传筛选(forward genetic screen)获得的(Konopka et al.,1971);类似的筛选方法还克隆了果蝇 *timeless*(Sehgal et al.,1994)、*doubletime*(Price et al.,1998)以及小鼠 *Clock*、*Fbxl3*(Godinho et al.,2007;Maywood et al.,2006;Siepka et al.,2007)等核心近日时钟基因。

近日时钟广泛存在于单个细胞中是一个重要发现(Nagoshi et al.,2004),这使得以细胞水平为基础的大规模、高通量反向遗传筛选(reverse genetic screen)成为可能。2009 年,史蒂夫·凯(Steve A Kay)实验室和阿希姆·克莱默(Achim Kramer)实验室分别以 siRNA 和 shRNA 为手段进行了全基因组和激酶文库基因扫描,发现了一系列近日时钟调控基因,进一步从分子层面说明了近日时钟对下游生化过程乃至整个机体的生态平衡具有十分重要的作用(Maier et al.,2009;Zhang et al.,2009)。

9.4.2　化学生物学筛选在近日时钟研究中的应用

同样以细胞水平为基础的大规模筛选,还可以应用在化学小分子文库。史蒂夫·凯实验室是进行化学筛选尝试的先行者。从最早利用 LOPAC(Library of Pharmacologically Active Compounds)文库筛选出调节近日时钟周期的小分子,到后来高桥实验室利用高通量筛选出调节近日时钟振幅的小分子,大规模的化学筛选有助于进一步理解近日时钟调节的分子机制(Hirota et al.,2008;Hirota et al.,2010;Chen et al.,2012)。

北京生命科学研究所张二荃实验室 2020 年报道,他们通过对 NIH 化合物库、天然产物文库和 NIBS 化学中心文库的筛选发现了一系列的小分子化合物具有近日时钟相位调节功能,其中一个天然小分子——三脱氧腺苷(虫草素)甚至完全颠倒近日时钟时相。研究人员发现,在 PER2 基因表达处于最高点时,将三脱氧腺苷加入细胞中能够引起近日时钟相位发生 12 h 的改变,而在 PER2 基因表达处于最低点时,加入三脱氧腺苷不会对近日时钟时相产生影响。更为重要的是,三脱氧腺苷能够通过血脑屏障并在动物倒时差模型中有非常好的效果。倒时差(灯光相位提前 8 h 或延后 8 h)时,小鼠通常需要 10 d 左右的时间适应新的灯光环境,而腹腔注射 15 mg/kg 三脱氧腺苷的小鼠只需要 4 d 左右便可以完全适应新的灯光环境。为了阐明三脱氧腺苷作用的分子机制,研究人员结合 siRNA 筛选、高通量测序技术以及蛋白质组学等手段,发现三脱氧腺苷通过 RUVBL2 蛋白调节近日时钟相位。RUVBL2 是以 BMAL1 为核心的近日时钟转录复合物的组分之一,节律性地参与 BMAL1 的形成并参与转录调节。在 PER2 基因表达处于最高点时,转录抑制因子(如 PER 和 CRY)结合 BMAL1 转录复合物,抑制转录复合物活性,发生转录抑制(Aryal et al.,2017)。三脱氧腺苷进入体内后经过腺苷激酶磷酸化转化为三磷酸三脱氧腺苷,进一步结合 RUVBL2 蛋白致使其构象发生改变,最终使其自身和抑制性因子 CRY 脱离复合物,发生转录脱抑制,进而激活近日时钟下游基因的表达。三脱氧腺苷快速降解后,近日时钟环路开始新的一轮振荡,进而导致近日时钟相位逆转(Ju et al.,2020)。三脱氧腺苷的发现对临床上治疗近日时钟相关疾病提供了一个新的方法,具有十分重要的应用价值。RUVBL2 在近日时钟环路中作用机制的阐明,补充了近日时钟核心的转录翻译负反馈复合物调节环路,为近日时钟研究提供了一个新的思路,是近日时钟研究历史上一个里程碑式的发现。

9.5　生物学大数据研究与数学建模及其在节律研究中的应用

9.5.1　生物学大数据在近日时钟研究中的应用

生物学大数据在生物学上的应用,最早是在"人类基因组计划"中实施,通过使用高效的分析技术从大量的数据中获取隐藏模式、相关性或其他要点。大数据具有四个基本的特征:规模化、多样化、高速率和真实性。生物学是产生大数据的源泉,也是大数据应用的广阔天地,转录组学、蛋白质组学、代谢组学等各种技术和研究手段的出现和使用,大大丰富了生物学大数据。近日节律广泛存在于机体的各个层面,更加适用于大规模的数据分析,但是到目前为止,在近日时钟领域,大数据的使用并不是很广泛,即便如此大数据也在很大程度上推动了近日时钟的研究。

2017年,迈克尔·休斯(Michael Hughes)与约翰·霍格尼希(John Hogenesch)联合领域内90等多位科学家一起发表的"Guidelines for genome-scale analysis of biological rhythms"一文,通过对大量的近日时钟相关文献的统计,以及近日节律数据的分析,提出了一些适用于近日时钟研究的原则(Hughes et al.,2017)。一些主要实验原则归纳如下。

(1) 实验设计方面

第一,至少收集两个周期的数据,如果难度较大,可以增加样本重复数;

第二,研究仅由近日时钟调节的过程时,需要排除外界环境因子对近日节律的影响;

第三,在光照和黑暗(LD)交替情况下取材,两天或两天以上的独立样本可以视为样本重复;

第四,进行统计分析之前,不能重复或连接数据;

第五,研究近日节律取材时,建议每2 h收集一次样本,研究比24 h更短周期的生物节律时,取材应该更加频繁;

第六,在ChIP-seq实验中,每个时间点都必须有样本重复,近交系实验或自然环境中收集的样本也需要独立的样本重复;

第七,高通量测序的样本中,测序深度需要明确考虑;

第八,实验取材时样本重复尽可能大于5,以平均个体差异;

第九,实验过程需要设置内参。

(2) 数据分析方面

第一,需要整合原始数据;

第二,数据需要进行规范化和量化;

第三,数据可能需要根据统计方法的输入需求进行重新格式化。

这些实验原则的规范有助于产生可复制的、统计上健全的、具有普适性的组学规模的数据,增加近日时钟领域研究的严谨性和可重复性。

9.5.2 数学建模在近日时钟研究中的应用

近日时钟是生命体为了适应外界环境变化从而进化出的自主且可持续的内源性振荡(Ouyang et al.,1998),例如光照和温度的周期性变化。近日时钟的振荡在细胞水平上是由转录翻译负反馈环路实现的(Hardin et al.,1990;Partch et al.,2014),从个体的水平上看,SCN是哺乳动物近日时钟中枢。尽管SCN不同神经元之间的节律并不是完全同步的,但它们却能通过某种未知的耦合机制形成一个独立的振荡神经网络(Welsh et al.,1995)。SCN将接收的外界信号与自身神经元的近日节律进行耦合,继而通过神经体液等途径调节下游的组织和器官的近日节律,起到将生物体内部近日时钟与外界环境的近日节律同步化的作用。SCN的神经元之间是如何相互调节,耦合在一起,这一直是近日时钟领域里一个悬而未决的问题。数学建模并不局限于实验研究,这有助于更好地了解SCN神经元耦合网络。

——

在近日时钟研究领域,数学建模主要从三个不同的水平实现:①通过延迟的负反馈在单个细胞中产生节律;②通过外部刺激或细胞之间的耦合同步化细胞;③优化时间疗法。

延迟微分方程(delay differential equations,DDEs)是近日时钟领域比较常用的一个数学模型,已经建立了多个振荡模型,包括细胞内近日节律的发生、果蝇内源性循环、小鼠肝脏的近日节律等(Scheper et al.,1999;Korencic et al.,2012)。DDEs 的优点在于只需要较少的动力学参数就可以描述出自我维持的振荡,如果将转录翻译负反馈过程 m 描述为简单的自我抑制过程,其基本方程式如下:

$$\frac{\mathrm{d}x(t)}{\mathrm{d}t} = \frac{a}{1 + x^n(t-\tau)} - d \cdot x(t)$$

其中,动量 $x(t)$ 代表的是 $Per2$ 等近日时钟的核心基因,这些基因的蛋白质产物能够在延迟 τ 后抑制自身的转录,延迟 τ 可以用来描述蛋白质的产生、修饰、高级结构的形成、核定位和表观遗传修饰等过程,参数 a 是基础转录率,d 为 mRNA 的降解率,一般是 0.2。当 $a=10$,$n=2$,$\tau=8$ 时,该方程表述为一个周期为 24 h 的振荡。第二层面的数学建模主要是研究组织细胞通过接收外部信号驯化和细胞之间的耦合作用,来达到同步化细胞的目的。在组织和机体水平上,近日节律是十分精细的,但是对于单个细胞的近日节律来说,振荡并不是和其他细胞完全耦合在一起的,所以需要随机的数学模型来描述单个细胞的振荡。通常在极坐标下描述单个细胞随机振荡的方程式如下:

$$\frac{\mathrm{d}r_i}{\mathrm{d}t} = -\lambda_i(r_i - A_i),$$

$$\frac{\mathrm{d}\varphi_i}{\mathrm{d}t} = \frac{2\pi}{\tau_i}, \quad i = 1, 2, \cdots, N$$

其中,变量 r_i 是径向坐标,φ_i 是第 i 个细胞的相位,A_i 是细胞振荡的振幅,λ_i 是振幅弛豫速率,通过这个方程式,单细胞的节律可以通过少量的参数量化(Westermark et al.,2009;Bordyugov et al.,2013)。对单个细胞的振荡描述有助于更好地理解 SCN 细胞如何接收外界信号,然后通过自身细胞的耦合,从而形成一个整体的近日节律。

第三个层面就是建模时间疗法。许多药物的疗效和毒性都有显著的近日节律依赖性,尤其是抗癌药物的耐受性和疗效在很大程度上取决于治疗时机(Mormont et al.,2003)。在小鼠实验中,4 h 给药时间的差异可以将存活率从 20% 提高到 80%(Gorbacheva et al.,2005)。建模时间疗法就是利用数学模型,补充实验和临床研究,计划给药时间。时间疗法的数学模型一般包括药物的药代动力学和动力学,以及近日节律和扩散的相互作用。

9.6 合成生物学简介及应用

合成生物学是 21 世纪出现的一个生物科学的新兴分支学科,该学科综合了分子生物学、基因组学、信息技术和工程学,产生了一系列新的工具和方法。合成生物学和传统的系统生物学不同,传统的系统生物学采用解剖等方式,是"自上而下"的分析方式,而合成生物学则是根据需求,人工合成生物分子等生物学原件,设计、改造、重建生物系统、代谢途径、发育分化等过程,甚至通过人工合成细胞或生物个体。合成生物学的最终目的是帮助更好地理解生命活动,不仅在生命科学领域具有重要作用,在生物医药、生物能源、化学制品等领域也有广泛的应用。合成生物学和系统生物学是两个独立的学科,但是联系十分紧密,系统生物学是合成生物学的基础,而合成生物学有助于系统生物学对现有系统进行更深入的了解,并为系统生物学提供新的材料和工具,进一步丰富系统生物学(Barrett et al.,2006)。

2005 年,近藤孝雄(Takao Kondo)实验室通过共同孵育三个蓝藻的核心近日时钟蛋白KaiA、KaiB、KaiC 和三磷酸腺苷(ATP),在体外构建了具有温度补偿效应、周期稳定、能自我维持的 KaiC 磷酸化振荡,而且 KaiC 突变体对近日节律的影响在体外的表现和体内观察到的一致。在近日时钟研究领域,这是一个划时代的工作,不仅在体外重建出 24 h 的近日节律振荡器,而且还将合成生物学成功地和近日时钟研究结合起来,体现了生命科学的本质,为研究近日时钟的起源奠定了重要的基础(Nakajima et al.,2005)。

2008 年,上田弘树(Hiroki Ueda)实验室应用合成生物学方法解析顺式作用元件(cis-elements),构建了哺乳动物近日时钟的转录调控网络。他们开发了一个由小鼠胚胎成纤维细胞(NIH3T3)构成的哺乳动物细胞培养系统,包括一个人为改造的激活子(activator)、抑制子(repressor)和一个启动子(CMV mini)驱动的,融合了半乳糖上游激活序列的四次串联重复的荧光素酶(Luciferase,Luc)报告基因,能够实现人为地改造转录环路,是研究近日节律、构建哺乳动物近日时钟网络的重要途径(Ukai-Tadenuma et al.,2008)。随后,他们又利用合成生物学的方法合成 Cry1 的复合启动子,结合数学建模等方法证明了 Cry1 在转录翻译负反馈环路中抑制作用的延迟对于近日时钟的生理功能是必需的(Ukai-Tadenuma et al.,2011)。

合成生物学也将近日时钟研究和临床治疗、工业生产等方面联系起来。哈佛大学的 Silver 实验室在 2015 年将蓝藻细菌的近日节律振荡器——KaiABC 系统及相关蛋白移植到非近日节律性大肠杆菌中,成功地在大肠埃希菌中构建了一个近日节律振荡器。他们的实验证实了细菌近日节律振荡器的可移植性以及其再造的潜力,不仅在近日时钟领域具有重要的影响,还能应用于临床医学。例如,肠道微生物菌群的近日节律紊乱可能导致宿主的代谢失衡,产生肥胖、葡萄糖耐受不良等病症,通过工程技术来调节肠道微生物的近日节律,纠正近日时钟紊乱造成的生态失调,可能是解决这一临床问题的可行措施。另外,他们构建的可移植振荡器系统,也能用于工业上对微生物进行近日节律控制等方面(Chen et al.,2015)。

廖媚妹、鞠大鹏、张二荃 审稿:徐璎

参考文献

ALABADI D,YANOVSKY M J,MAS P,et al.,2002. Critical role for CCA1 and LHY in maintaining circadian rhythmicity in Arabidopsis [J]. Current Biology,12:757-761.

ANDERSON N L,ANDERSON N G,1998. Proteome and proteomics:new technologies,new concepts,and new words [J]. Electrophoresis,19:1853-1861.

ARONSON B D,JOHNSON K A,LOROS J J,et al.,1994. Negative feedback defining a circadian clock:autoregulation of the clock gene frequency [J]. Science,263:1578-1584.

ARYAL R P,KWAK P B,TAMAYO A G,et al. 2017. Macromolecular assemblies of the mammalian circadian clock [J]. Molecular Cell,67: 770-782.

BAKER C L, KETTENBACH A N, LOROS J J, et al. , 2009. Quantitative proteomics reveals a dynamic interactome and phase-specific phosphorylation in the Neurospora circadian clock [J]. Molecular Cell, 34: 354-363.

BANTSCHEFF M, SCHIRLE M, SWEETMAN G, et al. , 2007. Quantitative mass spectrometry in proteomics: a critical review [J]. Analytical and Bioanalytical Chemistry,389: 1017-1031.

BARRETT C L, KIM T Y, KIM H U, et al. , 2006. Systems biology as a foundation for genome-scale synthetic biology [J]. Current Opinion in Biotechnology,17: 488-492.

BLEIDORN C, 2016. Third generation sequencing: technology and its potential impact on evolutionary biodiversity research,Systematics and Biodiversity [J]. Systematics and Biodiversity,14: 1-8.

BORDYUGOV G, WESTERMARK P O, KORENCIC A, et al. , 2013. Mathematical modeling in chronobiology [J]. Handb Exp Pharmacol: 335-357.

BROWN S A, RIPPERGER J, KADENER S, et al. , 2005. PERIOD1-associated proteins modulate the negative limb of the mammalian circadian oscillator [J]. Science,308: 693-696.

BUGGE A, FENG D, EVERETT L J, et al. , 2012. Rev-erbalpha and Rev-erbbeta coordinately protect the circadian clock and normal metabolic function [J]. Genes & Development,26: 657-667.

CERIANI M F, HOGENESCH J B, YANOVSKY M, et al. , 2002. Genome-wide expression analysis in Drosophila reveals genes controlling circadian behavior [J]. Journal of Neuroscience,22: 9305-9319.

CHEN A H, LUBKOWICZ D, YEONG V, et al. , 2015. Transplantability of a circadian clock to a noncircadian organism [J]. Science Advances,1: e1500358.

CHEN Z, YOO S H, PARK Y S, et al. ,2012. Identification of diverse modulators of central and peripheral circadian clocks by high-throughput chemical screening [J]. Proceedings of the National Academy of Sciences of the United States of America,109: 101-106.

CLARIDGE-CHANG A, WIJNEN H, NAEF F, et al. , 2001. Circadian regulation of gene expression systems in the Drosophila head [J]. Neuron,32: 657-671.

DALLMANN R, VIOLA A U, TAROKH L, et al. , 2012. The human circadian metabolome [J]. Proceedings of the National Academy of Sciences of the United States of America,109: 2625-2629.

DEERY M J, MAYWOOD E S, CHESHAM J E, et al. ,2009. Proteomic analysis reveals the role of synaptic vesicle cycling in sustaining the suprachiasmatic circadian clock [J]. Current Biology,19: 2031-2036.

EASTMAN C I, MISTLBERGER R E, RECHTSCHAFFEN A, 1984. Suprachiasmatic nuclei lesions eliminate circadian temperature and sleep rhythms in the rat [J]. Physiology & Behavior,32: 357-368.

ECKEL-MAHAN K L, PATEL V R, MOHNEY R P, et al. ,2012. Coordination of the transcriptome and metabolome by the circadian clock [J]. Proceedings of the National Academy of Sciences of the United States of America,109: 5541-5546.

FENG D, LIU T, SUN Z, et al. ,2011. A circadian rhythm orchestrated by histone deacetylase 3 controls hepatic lipid metabolism [J]. Science,331: 1315-1319.

FUSTIN J M, DOI M, YAMADA H, et al. ,2012. Rhythmic nucleotide synthesis in the liver: temporal segregation of metabolites [J]. Cell Reports,1: 341-349.

GEKAKIS N, STAKNIS D, NGUYEN H B, et al. ,1998. Role of the CLOCK protein in the mammalian circadian mechanism [J]. Science,280: 1564-1569.

GODINHO S I, MAYWOOD E S, SHAW L, et al. ,2007. The after-hours mutant reveals a role for Fbxl3 in determining mammalian circadian period [J]. Science,316: 897-900.

GOLUB T R, SLONIM D K, TAMAYO P, et al. ,1999. Molecular classification of cancer: class discovery and class prediction by gene expression monitoring [J]. Science,286: 531-537.

GORBACHEVA V Y, KONDRATOV R V, ZHANG R, et al. , 2005. Circadian sensitivity to the chemotherapeutic agent cyclophosphamide depends on the functional status of the CLOCK/BMAL1 transactivation complex [J]. Proceedings of the National Academy of Sciences of the United States of America,102: 3407-3412.

HARDIN P E, HALL J C, ROSBASH M,1990. Feedback of the Drosophila period gene product on circadian cycling of its messenger RNA levels [J]. Nature,343: 536-540.

HARMER S L, HOGENESCH J B, STRAUME M, et al. ,2000. Orchestrated transcription of key pathways in Arabidopsis by the circadian clock [J]. Science,290: 2110-2113.

HIROTA K, SAKAMAKI J, ISHIDA J, et al. ,2008. A combination of HNF-4 and Foxo1 is required for reciprocal transcriptional regulation of glucokinase and glucose-6-phosphatase genes in response to fasting and feeding [J]. Journal of Biological Chemistry,283: 32432-32441.

HIROTA T, LEE J W, LEWIS W G, et al. ,2010. High-throughput chemical screen identifies a novel potent modulator of cellular circadian rhythms and reveals CKIalpha as a clock regulatory kinase [J]. PLoS Biology,8: e1000559.

HOLLYWOOD K, BRISON D R, GOODACRE R, 2006. Metabolomics: current technologies and future trends [J]. Proteomics,6: 4716-4723.

HUGHES M E, ABRUZZI K C, ALLADA R, et al. ,2017. Guidelines for genome-scale analysis of biological rhythms [J]. Journal of Biological Rhythms,32: 380-393.

ISHIURA M, KUTSUNA S, AOKI S, et al. , 1998. Expression of a gene cluster kaiABC as a circadian feedback process in cyanobacteria [J]. Science,281: 1519-1523.

JOHNSON D S, MORTAZAVI A, MYERS R M, et al. ,2007. Genome-wide mapping of in vivo protein-DNA interactions [J]. Science,316: 1497-1502.

JU D, ZHANG W, YAN J, et al. ,2020. Chemical perturbations reveal that RUVBL2 regulates the circadian phase in mammals [J]. Science Translational Medicine,12(542): eaba 0769.

KOIKE N, YOO S H, HUANG H C, et al. ,2012. Transcriptional architecture and chromatin landscape of the core circadian clock in mammals [J]. Science,338: 349-354.

KONOPKA R J, BENZER S, 1971. Clock mutants of Drosophila melanogaster [J]. Proceedings of the National Academy of Sciences of the United States of America,68: 2112-2116.

KORENCIC A, BORDYUGOV G, KOSIR R, et al. ,2012. The interplay of cis-regulatory elements rules circadian rhythms in mouse liver [J]. PLoS One,7: e46835.

LEE C, ETCHEGARAY J P, CAGAMPANG F R, et al. ,2001. Posttranslational mechanisms regulate the mammalian circadian clock [J]. Cell,107: 855-867.

LEE I T, CHANG A S, MANANDHAR M, et al. ,2015. Neuromedin s-producing neurons act as essential pacemakers in the suprachiasmatic nucleus to couple clock neurons and dictate circadian rhythms [J]. Neuron,85: 1086-1102.

MAIER B, WENDT S, VANSELOW J T, et al. ,2009. A large-scale functional RNAi screen reveals a role for CK2 in the mammalian circadian clock [J]. Genes & Development,23: 708-718.

MARGULIES M, EGHOLM M, ALTMAN W E, et al. ,2005. Genome sequencing in microfabricated high-density picolitre reactors [J]. Nature,437: 376-380.

MAYWOOD E S, REDDY A B, WONG G K, et al. ,2006. Synchronization and maintenance of timekeeping in suprachiasmatic circadian clock cells by neuropeptidergic signaling [J]. Current Biology, 16: 599-605.

MCDONALD M J, ROSBASH M,2001. Microarray analysis and organization of circadian gene expression in Drosophila [J]. Cell,107: 567-578.

MICHAEL T P, MCCLUNG C R,2002. Phase-specific circadian clock regulatory elements in Arabidopsis

[J]. Plant Physiology,130：627-638.

MORMONT M C,LEVI F,2003. Cancer chronotherapy：principles,applications,and perspectives [J]. Cancer,97：155-169.

NAGALAKSHMI U,WANG Z,WAERN K,et al.,2008. The transcriptional landscape of the yeast genome defined by RNA sequencing [J]. Science,320：1344-1349.

NAGOSHI E,SAINI C,BAUER C,et al.,2004. Circadian gene expression in individual fibroblasts：cell-autonomous and self-sustained oscillators pass time to daughter cells [J]. Cell,119：693-705.

NAKAJIMA M,IMAI K,ITO H,et al.,2005. Reconstitution of circadian oscillation of cyanobacterial KaiC phosphorylation in vitro [J]. Science,308：414-415.

NAVIN N,KENDALL J,TROGE J,et al.,2011. Tumour evolution inferred by single-cell sequencing [J]. Nature,472：90-94.

OUYANG Y,ANDERSSON C R,KONDO T,et al.,1998. Resonating circadian clocks enhance fitness in cyanobacteria [J]. Proceedings of the National Academy of Sciences of the United States of America, 95：8660-8664.

PANDA S,ANTOCH M P,MILLER B H,et al.,2002. Coordinated transcription of key pathways in the mouse by the circadian clock [J]. Cell,109：307-320.

PARTCH C L,GREEN C B,TAKAHASHI J S,2014. Molecular architecture of the mammalian circadian clock [J]. Trends in Cell Biology,24：90-99.

POTTER S S,2018. Single-cell RNA sequencing for the study of development,physiology and disease [J]. Nature Reviews Nephrology,14：479-492.

PRICE J L,BLAU J,ROTHENFLUH A,et al.,1998. Double-time is a novel Drosophila clock gene that regulates PERIOD protein accumulation [J]. Cell,94：83-95.

RALPH M R,FOSTER R G,DAVIS F C,et al.,1990. Transplanted suprachiasmatic nucleus determines circadian period [J]. Science,247：975-978.

REN B,ROBERT F,WYRICK J J,et al.,2000. Genome-wide location and function of DNA binding proteins [J]. Science,290：2306-2309.

ROBLES M S,MANN M,2013. Proteomic approaches in circadian biology [J]. Handb Exp Pharmacol： 389-407.

SANGER F,COULSON A R,1975. A rapid method for determining sequences in DNA by primed synthesis with DNA polymerase [J]. Journal of Molecular Biology,94：441-448.

SANGER F,NICKLEN S,COULSON A R,1977. DNA sequencing with chain-terminating inhibitors [J]. Proceedings of the National Academy of Sciences of the United States of America,74：5463-5467.

SCHEPER T,KLINKENBERG D,PENNARTZ C,et al.,1999. A mathematical model for the intracellular circadian rhythm generator [J]. Journal of Neuroscience,19：40-47.

SEHGAL A,PRICE J L,MAN B,et al.,1994. Loss of circadian behavioral rhythms and per RNA oscillations in the Drosophila mutant timeless [J]. Science,263：1603-1606.

SIEPKA S M,YOO S H,PARK J,et al.,2007. Circadian mutant Overtime reveals F-box protein FBXL3 regulation of cryptochrome and period gene expression [J]. Cell,129：1011-1023.

TAKAHASHI J S,KUMAR V,NAKASHE P,et al.,2015. ChIP-seq and RNA-seq methods to study circadian control of transcription in mammals [J]. Methods Enzymol,551：285-321.

TANG F,BARBACIORU C,WANG Y,et al.,2009. mRNA-Seq whole-transcriptome analysis of a single cell [J]. Nature Methods,6：377-382.

UEDA H R,CHEN W,ADACHI A,et al.,2002. A transcription factor response element for gene expression during circadian night [J]. Nature,418：534-539.

UKAI-TADENUMA M,KASUKAWA T,UEDA H R,2008. Proof-by-synthesis of the transcriptional logic of mammalian circadian clocks [J]. Nature Cell Biology,10: 1154-1163.

UKAI-TADENUMA M,YAMADA R G,XU H,et al.,2011. Delay in feedback repression by cryptochrome 1 is required for circadian clock function [J]. Cell,144: 268-281.

VALOUEV A,ICHIKAWA J,TONTHAT T,et al.,2008. A high-resolution,nucleosome position map of C. elegans reveals a lack of universal sequence-dictated positioning [J]. Genome Research,18: 1051-1063.

VAN'T VEER L J,DAI H,VAN DE VIJVER M J,et al.,2002. Gene expression profiling predicts clinical outcome of breast cancer [J]. Nature,415: 530-536.

VANSELOW K,VANSELOW J T,WESTERMARK P O,et al.,2006. Differential effects of PER2 phosphorylation: molecular basis for the human familial advanced sleep phase syndrome (FASPS) [J]. Genes & Development,20: 2660-2672.

WELSH D K,LOGOTHETIS D E,MEISTER M,et al.,1995. Individual neurons dissociated from rat suprachiasmatic nucleus express independently phased circadian firing rhythms [J]. Neuron,14: 697-706.

WEN S,MA D,ZHAO M,et al.,2020. Spatiotemporal single-cell analysis of gene expression in the mouse suprachiasmatic nucleus [J]. Nature Neuroscience,23: 456-467.

WESTERMARK P O,WELSH D K,OKAMURA H,et al.,2009. Quantification of circadian rhythms in single cells [J]. PLoS Computational Biology,5: e1000580.

WILHELM B T,MARGUERAT S,WATT S,et al.,2008. Dynamic repertoire of a eukaryotic transcriptome surveyed at single-nucleotide resolution [J]. Nature,453: 1239-1243.

XU P,BERTO S,KULKARNI A,et al.,2021. NPAS4 regulates the transcriptional response of the suprachiasmatic nucleus to light and circadian behavior [J]. Neuron,109: 3268-3282.

YOSHITANE H,ASANO Y,SAGAMI A,et al.,2019. Functional D-box sequences reset the circadian clock and drive mRNA rhythms [J]. Communications Biology,2: 300.

ZHANG E E,LIU A C,HIROTA T,et al.,2009. A genome-wide RNAi screen for modifiers of the circadian clock in human cells [J]. Cell,139: 199-210.

ZHANG R,LAHENS N F,BALLANCE H I,et al.,2014. A circadian gene expression atlas in mammals: implications for biology and medicine [J]. Proceedings of the National Academy of Sciences of the United States of America,111: 16219-16224.

第10章

时间生物学在医学中的应用

10.1　时间医学

本节主要探讨三个问题：什么是时间医学？当前时间医学有哪些临床应用？未来时间医学的发展方向及面临的挑战有哪些？

时间医学（chronomedicine）旨在应用近日节律的理论来提高对相关疾病的诊断和治疗（Ruben et al.，2019b）。关于时间医学，早在20世纪60年代，哈伯格（Halberg）便已提出一个初步设想，即因人体生理上有内在的近日节律，同一药品在不同的时间点会使人体产生不同的反应，进而可能产生不同的疗效（Halberg，1963）。根据这一设想，在随后的1964年，一项针对类风湿病的研究便发现泼尼松龙（Prednisolone）在晚上入睡之前给药要比早晨给药的效果更好（Deandrade et al.，1964）。之后，又陆续对多类药品开展了不同时间点给药的临床试验。截至2019年，至少测试了106种用于治疗癌症、高血压、皮肤过敏、关节炎、哮喘和高脂血症等的药品（Ruben et al.，2019b）。统计发现，75%的测试药品的疗效受给药时间的影响。而对一些短效药品（半衰期小于2 h），高达90%的测试药品的疗效受给药时间的影响（Ruben et al.，2019b）。这些试验推动了时间医学在临床上的应用。

基于近60年的研究，当前临床上已经对小部分药品标注了使用时间。一部分药品的最佳服用时间是在入睡之前，例如用于治疗高脂血症的短效他汀类药品——辛伐他汀（simvastatin），因为体内胆固醇水平会在睡眠时增加，所以在入睡之前服用可以达到最佳疗效；再如用于治疗成人静脉血栓的利伐沙班（rivaroxaban），其最佳服用时间是最后一餐时，与食物同服（Smith et al.，2019）。而另一部分药品的最佳服用时间是在起床之后，例如用于治疗胃食管反流性疾病的埃索美拉唑镁肠溶片（esomeprazole），因为在起床之后胃壁细胞质子泵最为活跃，所以其最佳服用时间是在每日进食第一餐之前；再如用于治疗注意力缺陷多动障碍的哌醋甲酯缓释片，其最佳服用时间也是起床之后（Smith et al.，2019）。

然而在过去的60年里，时间医学的发展相对缓慢，其重要性尚未得到普遍的认可。一个主要原因是大部分临床试验是基于有限的人体生理学进行观察，缺乏分子机制上的支撑。21世纪初，随着近日时钟核心基因在哺乳动物中的发现（Ko et al.，2006），以及近日时钟调控网络模型的建立（Takahashi，2017），在分子水平上调控和干预近日时钟有了坚实的理论基础。而随着多组学技术（转录组、蛋白组和代谢组）在近日时钟研究中的广泛应用，近日时钟调控的下游生物分子(转录本、蛋白和代谢产物)在多个组织中被界定(Chiang et al.，2014；Dyar et al.，2018；Robles et al.，2014；Zhang et al.，2014)，时间医学的靶标分子得到了极大的拓展。在近日时钟基础研究的推动下，时间医学到了理论驱动的快速发展阶段，其发展方向也日渐清晰。

当前时间医学在药物研究方面，一方面是寻找直接或间接作用于近日时钟本身的药物(近日时钟靶向药)，另一方面是界定和测试以近日时钟调控的下游生物分子为靶标的药品(近日时钟下游靶向药)(Cederroth et al.，2019；Ruben et al.，2019b；Ruben et al.，2019a)。近日时钟靶向药的理论基础是近日时钟和人体健康的密切关系。最近的研究表明近日时钟紊乱与多种疾病相关，包括睡眠障碍、癌症、代谢疾病、神经退行性疾病(如阿尔茨海默病、帕金森综合征和亨廷顿舞蹈症)，以及精神疾病(如精神分裂症、双相情感障碍和抑郁症)(Rijo-Ferreira et al.，2019；Ruben et al.，2019a)。近日时钟紊乱通常表现为两个方面：①时相不同步，即内在近日时钟时间与外在的环境时间不一致；②近日时钟的稳健性变弱。因此，调整和增强人体的近日时钟功能便可能成为一种既对人体无害又可以缓解及治疗近日时钟紊乱相关疾病的理想方案(Cederroth et al.，2019)。基于这一设想，研究人员已经开始利用高通量技术对已存在的人工合成的小分子进行筛选，寻找能直接或间接作用于近日时钟的小分子(He et al.，2016；Hirota et al.，2010；Hirota et al.，2012；Solt et al.，2012)，并相继筛选出了一些可以改变近日时钟周期、增强近日时钟稳健性，以及改变近日时钟时相的小分子(Cederroth et al.，2019；Ju et al.，2020；Rijo-Ferreira et al.，2019)。这些小分子很有可能在未来被开发成为近日时钟靶向药，并应用于治疗近日时钟紊乱相关的疾病。

近日时钟下游靶向药基于药品的药代动力学。药代动力学决定于药品的生化特性以及在体内的吸收、转运、代谢和排泄(absorption，distribution，metabolism and excretion，ADME)的特征(Dallmann et al.，2016)。在已开展的动物模型实验和人体试验中，已证实近日时钟影响着数百个药物的 ADME(Cederroth et al.，2019；Ruben et al.，2019b)。而这些药物只是有待开发的近日时钟下游靶向药的一小部分。近日节律转录组学的研究表明，近日时钟调控着哺乳动物基因组中一半以上的基因呈现周期性表达(Ruben et al.，2018；Zhang et al.，2014)。在这些近日时钟调控的下游基因中，含有 1000 多个潜在靶向基因，其编码蛋白或者药品靶点，或者参与药品转运或代谢。与这些基因相关的药品的药代动力学受近日时钟的直接调控，因而在不同的时间点给药，其药效和不良反应会有差异，进而影响治疗效果。例如，在药品的靶标基因表达高峰期给药，可以达到最佳的疗效；而在药品非靶标基因的表达低谷期给药，则可以达到最小的不良反应(Ruben et al.，2019b)。

以近日时钟靶向药和近日时钟下游靶向药为重点的近日时钟医药，将会极大地推动时间医学的普及和临床应用。但时间医学的发展也面临着诸多的挑战，主要有以下三个方面。

一是欠缺准确测定人体近日时钟时间的方法。人体近日时钟时间是由内在的分子调控机制决定的，并受外界环境尤其是光照的影响。当前有 20% 的欧洲工人和 29% 的美国工人因从事倒班工作，而在夜晚受到人造光源的干扰，使得近日时钟时间与环境时间不协调，从而诱发近日时钟紊乱(Cederroth et al.，2019)。而在中国，即便不从事倒班工作，地理时区与实用时区的差异也会对很多人的近日时钟产生影响。中国国土跨越 5 个时区，而各地实际都采用位于东八区的北京时间,但北京时间的早晨 8 点并不意味着所有人内在的近日时钟时间都对应着早晨 8 点。如何准确而简易地测定不同个体的近日时钟时间,便成为制约时间医学发展的一个瓶颈。对此,科研人员已经进行了一些有益的探索。例如运用机器学习的算法,采集一次人体血液或皮肤样品,便可预测人体的近日时钟时间(Laing et al.,2017;Wittenbrink et al.,2018;Wu et al.,2018)。但这些方法尚需在不同人群中进行进一步的测试。

二是理论驱动不足。在过去 60 年里,时间医学发展缓慢的一个主要原因是理论驱动不足,对于近日时钟如何调控人体生理和病理的分子机制,缺乏深入的理解。同时在选择药品进行试验时,未充分考虑近日时钟药代动力学。例如通常只有短效药(半衰期小于 6 h)才适合测试在不同时间点给药所带来的疗效差异,而有的研究人员却选择了长效药(半衰期长达 50 h)进行临床试验(Ruben et al.,2019b)。再如,在将近 90% 的临床试验中,都只比较早晨和晚上给药引起的疗效差异,但对短效药品,极有可能错过用药的最佳窗口(如中午)。另外在测试的群体中,也没有对近日时钟时间有差异的人群进行分类(Ruben et al.,2019b)。当前随着组学技术在近日节律研究中的广泛应用,对近日时钟调控的分子机制的深入理解,以及对近日时钟药代动力学的不断探索,时间医学的发展正在转向以理论驱动为主。

三是在药品研发上缺乏对时间医学足够的重视。最常用的处方药往往只对部分患者有效(Ruben et al.,2019b;Schork,2015),这可能与个体的基因背景差异有关,也可能与个体用药时间上的差异有关。药企倾向于研发在体内恒定释放的长效药,虽然对患者用药比较方便,却未考虑到药品的作用靶点可能是受近日时钟调控而每天周期表达,因此长效药未必能达到最佳的治疗效果。另外,忽略时间效应有可能导致一个有效的药品被禁用,如奥沙利铂(oxaliplatin)(Cederroth et al.,2019)。奥沙利铂已经成为当前治疗结肠癌的一线药品,它却曾经因太高的副作用而未通过罗纳普朗克(Rhone-Poulenc-Rorer)公司组织的一期临床试验。奥沙利铂后来被出售给了瑞士药企 Debiopharm 公司。Debiopharm 公司应用近日时钟药理学重新评估了奥沙利铂的安全性和有效性。Debiopharm 公司没有采取传统的恒定给药方案,而是采用在下午 4 点进行最大给药量的近日时钟给药方案,降低了奥沙利铂的副作用,并通过了一期(Caussanel et al.,1990)和二期临床试验(Levi et al.,1993)。在二期临床试验中,近日时钟给药方案同时证实了奥沙利铂治疗结肠癌的有效性(Levi et al.,1992),进而促使奥沙利铂进入三期临床试验(Levi et al.,1997),相对于传统的给药方案,采取近日时钟给药方案的患者对奥沙利铂的耐受性提高了 5 倍,同时近日时钟给药方案使得奥沙利铂的疗效提高了两倍(Dallmann et al.,2016;Levi et al.,2011)。因此,时间医学为药企研发更安全有效的药品提供了更大的空间。

纵然面临着诸多挑战,随着时间医学相关的基础研究和转化研究的深入,以及时间医学在临床应用和药品研发中的普及和推广,我们相信时间医学将会变挑战为机遇,进入快速发展期。我们期待时间医学在未来人类疾病的诊断和治疗中能够得到足够的重视,发挥应有的作用,取得显著的成效。对症用药固然重要,而按时用药亦不可忽略。自从 2015 年美国推出精准医学计划以来(Collins et al.,2015),精准医学的理念快速普及,并已成为未来医学的一个主要方向,而时间医学必将极大地推动和完善精准医学。没有时间维度的精准医学是不完整的,没有精准医学支撑的时间医学是不成熟的。我们相信未来二者会不断融合,近日时钟精准医学将迎来它的时代。

10.2　近日时钟与心血管系统

越来越多的证据表明,内在的生物节律与心血管功能息息相关。血压、心率,以及内皮功能、血小板聚集和血栓形成等与心血管疾病相关的生理指标,都表现出有近日节律的变化。动物实验和越来越多的临床数据均表明,许多心血管疾病,如心肌梗死、中风、心律失常和心脏性猝死的发生也是有时间依赖性的(Chen et al.,2015)。心肌梗死、中风、心力衰竭等心血管疾病在很大程度上是血压升高的后果(Mayet et al.,2003),因此,本章节将讨论近日时钟与某些心血管疾病,尤其是高血压相关的生理指标之间的关系。

10.2.1　血压与近日时钟

影响血压的因素主要有心输出量和外周阻力两种,任意一种因素或二者共同的变化都会导致血压的变化(Mayet et al.,2003)。肾素-血管紧张素-醛固酮系统(renin-angiotensin-aldosterone system,RAAS)是通过调节外周阻力来调节血压的主要途径之一。血管紧张素原在肾素的作用下转化为血管紧张素 I,后者在血管紧张素转化酶(angiotensin converting enzyme,ACE)的作用下转化为血管紧张素 II。血管紧张素 II 作用于其受体,产生血管收缩、促进去甲肾上腺素释放、促进醛固酮释放、促进心肌细胞增殖等生理效应,从而加大外周阻力,交感神经兴奋性提高,引起水钠潴留,使血压升高。另外,缓激肽与内皮细胞 B2 受体结合,释放一氧化氮和前列环素(Prostaglandin I2,PGI2),后者具有扩张血管的作用。ACE 作用于缓激肽使之降解,引起血压升高。

一般来讲,血压呈现 24 h 的周期性变化。造成这种周期性变化的原因除了生物行为上的变化(如活动、精神压力等)和环境的变化(如温度、噪声等)之外,还有生物机体内在的神经活动、激素分泌、血液循环等生理指标的节律性变化(Douma et al.,2018)。白天在交感神经的主导下,血浆中的去甲肾上腺素和肾上腺素水平较高,因此血压正常的人和单纯性高血压患者的血压会升高,尿儿茶酚胺浓度也会在起床数小时后升高。另外,肾素-血管紧张素-醛固酮系统具有非常明显的近日节律;肾素活性,以及 ACE、血管紧张素 I、II 和醛固酮水平在早晨觉醒前达到顶峰,这也是早晨血压较高的原因之一(Hermida et al.,2011)。晚间血压较低则主要是由于交感神经的支配作用减弱、迷走神经的作用增强,RAAS 成分的浓度降低,而心钠肽、一氧化氮浓度升高。因此,正常人的血压在夜间睡眠时会比白天下降 10% 以上,被称为勺型(dipper);有些人的血压不会下降,被称为非勺型(non-dipper)。这种从正常血压开始的进行性血压升高是一种心血管疾病的潜在风险(Uzu et al.,1999)。

10.2.2　近日时钟基因在血压调节中的作用

肾小球滤过率、肾血流量都呈现出有生物节律的变化,这对于血压的变化来说是一个关键因素。自 19 世纪中期起,就有肾功能的近日时钟节律的研究,当时的科学家发现尿排泄表现出明显的生物节律。除了与节律性活动以及饮食相关的因素使得肾脏功能有生物节律之外,器官内部也有高度稳定的近日时钟系统。例如,研究发现尿液中钠的排泄量的节律性变化是夜间血压下降的决定性因素。近日时钟基因的发现使得人们能找到近日时钟与肾功能和血压控制之间的直接关系(Bankir et al.,2008)。钠-氢转运蛋白 3(sodium/hydrogen exchanger 3,NHE3)的表达具有生物节律,而在时钟基因 Cry1/Cry2 双敲除的小鼠中,该蛋白表达的节律减弱(Saifur Rohman et al.,2005)。参与肾脏钠平衡和血压调节的蛋白在翻译后修饰的水平上表现出生物节律。通过对 WNK-OSR1/SPAK-NCC 信号通路的分析,研究者发现奇跳过相关转录因子 1(odd-skipped related transcription factor 1,OSR1)和丝氨酸/苏氨酸蛋白激酶(serine/threonine-protein kinase,SPAK)以及钠氯共同转运体(sodium-chloride cotransporter,NCC)的磷酸化水平表现出近日时钟的振荡,这种磷酸化的节律是由醛固酮引起的,他们认为这种磷酸化的节律可以减少在静息状态下钠的重吸收(Susa et al.,2012)。

醛固酮是钠平衡和血压的主要调节因子,研究发现参与醛固酮生物合成的 β-羟基类固醇脱氢酶 Hsd3b6 在转录水平上是由近日时钟调控的。在 Cry1/Cry2 双敲除小鼠里,肾上腺皮质产生的醛固酮细胞中 Hsd3b6 过量表达,血浆醛固酮水平也会显著上升,从而引起盐敏感性高血压(Doi et al.,2010)。除了 Cry 之外,其他近日时钟基因也在血压调节中起到非常重要的作用。Bmal1 敲除的小鼠在活跃期血压降低,这使得血压的近日时钟节律减弱。产生这种现象的原因很大程度上是由于脉管系统的变化。Bmal1 敲除的小鼠由于一氧化氮信号通路的解除,参与一氧化氮形成的生物喋呤下调,进而会表现出更严重的内皮功能失调。Bmal1 敲除小鼠同时更容易患有动脉硬化,将 Bmal1 敲除小鼠的动脉移植到野生型小鼠中,同样可以引起野生型小鼠的动脉硬化。最近的研究显示一氧化氮在近日时钟调控血压的过程中起到了非常关键的作用。近日时钟功能随着年龄的增加会逐渐减退,相应地,血压变化的节律也减弱,而这种减弱是和一氧化氮相关的。当小鼠得到一氧化氮补充的时候,由于衰老造成的血压变化节律的减弱情况就会有所改善。

在心肌干细胞特异性敲除 Bmal1(iCSΔBmal1$^{-/-}$)小鼠的心脏中,数个钾离子通道基因转录水平都有所下降,但是只有 Kcnh2 表达所表现出的明显的近日时钟被扰乱。研究表明,Kcnh2 的启动子可以被 BMAL1 和 CLOCK 的二聚体所激活,心电图显示 iCSΔBmal1$^{-/-}$ 小鼠在静息状态下的校正 QT 间期延长(Schroder et al.,2015)。

另外,Clock 敲除小鼠会具有不同的心肾和代谢方面的表型;Per1 则参与肾脏中钠重吸收的调节。Alli 等发现,PER1 影响醛固酮诱导的肾脏中集合管细胞的上皮钠离子通道(epithelial sodium channel)ENaC 的 α 亚基的调节。ENaC 是肾脏集合管钠重吸收的关键调控因子,会间接地影响血压(Alli et al.,2019)。除此之外,Per1 还可以影响许多重吸收相关的基因,与野生型动物相比,缺乏 Per1 的小鼠血压显著降低,例如 PER1 通过调节 Na-K-ATP 酶的正向调节因子 Fxyd5 来提高 Na-K-ATP 酶的活性(Stow et al.,2012);抑制负向调节 ENaC 的 Ube2e3(Debonneville et al.,2004)、小窝蛋白-1(Caveolin-1)、内皮缩血管素-1(Endothelin-1)等(Stow et al.,2012)。这些证据都表明 PER1 在协调调节肾脏钠重吸收基因的表达方面起到重要作用。

10.2.3　心血管疾病与时间治疗

由先天性心脏病和获得性心脏病引起的心脏性猝死时间有一定的昼夜规律,室性心律失常的一般机制是心肌细胞复极化的间期（如过长或过短的 QT 间期）或者相位异常。这种室性心律失常与近日时钟也是有联系的。研究表明，在近日时钟依赖的转录因子 KLF15 的控制下，心脏离子通道的表达和 QT 间期的长短都表现出内源性的近日时钟节律。*Klf*15 从转录水平上控制 KChIP2 的节律性表达，后者是产生瞬时外向钾电流的关键亚基。KLF15 的过量和不足都可以引起 QT 变化节律的消失、复极化异常，提高室性心律失常的可能（Jeyaraj et al.，2012）。

在 35~75 岁的中国中老年人当中，有近一半的人患有高血压，但不到 1/3 的患者可以得到治疗，不到 1/12 的人有条件对血压进行控制。这种高血压得不到控制的状况在中国的各个阶层普遍存在，这使得人们去寻找基于国情的、广泛适用的应对高血压的策略，例如更强有力的预防措施、更好的检查方法，以及更有效的、民众负担得起的治疗措施。近年来的研究发现，血压、心率、血管紧张性、QT 间期、心室有效不应期等心脑血管疾病的生理指标受到近日时钟的调控，这意味着可以从近日时钟的角度寻找防治心脑血管疾病的新方法。

高血压的近日时钟疗法指根据身体的生物节律在特定时间点给药，使降压药的作用效应与高血压发作的生物节律一致，并能 24 h 全程稳定地控制血压，恢复正常模式的勺型血压。这为有效降低心脑血管疾病发病率提供了新的可能。

生物节律可以对药代动力学和药效学过程产生重要影响，从而影响降压药的药效。胃肠道 pH 值、代谢速率、胃排空速率、药物靶点的表达水平、第二信使数量以及信号通路的激活情况等影响药效的关键因素都会受到近日时钟的影响。

一系列临床试验表明，血管紧张素转化酶抑制剂（angiotensin converting enzyme inhibitors，ACEIs）类降压药（如卡托普利、贝那普利、喹那普利、依那普利等）和血管紧张素受体阻断剂（angiotensin receptor blockers，ARBs）类降压药（如伊贝沙坦、奥美沙坦、替米沙坦等）在夜间睡眠时的降压效果比白天明显（Hermida et al.，2011）。

10.3 近日节律与情感障碍

情感障碍是一类症状严重且发病率高的疾病，包括重度抑郁症、季节性情感障碍（俗称"冬季抑郁"）、双相情感障碍（俗称"躁郁症"），等等。治疗情感障碍的常用药物（抗抑郁剂）的使用率 20 余年内急剧上涨，但仅能缓解约 1/3 患者的症状（McClung，2013）。情感障碍发病率的持续增长可能与现代人忙碌的生活方式有关。在人类演化过程中的绝大部分时间没有电，因此人们只能"日出而作，日入而息"。而现代的生活方式导致人们在夜间更多地接触人工照明和电子设备屏幕的光、工作时间不规律、跨时区旅行以及更少地接触日光。这些环境因素会干扰近日节律，在易感个体中则可能诱发疾病。

早在 20 世纪 70 年代，临床研究就报道了双相情感障碍大部分患者的近日节律周期缩短，小部分延长，并且此疾病最常用的治疗药物锂盐仅对周期缩短的患者有效（Kripke et al.，1978）。细胞层面的研究显示锂盐延长视交叉上核（suprachiasmatic nucleus，SCN）神经元电活动节律的周期，这可能是锂盐通过抑制激酶 GSK3β 从而降低时钟蛋白 REV-ERBα 的稳定性来实现的（Abe et al.，2000；Stambolic et al.，1996；Yin et al.，2006）。双相情感障碍的另一种治疗药物丙戊酸也可在培养的成纤维细胞和 SCN 中发挥相位重置作用(Johansson et al.，2011)。关于抑郁症的研究发现患者的体温和血液中的褪黑素、皮质醇、促甲状腺激素、去甲肾上腺素的节律振幅下降,甚至完全丧失,并且振幅减弱的程度与抑郁的严重程度相关,在已恢复的个体中又能观察到这些节律的回复(Souetre et al.，1989)。重度抑郁症患者还表现出睡眠相位延迟,且相位改变幅度与抑郁的严重程度相关(Emens et al.，2009;Hasler et al.，2010)。最常用的抗抑郁药物为选择性5-羟色胺再摄取抑制剂氟西汀,它与5-羟色胺合成前体L-色氨酸可产生协同作用,使SCN神经元电发放节律相位提前(Sprouse et al.，2006)。另一种抗抑郁药物阿戈美拉汀是褪黑素受体1和2的激活剂以及5-羟色胺受体2C的拮抗剂。用阿戈美拉汀处理小鼠和仓鼠能导致跑轮节律相位提前(Van Reeth et al.，1997)。季节性情感障碍患者大多呈现出节律延迟(Levitan，2007)。清晨给这些患者进行强光照射可使相位提前并显著缓解抑郁症状,而傍晚照射强光的治疗效果较差(Sack et al.，1990)。

关于情感障碍的发病机制有多个假说,其中之一为"社会授时因子假说"(Social Zeitgeber Theory)。该假说于20世纪80年代提出,认为一些生活事件带来的压力应激导致社会活动时间的改变,从而扰乱社会活动以及生理过程的节律,在易感个体中最终会导致情绪问题(Ehlers et al.，1988;Grandin et al.，2006)。动物模型中常通过给予应激压力使动物处于类抑郁的状态,而这些建模方法都能导致节律紊乱。一次的社交失败就能导致大鼠体温、心率、活动节律的振幅下调(Meerlo et al.，2002)。不可预测的慢性温和刺激也会增加小鼠的类抑郁与焦虑行为,同时降低活动与温度节律的振幅,且振幅下调幅度与类抑郁和焦虑表型的严重程度相关(Logan et al.，2015)。当小鼠从应激中恢复后,温度节律的振幅完全回复基线状态,活动节律的振幅也部分回复。应激响应的最关键因子之一糖皮质激素驱动Per1、Per2、E4bp4等多个时钟基因的转录,从而重置多个外周组织的时钟,但不影响SCN的时钟(Balsalobre et al.，2000;So et al.，2009)。糖皮质激素的节律对于终纹床核橄榄核和中央杏仁核中PER2的振荡是必须的。糖皮质激素受体敲除的小鼠和肾上腺切除的大鼠,其终纹床核橄榄核和中央杏仁核的PER2节律丧失,但SCN、基底外侧杏仁核和海马齿状回的PER2节律不受影响(Segall et al.，2006;Segall et al.，2009)。对于肾上腺切除的大鼠,将糖皮质激素添加到饮用水中可使体内的糖皮质激素呈现出节律,同时也能恢复终纹床核橄榄核和中央杏仁核的PER2节律,而利用胶囊在体内持续性释放糖皮质激素则不能恢复这两个核团的PER2节律(Segall et al.，2006)。

以上的多项研究表明情绪与节律紊乱常常共同出现并且受到共同因素(情感障碍的药物与疗法、应激压力等)的影响,但是两者之间的因果关系尚不明朗。社交授时因子假说认为节律紊乱能导致情绪问题,目前也有一些证据支持此观点。首先,人的正面情绪呈现出近日节律。研究人员通过精妙的实验设计,让受试者处于28 h的睡眠觉醒周期,而此时这些个体的体温等生理指标处于自运行的状态(Boivin et al.，1997)。如果情绪是由睡眠觉醒过程调节的,就应该呈现出28 h的节律,如果是由近日节律调节的则应呈现出约24 h的节律。通过在不同时间点进行问卷调查,他们发现正面情绪呈现出24 h的节律,峰值与体温的峰值基本一致。这表明情绪受到近日节律系统的调节。其次,多种参与情绪调节的系统,如多巴胺能系统、5-羟色胺能系统、下丘脑-垂体-肾上腺轴线等都受到节律的调控(Nader et al.，2010;McClung，2011;Daut et al.，2019)。最后,人类遗传学研究报道了多个时钟基因的DNA变异与情感障碍相关,其中部分基因在情绪调节中的功能于动物模型中得到了验证(Zhang et al.,2013)。*Clock*$^{\Delta19}$突变体小鼠活动增加、睡眠减少、类抑郁与焦虑行为减少、可卡因偏好增加,与双相情感障碍患者躁狂阶段的状态相似,并且锂盐处理能逆转突变体小鼠的这些类躁狂表型(Naylor et al.,2000;McClung et al.,2005;Roybal et al.,2007)。进一步的分析显示这些表型可能是由脑内腹侧背盖区(ventral tegmental area,VTA)的缺陷导致,在突变体小鼠的VTA表达*Clock*能挽救类躁狂表型(Roybal et al.,2007)。突变体小鼠VTA里编码合成多巴胺的酪氨酸羟化酶的基因*TH*的表达上调,多巴胺能神经元发放增加,VTA投射的下游核团伏隔核中多巴胺水平也有上调,这可能导致了类躁狂行为(Sidor et al.,2015)。另有报道显示*Rev-erbα*敲除也会产生类似的效应,即中脑*TH*表达上调和多巴胺的增加,从而导致类躁狂表型(Chung et al.,2014)。*Per2*敲除导致类抑郁行为的减少,这可能也是由于多巴胺能信号的增加导致,给小鼠注射酪氨酸羟化酶的抑制剂能逆转此表型(Hampp et al.,2008)。*Per2*敲除小鼠的VTA和伏隔核的单胺氧化酶A表达下调,伏隔核和尾壳核的多巴胺水平上调。

尽管仍然有许多问题尚未解决,在过去的十余年关于近日时钟紊乱在情感障碍病理机制中的潜在影响的研究已颇有进展。目前在这一类疾病的治疗中,基于节律的干预手段往往被忽视,甚少使用。然而事实上即便节律紊乱不是疾病的主要致病机制,稳定患者的睡眠觉醒周期也能起到缓解症状的效果。已有的大多数关于情感障碍与节律紊乱的报道都是相关性研究,因此阐明两者间的因果关系或许可以为疾病的治疗与预防提供重要启示。

10.4　近日时钟与肠道

肠道功能受外周近日时钟以及饮食因素的调控。肠上皮细胞增殖(Stokes et al.,2017;Yoshida et al.,2015)、肠道通透性、营养物质吸收(Hussain et al.,2015)、肠道动力、黏液和消化酶的分泌等众多方面均呈现昼夜变化(Hoogerwerf,2010;Hoogerwerf et al.,2010;Yamaguchi et al.,2015)。近年来,越来越多的实验和临床研究表明近日时钟和肠道健康及疾病的产生有关。近日时钟紊乱被认为是肠道疾病发生的重要诱因之一。本节将重点关注近日时钟与下列肠道生理功能和疾病之间的关联:肠道运动、肠道脂质吸收、炎性肠疾病以及结肠癌。

10.4.1　近日时钟和肠道运动

肠道运动受近日节律的调控,其特点是夜间安静,醒来时活动迅速增加,白天保持活跃。这种节律变化使身体为预期的刺激(如进食)做好了准备(Kumar et al.,1986)。但是,近日时钟在跨时区飞行、轮班工作时会发生改变,并与肠道症状如腹痛、便秘、腹泻相关。这些变化可能与近日时钟紊乱导致肠道运动改变有关(Duboc et al.,2020)。由此可见,近日节律控制着肠道运动,一旦近日节律紊乱,就会出现相应的肠道症状。

肠易激综合征(irritable bowel syndrome,IBS)是一种功能性胃肠疾病,患者表现为腹痛且排便习惯不规律。目前,IBS被认为是一种多诱因的疾病,其原因可能包括内脏敏感性增加、肠神经系统改变、肠道菌群改变、肠通透性增加等。多项研究表明近日时钟对IBS的发生及严重程度有重要影响(Nojkov et al.,2010;Hoogerwerf,2009)。在人体上的研究表明,生活习惯的改变,如睡眠干扰和工作昼夜颠倒,都与IBS有很高的相关性。此外,IBS患者的尿液中检测到褪黑素含量有很大变化,而褪黑素含量改变可直接导致肠道动力异常(Duboc et al.,2020)。

10.4.2　近日时钟和肠道脂质吸收

吸收营养物质是肠道的基本功能之一,而脂质作为六大基本营养物质之一参与机体的生物膜形成、能量储存与供应、性激素形成等众多过程。肠道脂质吸收障碍或过量均会导致疾病发生。肠道脂质吸收受近日时钟调控,主要体现在①血浆脂质水平呈现出一定的近日节律;②肠上皮细胞脂质吸收呈现一定的近日节律(Pan,2007;Pan,2009;Pan et al.,2010;Pan et al.,2013);③肠上皮脂质吸收与再合成相关基因($Apob$、$Mttp$、$Apoa4$、$Dgat2$、Fas和Scd-1)的表达呈现一定的近日节律;④转录因子NFIL3和组蛋白去乙酰化酶HDAC3是近日时钟的输出和调节因子,在肠上皮细胞中的表达具有近日节律,NFIL3和HDAC3间接调控参与脂肪酸生成和肠上皮细胞内脂质运输基因$Scd1$、$Cd36$、$Fabp1$的表达,肠上皮细胞特异性敲除$Nfil3$或$Hdac3$基因可预防饮食诱导的肥胖(Wang et al.,2017;Kuang et al.,2019);⑤近日节律紊乱的人群(如轮班工人和需要倒时差的人)血脂异常风险更高(PM et al.,2015)。此外,肠道微生物群和免疫细胞的节律性变化可能也参与肠道脂质吸收的调控过程(Zheng et al.,2020)。

10.4.3　近日时钟与炎症性肠病

炎症性肠病(inflammatory bowel disease,IBD)包括溃疡性结肠炎(ulcerative colitis,UC)和克罗恩病(Crohn disease,CD),是一类以肠道慢性非特异性炎症为特征的疾病。目前认为IBD主要由遗传易感性、肠黏膜屏障受损、肠道益生菌与致病菌失衡以及宿主免疫功能失调等因素综合作用而导致(Odenwald et al.,2017;He et al.,2020)。

小鼠模型中,近日时钟紊乱可导致IBD情况恶化。近日时钟紊乱可能通过破坏肠黏膜屏障导致致病菌移位至肠黏膜固有层,促炎细胞因子分泌增加,诱导持续的肠道炎症,最终促使IBD的发生(Swanson et al.,2011)。例如,近日时钟基因$Bmal1$、$Per1/Per2$敲除小鼠易患IBD(Wang et al.,2018;Pagel et al.,2017)。也有研究在IBD患者的肠组织以及外周血单核细胞检测到近日时钟基因$Bmal1$等表达的减少。此外,全基因组cDNA微阵列分析检测了IBD患者的活组织转录组,并对受损组织和邻近健康组织进行了比较。这项研究发现,与健康组织相比,IBD受损组织中有50种节律基因的表达发生了改变(Palmieri et al.,2015)。

10.4.4　近日时钟与结肠癌

结肠癌(colorectal cancer,CRC)是发生率最高、最常见的恶性肿瘤之一(Jung et al.,2013;Siegel et al.,2015)。近日节律系统协调和调节与癌症发生发展相关的有多种细胞过程,如新陈代谢、细胞周期和DNA损伤反应等。在长时间从事轮班工作如医护、航空业等被认为近日节律近日时钟紊乱的人群中,结肠癌的发病率明显更高。

相关临床研究表明,与正常肠黏膜相比,$Bmal1$基因在结肠癌患者中的表达更高,且

*Bmal*1 基因的高表达与预后相关,影响患者生存率。此外,*Bmal*1 基因的过表达增加了结肠癌细胞对奥沙利铂的体内外敏感性,机制上可能是 BMAL1 通过调控细胞周期导致细胞阻滞在 G2/M 期(Oshima et al.,2011;Karantanos et al.,2013)。CLOCK 的表达能够促进缺氧诱导因子 HIF-1α 的表达,并通过形成 CLOCK/HIF-1α 异二聚体,与血管内皮生长因子(vascular endothelial growth factor,VEGF)结合,激活 VEGF 的活性,从而增加新生血管的生成,在结肠癌的发展、转移中起到重要的作用(Masri et al.,2015)。

PER1 和 PER2 都是肿瘤抑制因子。*Per*1 和 *Per*2 基因的破坏会导致细胞周期检查点的功能障碍,增加 DNA 损伤引起的恶性肿瘤的易感性(Gery et al.,2006)。PER1 的功能主要表现在调节机体生理节律、调控细胞周期和促进 DNA 损伤修复三方面(Mostafaie et al.,2009;Krugluger et al.,2007)。PER2 参与肿瘤侵袭和上皮间充质转换,也是一个负生长调节剂和肿瘤抑制因子,能抑制肿瘤细胞的生长、促进肿瘤凋亡(Fu et al.,2002;Fu et al.,2003)。其分子机制可能是 PER2 的下调增加了 β-连环蛋白及其靶蛋白 Cyclin D 的表达,从而促进癌细胞增殖(Wood et al.,2008)。

10.4.5 肠道疾病的时间疗法

在个体化用药的时代,时间疗法在治疗肠道疾病方面很有应用前景。根据近日节律在特定时间给药,药物在最佳时间被肠道吸收,可以增加药物的有效性和安全性(Voigt et al.,2013)。动物实验表明,小鼠结肠中 *Bmal*1 的表达模式可以预测药物伊立替康的最佳用药时间。在结肠癌细胞中沉默 *Bmal*1 后,伊立替康的时间药理学效应便会消失。时间疗法能将药物的药效最大化并减少其毒性,可显著改善结肠癌化疗病人的状况。例如在癌症进行化疗时,时间-化学疗法可以让病人对药物的耐受性提高 10 倍(Bishehsari et al.,2016)。

10.5 近日时钟与生殖

在自然界中,繁衍对于任何物种均是最重要的生存任务之一。包括人类在内的大多物种的生命活动都受到生物节律的调控。在某种意义上,动物的生育和繁殖遵循着特定的昼夜和季节节律,其目的是保证动物的交配以及后代的出生能发生在气候和食物供应最有利的时间,以确保幼小的生命能处在最佳的生存环境(Boden et al.,2013)。

对于人类而言,即使环境和社会对于生殖造成影响,使其内源生理过程的调控变得更加复杂,但生物节律仍在不断运行,并且调控着人类生育和繁殖的整个过程。当出现生物节律的失调和破坏(例如倒班工作、时差影响),或者随着年龄增加逐渐衰老,人类生物节律的稳定性将会逐渐减弱(Arellaneslicea et al.,2014)。下丘脑-垂体-卵巢功能的紊乱会随着个体衰老而发生(Brann et al.,2005),这可能是在节律削弱的情况下导致的生理功能失调的表现之一。因此,如何理解和正确应对生物节律破坏的后果就显得格外重要。深入解析这些生理过程的机制对保持生殖健康及预防生殖能力早衰具有重要的指导意义。

10.5.1　近日时钟对卵巢周期的调控

近日节律的中枢时钟 SCN 能够感知外界环境的光信号,并进而精密调控排卵过程中一系列促性腺激素及性激素的时空分泌和释放。SCN 腹外侧能通过血管活性肠肽(vasoactive intestinal polypeptide,VIP)向大细胞视前核(magnocellular preoptic nucleus,POMA)的促性腺激素释放激素(gonadotropin-releasing hormone,GnRH)神经元进行投射(de la Iglesia et al.,1995;van der Beek et al.,1997a;van der Beek et al.,1997b;van der Beek et al.,1993)。SCN 背内侧表达雌激素受体,能够感知排卵过程中雌激素浓度的变化,并在准确时相通过精氨酸升压素(arginine vasopressin,AVP)调控第三脑室吻侧周围区(rostral periventricular area of the third ventricle,RP3V)的室旁前视核(periventricular preoptic nucleus,PeN)以及前腹侧室旁核(anteroventral periventricular nucleus,AVPV)。这两个核团又能利用神经递质 Kisspeptin 将信号投射到 POMA,进而促进 GnRH 的释放(Vida et al.,2008;Vida et al.,2010;Watson et al.,1995;Williams et al.,2011)。另外,SCN 还能够投射至促性腺激素抑制激素(gonadotropin-inhibitory hormone,GnIH)阳性神经元,再投射到 POMA,进而在不同时相抑制 GnRH 的释放(Kriegsfeld et al.,2010)。

在卵巢周期过程中,响应雌激素水平升高并对促性腺激素相关核团的投射是 SCN 的重要功能之一,而这一功能依赖于 SCN 中雌激素受体 $ER\alpha$ 的表达(Vida et al.,2010;Smith et al.,2005)。在 SCN 中,$ER\alpha$ 的表达受近日时钟核心基因 Dbp 节律性转录的正向调控,进而保证了 SCN 对卵巢周期的节律性调控(Xu et al.,2011)。此外,雌激素水平的升高能够上调 SCN 中细胞间隙的形成,增强 SCN 对光信号的敏感性,维持 SCN 的活性(Shinohara et al.,2000;Abizaid et al.,2004;Tsukahara,2006)。这也就导致了雌性动物在发情前期夜晚的活动相位提前(Wollnik et al.,1988)。以上即是光信号及雌激素信号如何通过 SCN 来节律性调控 GnRH 的释放,进而影响黄体生成素(luteinizing hormone,LH)的水平及排卵。

10.5.2　卵巢中的近日时钟

在大鼠(Karman et al.,2006;Fahrenkrug et al.,2006;He et al.,2007b;Yoshikawa et al.,2009;He et al.,2007a)、小鼠(Dolatshad et al.,2009;Johnson et al.,2002)和反刍动物(绵羊、牛)(Cushman et al.,2007)的卵巢中有近日时钟基因的表达。大鼠卵巢颗粒细胞、膜细胞和黄体细胞中明确表达近日时钟基因(Fahrenkrug et al.,2006;Karman et al.,2006)。$Per1$ 和 $Per2$ mRNA 转录在夜间达到峰值,且不受发情阶段和黑暗环境的影响(Fahrenkrug et al.,2006)。特别是在成熟卵泡细胞中,$Per1$ 和 $Per2$ 的表达可能受促性腺激素介导的信号调节(Sellix,2015),为了成功排卵,LH 的高峰时期与在雌二醇影响下的卵巢高敏感性时期是同步的,通过 SCN 和卵巢内源性自主振荡共同实现(Sellix,2015)。

敲除卵巢中的 $Clock$ 基因会影响小鼠的生殖能力,如在发情阶段的早晨自发减少的卵母细胞数量和小于正常的产仔数(Li et al.,2015)。在临床上,通过对 5~9 周胎龄人工流产或自然流产的胎儿进行组织切片的分析发现,与诱发性流产胎儿相比,CLOCK 蛋白在自发性流产胎儿绒毛膜中的表达降低(Li et al.,2015)。说明 *Clock* 基因对于卵母细胞的发育,以及胎儿在母体的发育起到了重要的作用,它的缺少可能是自发流产的诱因之一。

  *Bmal*1 缺失小鼠的生殖能力异常,具有较低的黄体酮血清水平,但雌二醇水平相似,生殖道中具有更少的卵母细胞和胚胎(Ratajczak et al.,2009)。催化类固醇生成的限速步骤的酶(类固醇生成急性调节蛋白 STAR)在黄体中的表达缺陷是 *Bmal*1 缺失小鼠黄体酮水平降低的主要原因,但可以通过补充黄体酮的来拯救(Liu et al.,2014)。而与年龄匹配的野生型小鼠相比,*Cry*1 或 *Cry*2 的缺失加速了小鼠生殖能力的下降,但是可以通过调整明暗周期与内在近日节律相匹配的方法来挽救(Takasu et al.,2015)。

  除了核心近日时钟基因之外,在颗粒细胞中,时钟控制基因(如 LH 受体、环氧合酶-2 和肝脏受体同系物 1)的表达因 BMAL1/CLOCK 复合物调节而呈现近日节律性振荡,并受 LH 节律诱导(Sellix,2015;J et al.,2004)。

10.5.3　近日时钟与精子生成

  近日时钟与睾丸功能的联系仍未有明确解答,且诸多研究结果仍存在矛盾和争议。近日时钟基因在睾丸组织中的表达已被广泛认可,但其是否存在节律仍有争议。部分研究表明睾丸中大多数近日时钟基因均恒定表达无节律振荡(Alvarez et al.,2003);而另一部分研究发现睾丸中一些近日时钟基因表达存在节律,但其节律形式有别于其他组织,例如 *Per* 与 *Bmal*1 的表达节律同相位而非反相位(Bebas et al.,2009);另有报道表明近日时钟基因在快速生长或组织重塑的细胞中存在非节律性的功能(Alvarez et al.,2003;Morse et al.,2003),而精子的快速生成是睾丸的最主要功能。近日时钟基因可能在不同的精子发育阶段具有重要的功能。例如在小鼠中,*Per*1 仅表达于 7～10 阶段的精子细胞中,而 *Clock* 仅表达于减数分裂前的精原细胞和精母细胞中(Morse et al.,2003;Alvarez et al.,2003;Bittman et al.,2003)。其他核心近日时钟基因(*Bmal*1、*Rev-erbα*、*Per*3)以及近日时钟输出基因(*Npas*2、*Dbp*)等均在睾丸中有表达,但其表达是否存在节律仍缺乏有力证明(Yamamoto et al.,2004;Zylka et al.,1998)。睾丸间质细胞是睾丸酮的主要来源,小鼠血清睾丸酮水平存在明显的 24 h 节律变化。*Bmal*1、*Per*2 单独缺失或 *Per*1/*Per*2 同时缺失将导致小鼠类固醇急性调节蛋白 *StAR* 表达以及血清睾丸酮水平的显著降低(Alvarez et al.,2008;Kennaway et al.,2012)。

  近日时钟核心基因及效应基因均在附睾体尾部呈现节律性表达,并可能对维持精子成熟和稳定的最适管腔环境至关重要。输精管、精囊和前列腺中同样呈现出节律性的基因表达,但其具体功能仍尚不清楚(Bebas et al.,2009)。此外,在各种节律紊乱或基因缺陷小鼠模型中,精子质量均显著降低,这也提示应对倒班工作、时差等人类社会活动影响人类精子质量进行进一步研究(Alvarez et al.,2008;Kennaway et al.,2012)。

10.5.4　节律紊乱对人类生殖的影响

  近日节律紊乱在人类的研究中仍然非常缺乏。在轮班工作人员(如空乘人员和医护工作者等)中进行的一些研究表明,不规律的工作模式会导致月经不调、自然流产和早产,并会引起产生低出生体重胎儿的风险增加(Mcdonald et al.,1988;Armstrong et al.,1989;

Xu et al.，1994；Axelsson et al.，1989；Uehata et al.，1982；Mamelle et al.，1984；Knutsson，2003)。在一项多中心研究的报告中提到倒班工作与不育(没有保护措施在 9.5 个月内不怀孕)之间的关联，即与月经周期延长或不规则有关(Bisanti et al.，1996)。

　　基于芬兰的人群遗传学研究为时钟基因多态性在人类生育能力中的作用提供了支持(Kovanen et al.，2010)。研究者详细研究了 99 名女性的时钟基因 *CLOCK*、*BMAL*1、*BMAL*2 和 *NPAS*2 的不同多态性。研究者分析了这些时钟基因中的遗传变异与生殖健康特征(例如月经周期的规律性、怀孕和流产的次数以及不育)之间的关系。他们发现 *BMAL*1 基因的遗传变异(rs2278749 的 TT 基因型)与更多数量的怀孕、流产之间有关联。另外，*NPAS*2 基因中的遗传变异(rs11673746 的 T＋状态)与较少数量的流产相关。

　　光信号可能通过 SCN 对女性生殖产生影响。不孕症在失明妇女中更为常见(Timonen et al.，1964)。在月经周期的第 1～14 天开始每天暴露于光照 1 周后，有 38 名冬季抑郁症患者的月经周期缩短(Danilenko et al.，2015)。而在月经周期的第 13～17 天晚上给予光照可使月经周期延长并且不规则(MC et al.，1990)。月经周期延长的女性中，在月经周期的第 7 天和第 14 天之间每天暴露于明亮的光线，能够促进排卵、增加卵泡大小，并且在下 1 周增加催乳素、LH 和促卵泡激素的血浆水平(Danilenko，2007)。

吴刚、张二荟、何伟奇、王涛、徐璎　审稿：徐璎

参考文献

ABE M，HERZOG E D，BLOCK G D，2000. Lithium lengthens the circadian period of individual suprachiasmatic nucleus neurons[J]. Neuroreport，11：3261-3264.

ABIZAID A，MEZEI G，HORVATH T L，2004. Estradiol enhances light-induced expression of transcription factors in the SCN[J]. Brain Research，1010：35-44.

ALLI A，YU L，HOLZWORTH M，et al.，2019. Direct and indirect inhibition of the circadian clock protein Per1：effects on ENaC and blood pressure[J]. American Journal of Physiology Renal Physiology，316：807-813.

ALVAREZ J D，CHEN D，STORER E，et al.，2003. Non-cyclic and developmental stage-specific expression of circadian clock proteins during murine spermatogenesis[J]. Biology of Reproduction，69：81-91.

ALVAREZ J D，HANSEN A，ORD T，et al.，2008. The circadian clock protein BMAL1 is necessary for fertility and proper testosterone production in mice[J]. Journal of Biological Rhythms，23：26-36.

ARELLANESLICEA E，CALDELAS I，ITAP REZ D D，et al.，2014. The circadian timing system：a recent addition in the physiological mechanisms underlying pathological and aging processes[J]. Aging & Disease，5：406-418.

ARMSTRONG B G，NOLIN A D，MCDONALD A D，1989. Work in pregnancy and birth weight for gestational age[J]. British Journal of Industrial Medicine，46：196-199.

AXELSSON G，RYLANDER R，MOLIN I，1989. Outcome of pregnancy in relation to irregular and inconvenient work schedules[J]. British Journal of Industrial Medicine，46：393-398.

BALSALOBRE A，BROWN S A，MARCACCI L，et al.，2000. Resetting of circadian time in peripheral tissues by glucocorticoid signaling[J]. Science，289：2344-2347.

BANKIR L，BOCHUD M，MAILLARD M，et al.，2008. Nighttime blood pressure and nocturnal dipping are associated with daytime urinary sodium excretion in African subjects[J]. Hypertension，51：891-898.

BEBAS P，GOODALL C P，MAJEWSKA M，et al.，2009. Circadian clock and output genes are rhythmically expressed in extratesticular ducts and accessory organs of mice［J］. FASEB Journal：Official Publication of the Federation of American Societies for Experimental Biology,23：523-533.

BISANTI L,OLSEN J,BASSO O,et al. ,1996. Shift work and subfecundity：a European multicenter study. European study group on infertility and subfecundity［J］. Journal of Occupational & Environmental Medicine,38：352.

BISHEHSARI F,LEVI F,TUREK F W,et al. ,2016. Circadian rhythms in gastrointestinal health and diseases［J］. Gastroenterology,151：e1-5.

BITTMAN E L,DOHERTY L,HUANG L,et al. ,2003. Period gene expression in mouse endocrine tissues ［J］. American Journal of Physiology：Regulatory,Integrative and Comparative Physiology,285：R561-569.

BODEN M J,VARCOE T J,KENNAWAY D J,2013. Circadian regulation of reproduction：from gamete to offspring［J］. Progress In Biophysics & Molecular Biology,113：387-397.

BOIVIN D B,CZEISLER C A,DIJK D J,et al. ,1997. Complex interaction of the sleep-wake cycle and circadian phase modulates mood in healthy subjects［J］. Archives of General Psychiatry,54：145-152.

BRANN D W,MAHESH V B,2005. The aging reproductive neuroendocrine axis［J］. Steroids,70：273-283.

CAUSSANEL J P,LEVI F,BRIENZA S,et al. ,1990. Phase I trial of 5-day continuous venous infusion of oxaliplatin at circadian rhythm-modulated rate compared with constant rate［J］. Journal of the National Cancer Institute,82：1046-1050.

CEDERROTH C R,ALBRECHT U,BASS J,et al. ,2019. Medicine in the fourth dimension［J］. Cell Metabolism,30：238-250.

CHEN L,YANG G,2015. Recent advances in circadian rhythms in cardiovascular system［J］. Front Pharmacol,6：71.

CHIANG C K,MEHTA N,PATEL A,et al. ,2014. The proteomic landscape of the suprachiasmatic nucleus clock reveals large-scale coordination of key biological processes［J］. PLoS Genetics,10：e1004695.

CHUNG S,LEE E J,YUN S,et al. ,2014. Impact of circadian nuclear receptor REV-ERBalpha on midbrain dopamine production and mood regulation［J］. Cell,157：858-868.

COLLINS F S,VARMUS H,2015. A new initiative on precision medicine［J］. The New England Journal of Medicine,372：793-795.

CUSHMAN R A,ALLAN M F,JONES S A,et al. ,2007. Localization of period 1 mRNA in the ruminant oocyte and investigations of its role in ovarian function［J］. Animal Reproduction Science,99：93-105.

DALLMANN R,OKYAR A,LEVI F,2016. Dosing-time makes the poison：circadian regulation and pharmacotherapy［J］. Trends in Molecular Medicine,22：430-445.

DANILENKO K V,2007. Shortening of the menstrual cycle following light therapy in seasonal affective disorder［J］. Psychiatry Research,153：93.

DANILENKO K V,SERGEEVA O Y,2015. Immediate effect of blue-enhanced light on reproductive hormones in women［J］. Neuro Endocrinology Letters,36：84-90.

DAUT R A,FONKEN L K,2019. Circadian regulation of depression：a role for serotonin［J］. Front Neuroendocrinol,54：100746.

DE LA IGLESIA H O,BLAUSTEIN J D,BITTMAN E L,1995. The suprachiasmatic area in the female hamster projects to neurons containing estrogen receptors and GnRH［J］. Neuroreport,6：1715-1722.

DEANDRADE J R,MCCORMICK J N,HILL A G,1964. Small doses of prednisolone in the management of rheumatoid arthritis［J］. Annals of The Rheumatic Diseases,23：158-162.

DEBONNEVILLE C,STAUB O,2004. Participation of the ubiquitin-conjugating enzyme UBE2E3 in Nedd4-2-dependent regulation of the epithelial Na^+ channel［J］. Molecular and Cellular Biology,24：2397-2409.

DOI M, TAKAHASHI Y, KOMATSU R, et al. , 2010. Salt-sensitive hypertension in circadian clock-deficient Cry-null mice involves dysregulated adrenal Hsd3b6[J]. Nature Medicine, 16: 67-74.

DOLATSHAD H, DAVIS F C, JOHNSON M H, 2009. Circadian clock genes in reproductive tissues and the developing conceptus[J]. Reproduction, Fertility, and Development, 21: 1-9.

DOUMA L G, GUMZ M L, 2018. Circadian clock-mediated regulation of blood pressure[J]. Free Radical Biology and Medicine, 119: 108-114.

DUBOC H, COFFIN B, SIPROUDHIS L, 2020. Disruption of circadian rhythms and gut motility: an overview of underlying mechanisms and associated pathologies [J]. Journal of Clinical Gastroenterology, 54: 405-414.

DYAR K A, LUTTER D, ARTATI A, et al. , 2018. Atlas of circadian metabolism reveals system-wide coordination and communication between clocks[J]. Cell, 174: 1571-1585.

EHLERS C L, FRANK E, KUPFER D J, 1988. Social zeitgebers and biological rhythms. A unified approach to understanding the etiology of depression[J]. Archives of General Psychiatry, 45: 948-952.

EMENS J, LEWY A, KINZIE J M, et al. , 2009. Circadian misalignment in major depressive disorder[J]. Psychiatry Research, 168: 259-261.

FAHRENKRUG J, GEORG B, HANNIBAL J, et al. , 2006. Diurnal rhythmicity of the clock genes Per1 and Per2 in the rat ovary[J]. Endocrinology, 147: 3769-3776.

FU L N, LEE C C 2003. The circadian clock: pacemaker and tumour suppressor[J]. Nature Reviews Cancer, 3: 350-361.

FU L N, PELICANO H, LIU J S, et al. , 2002. The circadian gene period2 plays an important role in tumor suppression and DNA-damage response in vivo[J]. Cell, 111: 1055.

GERY S, KOMATSU N, BALDJYAN L, et al. , 2006. The circadian gene per1 plays an important role in cell growth and DNA damage control in human cancer cells[J]. Molecular Cell, 22: 375-382.

GRANDIN L D, ALLOY L B, ABRAMSON L Y, 2006. The social zeitgeber theory, circadian rhythms, and mood disorders: review and evaluation[J]. Clinical Psychology Review, 26: 679-694.

HALBERG F, 1963. Circadian (about twenty-four-hour) rhythms in experimental medicine[J]. Proc R Soc Med, 56: 253-257.

HAMPP G, RIPPERGER J A, HOUBEN T, et al. , 2008. Regulation of monoamine oxidase A by circadian-clock components implies clock influence on mood[J]. Current Biology, 18: 678-683.

HASLER B P, BUYSSE D J, KUPFER D J, et al. , 2010. Phase relationships between core body temperature, melatonin, and sleep are associated with depression severity: further evidence for circadian misalignment in non-seasonal depression[J]. Psychiatry Research, 178: 205-207.

HE B, NOHARA K, PARK N, et al. , 2016. The small molecule nobiletin targets the molecular oscillator to enhance circadian rhythms and protect against metabolic syndrome[J]. Cell Metabolism, 23: 610-621.

HE P J, HIRATA M, YAMAUCHI N, et al. , 2007a. The disruption of circadian clockwork in differentiating cells from rat reproductive tissues as identified by in vitro real-time monitoring system[J]. Journal of Endocrinology, 193: 413.

HE P J, HIRATA M, YAMAUCHI N, et al. , 2007b. Gonadotropic regulation of circadian clockwork in rat granulosa cells[J]. Molecular & Cellular Biochemistry, 302: 111-118.

HE W-Q, WANG J, SHENG J-Y, et al. , 2020. Contributions of myosin light chain kinase to regulation of epithelial paracellular permeability and mucosal homeostasis[J]. International Journal of Molecular Sciences, 21.

HERMIDA R C, AYALA D E, FERNANDEZ J R, et al. , 2011. Circadian rhythms in blood pressure regulation and optimization of hypertension treatment with ACE inhibitor and ARB medications[J]. American Journal of Hypertension, 24: 383-391.

HIROTA T,LEE J W,LEWIS W G,et al.,2010. High-throughput chemical screen identifies a novel potent modulator of cellular circadian rhythms and reveals CKIalpha as a clock regulatory kinase[J]. PLoS Biology,8：e1000559.

HIROTA T，LEE J W，ST JOHN P C，et al.，2012. Identification of small molecule activators of cryptochrome[J]. Science,337：1094-1097.

HOOGERWERF W A,2009. Role of biological rhythms in gastrointestinal health and disease[J]. Reviews in Endocrine & Metabolic Disorders,10：293-300.

HOOGERWERF W A, 2010. Role of clock genes in gastrointestinal motility[J]. American Journal of Physiology：Gastrointestinal and Liver Physiology,299：G549-G555.

HOOGERWERF W A,SHAHINIAN V B,CORN LISSEN G,et al.,2010. Rhythmic changes in colonic motility are regulated by period genes[J]. American Journal of Physiology：Gastrointestinal and Liver Physiology,298：G143-G150.

HUSSAIN M M,PAN X,2015. Circadian regulation of macronutrient absorption[J]. Journal of Biological Rhythms,30：459-469.

J S,K S, KA B, et al.,2004. Cyclooxygenase-2 and its role in ovulation：a 2004 account[J]. Human Reproduction Update,10：373.

JEYARAJ D,HALDAR S M,WAN X,et al.,2012. Circadian rhythms govern cardiac repolarization and arrhythmogenesis[J]. Nature,483：96-99.

JOHANSSON A S,BRASK J,OWE-LARSSON B,et al.,2011. Valproic acid phase shifts the rhythmic expression of Period2：:Luciferase[J]. Journal of Biological Rhythms,26：541-551.

JOHNSON M H,LIM A,FERNANDO D,et al.,2002. Circadian clockwork genes are expressed in the reproductive tract and conceptus of the early pregnant mouse[J]. Reproductive Biomedicine Online,4：140.

JU D,ZHANG W,YAN J,et al.,2020. Chemical perturbations reveal that RUVBL2 regulates the circadian phase in mammals[J]. Science Translational Medicine,12：eaba 0769.

JUNG C H,KIM E M,PARK J K,et al.,2013. Bmal1 suppresses cancer cell invasion by blocking the phosphoinositide 3-kinase-Akt-MMP-2 signaling pathway[J]. Oncology Reports,29：2109-2113.

KARANTANOS T,THEODOROPOULOS G,GAZOULI M,et al.,2013. Expression of clock genes in patients with colorectal cancer[J]. International Journal of Biological Markers,28：280-285.

KARMAN B N,TISCHKAU S A,2006. Circadian clock gene expression in the ovary：effects of luteinizing hormone[J]. Biology of Reproduction,75：624.

KENNAWAY D J,BODEN M J,VARCOE T J,2012. Circadian rhythms and fertility[J]. Molecular Cell Endocrinol,349：56-61.

KNUTSSON A,2003. Health disorders of shift workers[J]. Occupational Medicine,53：103.

KO C H,TAKAHASHI J S,2006. Molecular components of the mammalian circadian clock[J]. Human Molecular Genetics,15：271-277.

KOVANEN L,SAARIKOSKI S T,AROMAA A,et al.,2010. ARNTL（BMAL1）and NPAS2 gene variants contribute to fertility and seasonality[J]. PloS One,5：e10007.

KRIEGSFELD L J,GIBSON E M,WILLIAMS W P,et al.,2010. The roles of RFamide-related peptide-3 in mammalian reproductive function and behaviour[J]. Journal of Neuroendocrinology,22：692-700.

KRIPKE D F,MULLANEY D J,ATKINSON M,et al.,1978. Circadian rhythm disorders in manic-depressives[J]. Biological Psychiatry,13：335-351.

KRUGLUGER W,BRANDSTAETTER A,KALLAY E,et al.,2007. Regulation of genes of the circadian clock in human colon cancer：reduced period-1 and dihydropyrimidine dehydrogenase transcription correlates in high-grade tumors[J]. Cancer Research,67：7917-7922.

KUANG Z,WANG L,LI Y,et al. ,2019. The intestinal microbiota programs diurnal rhythms in host metabolism through histone deacetylase 3[J]. Science,365: 1428-1434.

KUMAR D,WINGATE D,RUCKEBUSCH Y,1986. Circadian variation in the propagation velocity of the migrating motor complex[J]. Gastroenterology,91: 926-930.

LAING E E,MOLLER-LEVET C S,POH N,et al. ,2017. Blood transcriptome based biomarkers for human circadian phase[J]. Elife,6: e20214.

LEVI F,MISSET J L,BRIENZA S,et al. ,1992. A chronopharmacologic phase Ⅱ clinical trial with 5-fluorouracil,folinic acid,and oxaliplatin using an ambulatory multichannel programmable pump. High antitumor effectiveness against metastatic colorectal cancer[J]. Cancer,69: 893-900.

LEVI F, OKYAR A, 2011. Circadian clocks and drug delivery systems: impact and opportunities in chronotherapeutics[J]. Expert Opinion on Drug Delivery,8: 1535-1541.

LEVI F,PERPOINT B,GARUFI C,et al. ,1993. Oxaliplatin activity against metastatic colorectal cancer. A phase Ⅱ study of 5-day continuous venous infusion at circadian rhythm modulated rate[J]. European Journal of Cancer,29A: 1280-1284.

LEVI F,ZIDANI R,MISSET J L,1997. Randomised multicentre trial of chronotherapy with oxaliplatin, fluorouracil, and folinic acid in metastatic colorectal cancer. international organization for cancer chronotherapy[J]. Lancet,350: 681-686.

LEVITAN R D,2007. The chronobiology and neurobiology of winter seasonal affective disorder [J]. Dialogues in Clinical Neuroscience,9: 315-324.

LI R,CHENG S,WANG Z,2015. Circadian clock gene plays a key role on ovarian cycle and spontaneous abortion[J]. Cellular Physiology & Biochemistry,37: 911.

LIU Y,JOHNSON B P,SHEN A L,et al. ,2014. Loss of BMAL1 in ovarian steroidogenic cells results in implantation failure in female mice[J]. Proceedings of the National Academy of Sciences of the United States of America,111: 14295.

LOGAN R W, EDGAR N, GILLMAN A G, et al. , 2015. Chronic stress induces brain region-specific alterations of molecular rhythms that correlate with depression-like behavior in mice[J]. Biological Psychiatry,78: 249-258.

MAMELLE N,LAUMON B,LAZAR P,1984. Prematurity and occupational activity during pregnancy[J]. American Journal of Epidemiology,119: 309.

MASRI S,KINOUCHI K,SASSONE-CORSI P,2015. Circadian clocks,epigenetics,and cancer[J]. Current Opinion in Oncology,27: 50-56.

MAYET J, HUGHES A, 2003. Cardiac and vascular pathophysiology in hypertension [J]. Heart,89: 1104-1109.

MC L,DF K,BL P,et al. ,1990. Night light alters menstrual cycles[J]. Psychiatry Research,33: 135-138.

MCCLUNG C A,2011. Circadian rhythms and mood regulation: insights from pre-clinical models [J]. European Neuropsychopharmacology: the Journal of the European College of Neuropsychopharmacology,21 (Suppl 4): 683-693.

MCCLUNG C A,2013. How might circadian rhythms control mood? Let me count the ways[J]. Biological Psychiatry,74: 242-249.

MCCLUNG C A, SIDIROPOULOU K, VITATERNA M, et al. , 2005. Regulation of dopaminergic transmission and cocaine reward by the Clock gene[J]. Proceedings of the National Academy of Sciences of the United States of America,102: 9377-9381.

MCDONALD A D,MCDONALD J C,ARMSTRONG B,et al. ,1988. Prematurity and work in pregnancy [J]. British Journal of Industrial Medicine,45: 56.

MEERLO P, SGOIFO A, TUREK F W, 2002. The effects of social defeat and other stressors on the expression of circadian rhythms[J]. Stress,5：15-22.

MORSE D，CERMAKIAN N，BRANCORSINI S，et al.，2003. No circadian rhythms in testis：Period1 expression is clock independent and developmentally regulated in the mouse［J］. Molecular Endocrinology,17：141-151.

MOSTAFAIE N，KALLAY E，SAUERZAPF E，et al.，2009. Correlated downregulation of estrogen receptor beta and the circadian clock gene Per1 in human colorectal cancer［J］. Molecular Carcinogenesis,48：642-647.

NADER N，CHROUSOS G P，KINO T,2010. Interactions of the circadian CLOCK system and the HPA axis[J]. Trends Endocrinol Metab,21：277-286.

NAYLOR E，BERGMANN B M，KRAUSKI K，et al.，2000. The circadian clock mutation alters sleep homeostasis in the mouse[J]. Journal of Neuroscience,20：8138-8143.

NOJKOV B，RUBENSTEIN J H，CHEY W D，et al.，2010. The impact of rotating shift work on the prevalence of irritable bowel syndrome in nurses[J]. The American Journal of Gastroenterology,105：842-847.

ODENWALD M A，TURNER J R,2017. The intestinal epithelial barrier：a therapeutic target[J]. Nature Reviews. Gastroenterology & Hepatology,14：9-21.

OSHIMA T，TAKENOSHITA S，AKAIKE M，et al.，2011. Expression of circadian genes correlates with liver metastasis and outcomes in colorectal cancer[J]. Oncology Reports,25：1439-1446.

PAGEL R，B R F，SCHR DER T，et al.，2017. Circadian rhythm disruption impairs tissue homeostasis and exacerbates chronic inflammation in the intestine［J］. FASEB Journal：Official Publication of the Federation of American Societies for Experimental Biology,31：4707-4719.

PALMIERI O，MAZZOCCOLI G，BOSSA F，et al.，2015. Systematic analysis of circadian genes using genome-wide cDNA microarrays in the inflammatory bowel disease transcriptome[J]. Chronobiology international,32：903-916.

PAN X，MUNSHI M K，IQBAL J，et al.，2013. Circadian regulation of intestinal lipid absorption by apolipoprotein AIV involves forkhead transcription factors A2 and O1 and microsomal triglyceride transfer protein[J]. The Journal of Biological Chemistry,288：20464-20476.

PAN X，MUNSHI M K,2007. Diurnal regulation of microsomal triglyceride transfer protein and plasma lipid levels[J]. The Journal of Biological Chemistry,282：24707-24719.

PAN X，MUNSHI M K，2009. Clock is important for food and circadian regulation of macronutrient absorption in mice[J]. Journal of Lipid Research,50：1800-1813.

PAN X，ZHANG Y，WANG L，et al.，2010. Diurnal regulation of MTP and plasma triglyceride by CLOCK is mediated by SHP[J]. Cell Metabolismolism,12：174-186.

PM W，BP H，TW K，et al.，2015. Social jetlag，chronotype，and cardiometabolic risk[J]. The Journal of Clinical Endocrinology And Metabolism,100：4612-4620.

RATAJCZAK C K，BOEHLE K L，MUGLIA L J,2009. Impaired steroidogenesis and implantation failure in Bmal1-/- mice［J］. Endocrinology,150：1879-1885.

RIJO-FERREIRA F，TAKAHASHI J S,2019. Genomics of circadian rhythms in health and disease［J］. Genome Medicine,11：82.

ROBLES M S，COX J，MANN M,2014. In-vivo quantitative proteomics reveals a key contribution of post-transcriptional mechanisms to the circadian regulation of liver metabolism［J］. PLoS Genetics,10：e1004047.

ROYBAL K，THEOBOLD D，GRAHAM A，et al.，2007. Mania-like behavior induced by disruption of CLOCK[J]. Proceedings of the National Academy of Sciences of the United States of America,104：6406-6411.

RUBEN M D,HOGENESCH J B,SMITH D F,2019a. Sleep and circadian medicine：time of day in the neurologic clinic[J]. Neurologic Clinics,37：615-629.

RUBEN M D, SMITH D F, FITZGERALD G A, et al. , 2019b. Dosing time matters[J]. Science, 365：547-549.

RUBEN M D,WU G,SMITH D F,et al. ,2018. A database of tissue-specific rhythmically expressed human genes has potential applications in circadian medicine [J]. Science Translational Medicine, 10：eaat8806.

SACK R L, LEWY A J, WHITE D M, et al. , 1990. Morning vs evening light treatment for winter depression. Evidence that the therapeutic effects of light are mediated by circadian phase shifts[J]. Archives of General Psychiatry,47：343-351.

SAIFUR ROHMAN M, EMOTO N, NONAKA H, et al. , 2005. Circadian clock genes directly regulate expression of the Na$(^+)$/H$(^+)$ exchanger NHE3 in the kidney[J]. Kidney International, 67：1410-1419.

SCHORK N J,2015. Personalized medicine：time for one-person trials[J]. Nature,520：609-611.

SCHRODER E A,BURGESS D E,ZHANG X,et al. ,2015. The cardiomyocyte molecular clock regulates the circadian expression of Kcnh2 and contributes to ventricular repolarization[J]. Heart Rhythm,12：1306-1314.

SEGALL L A,MILET A,TRONCHE F,et al. ,2009. Brain glucocorticoid receptors are necessary for the rhythmic expression of the clock protein,PERIOD2,in the central extended amygdala in mice[J]. Neuroscience Letters,457：58-60.

SEGALL L A, PERRIN J S, WALKER C D, et al. , 2006. Glucocorticoid rhythms control the rhythm of expression of the clock protein,Period2,in oval nucleus of the bed nucleus of the stria terminalis and central nucleus of the amygdala in rats[J]. Neuroscience,140：753-757.

SELLIX M T,2015. Circadian clock function in the mammalian ovary[J]. Journal of Biological Rhythms,30：7-19.

SHINOHARA K,FUNABASHI T,MITUSHIMA D,et al. ,2000. Effects of estrogen on the expression of connexin32 and connexin43 mRNAs in the suprachiasmatic nucleus of female rats[J]. Neuroscience Letters,286：107-110.

SIDOR M M,SPENCER S M,DZIRASA K,et al. ,2015. Daytime spikes in dopaminergic activity drive rapid mood-cycling in mice[J]. Molecular Psychiatry,20：1406-1419.

SIEGEL R L, MILLER K D, JEMAL A, 2015. Cancer statistics, 2015[J]. CA：A Cancer Journal for Clinicians,65：5-29.

SMITH D F,RUBEN M D,FRANCEY L J,et al. ,2019. When should you take your medicines[J]. Journal of Biological Rhythms,34：582-583.

SMITH J T,CUNNINGHAM M J,RISSMAN E F,et al. ,2005. Regulation of Kiss1 gene expression in the brain of the female mouse[J]. Endocrinology,146：3686-3692.

SO A Y,BERNAL T U,PILLSBURY M L,et al. ,2009. Glucocorticoid regulation of the circadian clock modulates glucose homeostasis[J]. Proceedings of the National Academy of Sciences of USA,106：17582-17587.

SOLT L A,WANG Y,BANERJEE S,et al. ,2012. Regulation of circadian behaviour and metabolism by synthetic REV-ERB agonists[J]. Nature,485：62-68.

SOUETRE E,SALVATI E,BELUGOU J L,et al. ,1989. Circadian rhythms in depression and recovery：evidence for blunted amplitude as the main chronobiological abnormality[J]. Psychiatry Research,28：263-278.

SPROUSE J,BRASELTON J,REYNOLDS L,2006. Fluoxetine modulates the circadian biological clock via phase advances of suprachiasmatic nucleus neuronal firing[J]. Biological Psychiatry,60：896-899.

STAMBOLIC V,RUEL L,WOODGETT J R,1996. Lithium inhibits glycogen synthase kinase-3 activity and mimics wingless signalling in intact cells[J]. Current Biology,6：1664-1668.

STOKES K,COOKE A,CHANG H,et al. ,2017. The circadian clock gene Bmal1 coordinates intestinal regeneration[J]. Cellular and Molecular Gastroenterology and Hepatology,4：95-114.

STOW L R,RICHARDS J,CHENG K Y,et al. ,2012. The circadian protein period 1 contributes to blood pressure control and coordinately regulates renal sodium transport genes［J］. Hypertension,59：1151-1156.

SUSA K, SOHARA E, ISOBE K, et al. , 2012. WNK-OSR1/SPAK-NCC signal cascade has circadian rhythm dependent on aldosterone[J]. Biochemical and Biophysical Research Communications,427：743-747.

SWANSON G R,BURGESS H J,KESHAVARZIAN A,2011. Sleep disturbances and inflammatory bowel disease：a potential trigger for disease flare[J]. Expert Review of Clinical Immunology,7：29-36.

TAKAHASHI J S,2017. Transcriptional architecture of the mammalian circadian clock[J]. Nature Reviews Genetics,18：164-179.

TAKASU,NANA,NBSP,et al. ,2015. Recovery from age-related infertility under environmental light-dark cycles adjusted to the intrinsic circadian period[J]. Cell Reports,12：1407.

TIMONEN S,FRANZAS B,WICHMANN K,1964. Photosensibility of the human pituitary［J］. Annales Chirurgiae Et Gynaecologiae Fenniae,53：165-172.

TSUKAHARA S, 2006. Increased Fos immunoreactivity in suprachiasmatic nucleus before luteinizing hormone surge in estrogen-treated ovariectomized female rats[J]. Neuroendocrinology,83：303-312.

UEHATA T, SASAKAWA N, 1982. The fatigue and maternity disturbances of night workwomen［J］. Journal of Human Ergology,11 Suppl：465.

UZU T,KIMURA G,1999. Diuretics shift circadian rhythm of blood pressure from nondipper to dipper in essential hypertension[J]. Circulation,100：1635-1638.

VAN DER BEEK E M,HORVATH T L,WIEGANT V M,et al. ,1997a. Evidence for a direct neuronal pathway from the suprachiasmatic nucleus to the gonadotropin-releasing hormone system：combined tracing and light and electron microscopic immunocytochemical studies［J］. Journal of Comparative Neurology,384：569-579.

VAN DER BEEK E M,WIEGANT V M,VAN DER DONK H A,et al. ,1993. Lesions of the suprachiasmatic nucleus indicate the presence of a direct vasoactive intestinal polypeptide-containing projection to gonadotrophin-releasing hormone neurons in the female rat[J]. Journal of Neuroendocrinology,5：137-144.

VAN DER BEEK E M,WIEGANT V M,VAN OUDHEUSDEN H J,et al. ,1997b. Synaptic contacts between gonadotropin-releasing hormone-containing fibers and neurons in the suprachiasmatic nucleus and perichiasmatic area：an anatomical substrate for feedback regulation[J]. Brain Research,755：101-111.

VAN REETH O,OLIVARES E,ZHANG Y,et al. ,1997. Comparative effects of a melatonin agonist on the circadian system in mice and Syrian hamsters[J]. Brain Research,762：185-194.

VIDA B,DELI L,HRABOVSZKY E,et al. ,2010. Evidence for suprachiasmatic vasopressin neurones innervating kisspeptin neurones in the rostral periventricular area of the mouse brain：regulation by oestrogen[J]. Journal of Neuroendocrinology,22：1032-1039.

VIDA B, HRABOVSZKY E, KALAMATIANOS T, et al. , 2008. Oestrogen receptor alpha and beta immunoreactive cells in the suprachiasmatic nucleus of mice：distribution, sex differences and regulation by gonadal hormones[J]. Journal of Neuroendocrinology,20：1270-1277.

VOIGT R M,FORSYTH C B,KESHAVARZIAN A,2013. Circadian disruption：potential implications in inflammatory and metabolic diseases associated with alcohol[J]. Alcohol Research: Current Reviews, 35: 87-96.

WANG S, LIN Y, YUAN X, et al., 2018. REV-ERBα integrates colon clock with experimental colitis through regulation of NF-κB/NLRP3 axis[J]. Nature Communications,9: 4246.

WANG Y H, KUANG Z, YU X F, et al., 2017. The intestinal microbiota regulates body composition through NFIL and the circadian clock[J]. Science,357: 912-916.

WATSON R E, LANGUB M C, ENGLE M G, et al.,1995. Estrogen-receptive neurons in the anteroventral periventricular nucleus are synaptic targets of the suprachiasmatic nucleus and peri-suprachiasmatic region[J]. Brain Research,689: 254-264.

WILLIAMS W P,3RD, JARJISIAN S G, MIKKELSEN J D, et al.,2011. Circadian control of kisspeptin and a gated GnRH response mediate the preovulatory luteinizing hormone surge[J]. Endocrinology,152: 595-606.

WITTENBRINK N, ANANTHASUBRAMANIAM B, MUNCH M, et al., 2018. High-accuracy determination of internal circadian time from a single blood sample [J]. Journal of Clinical Investigation,128: 3826-3839.

WOLLNIK F, TUREK F W,1988. Estrous correlated modulations of circadian and ultradian wheel-running activity rhythms in LEW/Ztm rats[J]. Physiology & Behavior,43: 389-396.

WOOD P A, YANG X, TABER A, et al.,2008. Period 2 mutation accelerates ApcMin/$^+$ tumorigenesis[J]. Mol Cancer Research,6: 1786-1793.

WU G, RUBEN M D, SCHMIDT R E, et al., 2018. Population-level rhythms in human skin with implications for circadian medicine[J]. Proceedings of the National Academy of Sciences, USA,115: 12313-12318.

XU X, DING M, LI B, et al., 1994. Association of rotating shiftwork with preterm births and low birth weight among never smoking women textile workers in China[J]. Occupational & Environmental Medicine,51: 470.

XU Z, KAGA S, TSUBOMIZU J, et al.,2011. Circadian transcriptional factor DBP regulates expression of Kiss1 in the anteroventral periventricular nucleus[J]. Molecular Cell Endocrinol,339: 90-97.

YAMAGUCHI M, KOTANI K, TSUZAKI K, et al., 2015. Circadian rhythm genes CLOCK and PER3 polymorphisms and morning gastric motility in humans[J]. PloS One,10: e0120009.

YAMAMOTO T, NAKAHATA Y, SOMA H, et al., 2004. Transcriptional oscillation of canonical clock genes in mouse peripheral tissues[J]. Bmc Molecular and Cell Biology,5: 18.

YIN L, WANG J, KLEIN P S, et al., 2006. Nuclear receptor Rev-erbalpha is a critical lithium-sensitive component of the circadian clock[J]. Science,311: 1002-1005.

YOSHIDA D, AOKI N, TANAKA M, et al., 2015. The circadian clock controls fluctuations of colonic cell proliferation during the light/dark cycle via feeding behavior in mice[J]. Chronobiology International, 32: 1145-1155.

YOSHIKAWA T, SELLIX M, PEZUK P, et al., 2009. Timing of the ovarian circadian clock is regulated by gonadotropins[J]. Endocrinology,150: 4338-4347.

ZHANG L, PTACEK L J, FU Y H,2013. Diversity of human clock genotypes and consequences[J]. Progress in Molecular Biology and Translational Science,119: 51-81.

ZHANG R, LAHENS N F, BALLANCE H I, et al.,2014. A circadian gene expression atlas in mammals: implications for biology and medicine[J]. Proceedings of the National Academy of Sciences of USA, 111: 16219-16224.

ZHENG D, RATINER K, ELINAV E,2020. Circadian influences of diet on the microbiome and immunity [J]. Trends in Immunology,41: 512-530.

ZYLKA M J, SHEARMAN L P, WEAVER D R, et al. , 1998. Three period homologs in mammals: differential light responses in the suprachiasmatic circadian clock and oscillating transcripts outside of brain[J]. Neuron,20: 1103-1110.